三菱FX系列 PLC 完全精通教程

(第2版)

向晓汉　主编

化学工业出版社

·北京·

内 容 简 介

本书采用双色图解的方式，从 PLC 编程基础出发，分基础入门篇和应用精通篇两部分，系统介绍三菱 FX 系列 PLC 的编程及应用，主要内容包括：PLC 基础，三菱 FX 系列 PLC 的硬件和接线，GX Works2 编程软件，FX 系列 PLC 的编程语言和编程方法，FX3 系列 PLC 的通信及其应用，FX3 系列 PLC 在变频调速系统及运动控制中的应用，FX3 系列 PLC 高速计数器功能及其应用，FX 系列 PLC 的工程应用等。

本书知识系统、内容丰富、技术先进、重点突出、案例丰富，理论与实践相结合，实用性强。为帮助读者理解和提高学习效率，本书在关键知识点还配有微课视频，辅助读者学习。

本书可供 PLC 技术人员学习使用，也可以作为大中专院校机电类、信息类专业的教材。

图书在版编目（CIP）数据

三菱FX系列PLC完全精通教程／向晓汉主编．—2版．—北京：化学工业出版社，2021.10
（老向讲工控）
ISBN 978-7-122-39728-7

Ⅰ.①三… Ⅱ.①向… Ⅲ.①可编程序控制器-教材
Ⅳ.①TM571.6

中国版本图书馆 CIP 数据核字（2021）第 162821 号

责任编辑：李军亮 徐卿华　　　　　　　文字编辑：李亚楠 陈小滔
责任校对：边 涛　　　　　　　　　　　装帧设计：关 飞

出版发行：化学工业出版社（北京市东城区青年湖南街13号　邮政编码100011）
印　　刷：北京京华铭诚工贸有限公司
装　　订：三河市振勇印装有限公司
787mm×1092mm　1/16　印张19½　字数482千字　2022年2月北京第2版第1次印刷

购书咨询：010-64518888　　　　　　　　售后服务：010-64518899
网　　址：http://www.cip.com.cn
凡购买本书，如有缺损质量问题，本社销售中心负责调换。

定　　价：88.00元　　　　　　　　　　　　　　　　　版权所有　违者必究

前 言

随着计算机技术的发展，以可编程控制器（PLC）、变频器、伺服驱动系统和计算机通信等技术为主体的新型电气控制系统已经逐渐取代传统的继电器控制系统，并广泛应用于各个行业。其中，西门子、三菱的 PLC、变频器、触摸屏及伺服驱动系统具有卓越的性能，且有很高的性价比，因此在工控市场占有非常大的份额，应用十分广泛。笔者之前出过一系列西门子及三菱 PLC 方面的图书，内容全面实用，深受读者欢迎，并被很多学校选为教材。近年来，由于工控技术不断发展，产品更新换代，性能得到了进一步提升，为了更好地满足读者学习新技术的需求，我们组织编写了这套全新的"老向讲工控"丛书。

本套丛书主要包括三菱 FX3U PLC、FX5U PLC、iQ-R PLC、MR-J4/JE 伺服系统，西门子 S7-1200/1500 PLC、SINAMICS V90 伺服系统，欧姆龙 CP1 系列 PLC 等内容，总结了笔者十余年的教学经验及工程实践经验，将更丰富、更实用的内容呈现给大家，希望能帮助读者全面掌握工控技术。

丛书具有以下特点。

（1）内容全面，知识系统。既适合初学者全面掌握工控技术，也适合有一定基础的读者结合实例深入学习工控技术。

（2）实例引导学习。大部分知识点采用实例讲解，便于读者举一反三，快速掌握工控技术及应用。

（3）案例丰富，实用性强。精选大量工程实际案例，便于读者模仿应用，重点实例都包含软硬件配置清单、原理图和程序，且程序已经在 PLC 上运行通过。

（4）对于重点及复杂内容，配有大量微课视频。读者扫描书中二维码即可观看，配合文字讲解，学习效果更好。

本书为《三菱 FX 系列 PLC 完全精通教程》第 2 版。本书第 1 版自出版以来，被多个学校选为教材，深受读者欢迎。近十年来，三菱 FX 系列 PLC 进行了更新换代，例如 FX2N 基本模块已经停产，取而代之的是 FX3 系列 PLC。基于技术更新和读者诉求，我们联合相关企业人员，共同编写了本书。本书在编写时，采用较多的小例子引领读者入门，让读者读完入门部分后，能完成简单的工程。应用部分精选工程实际案例，供读者模仿学习，提高读者解决实际问题的能力。本书内容新颖、先进、实用，关键知识点配套丰富的视频资源，使读者能快速学会三菱 FX 系列 PLC 的编程及应用。

本书由向晓汉任主编，于多任副主编，第 1、2 章由无锡雪浪环境科技有限公司刘摇摇编写；第 3～6 章由无锡职业技术学院向晓汉编写；第 7～9 章由无锡职业技术学院于多编写；第 10 章由无锡雪浪环境科技有限公司王飞飞编写。参加编写的还有曹英强、付东升和唐克彬。全书由无锡职业技术学院的林伟主审。

由于编者水平有限，不足之处在所难免，敬请读者批评指正。

申明：本书所有实例、图样、程序和视频，未经授权，不得非法使用，违者必究。

编者

目 录

第1篇　基础入门篇 /001

第1章　可编程控制器（PLC）基础　/002

1.1　概述　/ 002
  1.1.1　PLC 的发展历史　/002
  1.1.2　PLC 的主要特点　/003
  1.1.3　PLC 的应用范围　/004
  1.1.4　PLC 的分类与性能指标　/005
  1.1.5　PLC 与继电器系统的比较　/006
  1.1.6　PLC 与微机的比较　/006
  1.1.7　PLC 的发展趋势　/007
  1.1.8　PLC 在我国的应用情况　/007

1.2　可编程控制器的结构和工作原理　/ 008
  1.2.1　可编程控制器的硬件组成　/008
  1.2.2　可编程控制器的工作原理　/011
  1.2.3　可编程控制器的立即输入、输出功能　/012

1.3　接近开关　/ 013
  1.3.1　接近开关的功能　/013
  1.3.2　接近开关的分类和工作原理　/014
  1.3.3　接近开关的选型　/014
  1.3.4　应用接近开关的注意事项　/016

1.4　传感器和变送器　/ 019

1.5　隔离器　/ 021

1.6　数制和编码　/ 021
  1.6.1　数制　/021
  1.6.2　编码　/024

第 2 章　三菱 FX3 系列 PLC 的硬件　/ 026

2.1　三菱 PLC 简介　/ 026
2.1.1　三菱 PLC 产品系列　/ 026
2.1.2　三菱 FX3U 的特点　/ 027

2.2　FX3U 基本单元及其接线　/ 027
2.2.1　FX3U 的系统构成　/ 027
2.2.2　FX3U 基本单元介绍　/ 029
2.2.3　FX3U 基本单元的接线　/ 031

2.3　FX 系列 PLC 的扩展单元和扩展模块及其接线　/ 035
2.3.1　FX 系列 PLC 扩展单元及其接线　/ 035
2.3.2　FX 系列 PLC 扩展模块及其接线　/ 039

2.4　FX 系列 PLC 的模拟量模块及其接线　/ 040
2.4.1　FX 系列 PLC 模拟量输入模块（A/D）　/ 040
2.4.2　FX 系列 PLC 模拟量输出模块（D/A）　/ 046
2.4.3　FX 系列 PLC 模拟量输入输出模块　/ 050

2.5　FX3 系列 PLC 的扩展能力　/ 052

第 3 章　三菱 FX 系列 PLC 的编程软件 GX Works2　/ 054

3.1　GX Works2 编程软件的安装　/ 054
3.1.1　GX Works2 编程软件的概述　/ 054
3.1.2　GX Works2 编程软件的安装　/ 055
3.1.3　GX Works2 编程软件的卸载　/ 058

3.2　GX Works2 编程软件的使用　/ 059
3.2.1　GX Works2 编程软件工作界面的打开　/ 059
3.2.2　创建新工程　/ 060
3.2.3　保存工程　/ 061
3.2.4　打开工程　/ 062
3.2.5　改变程序类型　/ 063
3.2.6　程序的输入方法　/ 063
3.2.7　连线的输入和删除　/ 066
3.2.8　注释　/ 066
3.2.9　程序的复制、修改与清除　/ 069

3.2.10 软元件搜索与替换 / 073
3.2.11 常开常闭触点互换 / 075
3.2.12 程序转换 / 076
3.2.13 程序检查 / 077
3.2.14 程序的下载和上传 / 078
3.2.15 远程操作（RUN/STOP） / 081
3.2.16 在线监视 / 083
3.2.17 当前值更改 / 084
3.2.18 设置密码 / 085
3.2.19 仿真 / 087
3.2.20 PLC 诊断 / 088

3.3 用 GX Works2 建立一个完整的工程 / 089

第 4 章　三菱 FX3 系列 PLC 的指令及其应用　/ 096

4.1 PLC 的编程基础 / 096
　　4.1.1 编程语言简介 / 096
　　4.1.2 三菱 FX3 系列 PLC 内部软组件 / 098
　　4.1.3 存储区的寻址方式 / 112

4.2 基本指令 / 113
　　4.2.1 输入指令与输出指令（LD、LDI、OUT） / 113
　　4.2.2 触点的串联指令（AND、ANI） / 114
　　4.2.3 触点的并联指令（OR、ORI） / 114
　　4.2.4 脉冲式触点指令（LDP、LDF、ANDP、ANDF、ORP、ORF） / 115
　　4.2.5 脉冲输出指令（PLS、PLF） / 116
　　4.2.6 置位与复位指令（SET、RST） / 118
　　4.2.7 逻辑反、空操作与结束指令（INV、NOP、END） / 119

4.3 基本指令应用 / 119
　　4.3.1 单键启停控制（乒乓控制） / 119
　　4.3.2 定时器和计数器应用 / 121
　　4.3.3 取代特殊继电器的梯形图 / 124
　　4.3.4 电动机的控制 / 126

4.4 功能指令 / 136
　　4.4.1 功能指令的格式 / 136

4.4.2 传送指令 /137
4.4.3 四则运算 /140
4.4.4 移位和循环指令 /144
4.4.5 数据处理指令 /145
4.4.6 高速处理指令 /149
4.4.7 方便指令 /151
4.4.8 外部 I/O 设备指令 /151
4.4.9 外部串口设备指令 /152
4.4.10 浮点数运算指令 /154
4.4.11 触点比较指令 /157

4.5 功能指令应用实例 /159
4.6 模拟量模块相关指令应用实例 /171
 4.6.1 FX2N-4AD 模块 /171
 4.6.2 FX2N-4DA 模块 /173
 4.6.3 FX3U-4AD-ADP 模块 /174
 4.6.4 FX3U-3A-ADP 模块 /176
4.7 子程序及其应用 /179
4.8 中断及其应用 /180

第 2 篇　应用精通篇 /185

第 5 章　步进梯形图及编程方法 /186

5.1 功能图 /186
 5.1.1 功能图的画法 /186
 5.1.2 梯形图的编程原则和禁忌 /192
 5.1.3 步进指令 /193
5.2 可编程控制器的编程方法 /195
 5.2.1 经验设计法 /195
 5.2.2 流程图设计法 /196
 5.2.3 流程图设计法实例 /197

第 6 章　三菱 FX3 系列 PLC 的通信及其应用　/ 210

6.1　通信基础知识　/ 210
- 6.1.1　通信的基本概念　/ 210
- 6.1.2　PLC 网络的术语　/ 212
- 6.1.3　OSI 参考模型　/ 214

6.2　现场总线概述　/ 215
- 6.2.1　现场总线的概念　/ 215
- 6.2.2　主流现场总线的简介　/ 215
- 6.2.3　现场总线的特点　/ 216
- 6.2.4　现场总线的现状　/ 216
- 6.2.5　现场总线的发展　/ 217

6.3　FX3U 的 N∶N 网络通信及其应用　/ 217
- 6.3.1　相关的标志和数据寄存器的说明　/ 217
- 6.3.2　参数设置　/ 218
- 6.3.3　实例讲解　/ 218

6.4　无协议通信及其应用　/ 220
- 6.4.1　无协议通信基础　/ 220
- 6.4.2　西门子 S7-200 SMART PLC 与三菱 FX3U 之间的无协议通信　/ 221

6.5　CC-Link 通信及其应用　/ 224
- 6.5.1　CC-Link 家族　/ 225
- 6.5.2　CC-Link 通信的应用　/ 226

第 7 章　三菱 FX3 系列 PLC 在变频调速系统中的应用　/ 233

7.1　三菱 FR-E740 变频器使用简介　/ 233
7.2　变频器的正反转控制　/ 238
7.3　变频器的速度给定方式　/ 241
- 7.3.1　FX3U 控制变频器的模拟量速度给定　/ 241
- 7.3.2　FX3U 控制变频器的多段速度给定　/ 243
- 7.3.3　FX3U 控制变频器的通信速度给定　/ 246

第 8 章　三菱 FX3 系列 PLC 在运动控制中的应用　/ 253

8.1　三菱伺服系统　/ 253

  8.1.1 三菱伺服系统简介 /253

  8.1.2 三菱 MR-J4-A 伺服系统接线 /254

  8.1.3 三菱伺服系统常用参数介绍 /261

  8.1.4 用操作单元设置三菱伺服系统参数 /265

  8.1.5 用 MR Configurator2 软件设置三菱伺服系统参数 /268

8.2 三菱 MR-J4 伺服系统工程应用 /269

  8.2.1 伺服系统的工作模式 /269

  8.2.2 FX3U 运动控制相关指令应用 /270

  8.2.3 FX3U 对 MR-J4 伺服系统的位置控制 /277

  8.2.4 FX3U 对 MR-J4 伺服系统的速度控制 /280

  8.2.5 FX3U 对 MR-J4 伺服系统的转矩控制 /283

第 9 章 三菱 FX3 系列 PLC 高速计数器功能及其应用 /285

9.1 三菱 FX3 系列 PLC 高速计数器的简介 / 285

9.2 三菱 FX3 系列 PLC 高速计数器的应用 / 288

第 10 章 三菱 FX3 系列 PLC 工程应用 /291

10.1 送料小车自动往复运动的 PLC 控制 / 291

10.2 刨床的 PLC 控制 / 295

10.3 剪切机的 PLC 控制 / 298

参考文献 /301

微课视频目录

- 接近开关的接线 /016
- 变送器传感器的接线方法 /019
- FX3U 基本单元的接线 /031
- FX 系列 PLC 扩展单元的接线 /036
- FX 系列 PLC 扩展模块的接线 /039
- FX3U 模拟量输入模块应用 /040
- FX3U 模拟量输入输出模块应用 /050
- GX Works2 软件安装 /055
- 编辑工程 /059
- 程序的下载和上传 /078
- 用 GX Works 2 调试——更改当前值 /084
- 用 GX Works 2 调试——仿真 /087
- 用 GX Works2 建立一个完整的工程 /089
- PLC 的工作原理 /100
- 基本指令应用——单键启停控制 /119
- 基本指令应用——取代特殊继电器 /124
- 基本指令应用——电动机的控制 /126
- 译码指令（DECO）及其应用 /146
- 步进电动机控制——高速输出指令（PLSY）的应用 /159
- 翻转指令（ALT）及其应用 /164
- 小车自动往复运行控制——使用 ALT 指令 /164
- 小车自动往复运行控制——使用 SFTL 指令 /166
- 数码管的显示控制 /168
- 霓虹灯花样控制 /170
- 功能图转换成梯形图 /187
- 功能图编程应用举例 /197
- 通信的基本概念 /210
- 现场总线介绍 /215
- FX 系列 PLC 的 N：N 网络通信 /217
- S7-200 SMART PLC 与三菱 FX 系列 PLC 之间的无协议通信 /221
- FR-E700 变频器的接线 /233
- FX3U 对 FR-E740 正反转控制 /239
- FX3U 对 FR-E740 的模拟量速度给定 /241
- FX3U 对 FR-E740 的多段速度给定 /243
- FX3U PLC 与 FR-E740 变频器之间的 PU 通信 /246
- 三菱 MR-J4 伺服系统接线 /254
- 计算齿轮比 /264
- 用 MR Configurator2 软件设置三菱伺服系统参数 /268
- FX3U PLC 对 MR-J4 伺服系统的位置控制 /277
- FX3U PLC 对 MR-J4 伺服系统的速度控制 /280
- 用 FX3 PLC 和光电编码器测量位移 /288
- 用 FX3 PLC 和光电编码器测量电动机的转速 /290

第 1 篇
基础入门篇

第1章 可编程控制器（PLC）基础

本章介绍可编程控制器的历史、功能、特点、应用范围、发展趋势、在我国的使用情况、结构和工作原理等知识，使读者初步了解可编程控制器，这是学习本书后续内容的必要准备。

1.1 概述

可编程序控制器（Programmable Logic Controller）简称PLC，国际电工委员会（IEC）于1985年对可编程序控制器作出如下定义：可编程序控制器是一种数字运算操作的电子系统，专为在工业环境下应用而设计。它采用可编程序的存储器，用来在其内部存储执行逻辑运算、顺序控制、定时、计数和算术运算等操作的指令，并通过数字、模拟的输入和输出，控制各种类型的机械或生产过程。可编程序控制器及其有关设备，都应按易于与工业控制系统连成一个整体、易于扩充功能的原则设计。PLC是一种工业计算机，其种类繁多，不同厂家的产品有各自的特点，但作为工业标准设备，可编程序控制器又有一定的共性。

1.1.1 PLC的发展历史

20世纪60年代以前，汽车生产线的自动控制系统基本上都是由继电器控制装置构成的。当时每次改型都直接导致继电器控制装置的重新设计和安装，福特汽车公司的创始人亨利·福特曾说过："不管顾客需要什么，我生产的汽车都是黑色的。"从侧面反映汽车改型和升级换代比较困难。为了改变这一现状，1969年，美国的通用汽车公司（GM）公开招标，要求用新的装置取代继电器控制装置，并提出十项招标指标，要求编程方便、现场可修改程序、维修方便、采用模块化设计、体积小、可与计算机通信等。同一年，美国数字设备公司

（DEC）研制出了世界上第一台可编程序控制器 PDP-14，在美国通用汽车公司的生产线上试用成功，并取得了满意的效果，可编程序控制器从此诞生。由于当时的 PLC 只能取代继电器接触器控制，功能仅限于逻辑运算、定时、计数等，所以称为"可编程逻辑控制器"。伴随着微电子技术、控制技术与信息技术的不断发展，可编程序控制器的功能不断增强。美国电气制造商协会（NEMA）于 1980 年正式将其命名为"可编程序控制器"，简称 PC。由于这个名称和个人计算机的简称相同，容易混淆，因此在我国，很多人仍然习惯称可编程序控制器为 PLC。

由于 PLC 具有易学易用、操作方便、可靠性高、体积小、通用灵活和使用寿命长等一系列优点，因此，很快就在工业中得到了广泛的应用。同时，这一新技术也受到各个国家和地区的重视。1971 年日本引进这项技术，很快研制出日本第一台 PLC；欧洲于 1973 年研制出第一台 PLC；我国从 1974 年开始研制，1977 年国产 PLC 正式投入工业应用。

进入 20 世纪 80 年代以来，随着电子技术的迅猛发展，以 16 位和 32 位微处理器构成的微机化 PLC 得到快速发展（例如 GE-FANUC 的 RX7i，使用的是赛扬 CPU，其主频达 1GHz，其信息处理能力几乎和个人电脑相当），使得 PLC 在设计、性能价格比（性价比）以及应用方面有了突破，不仅控制功能增强，功耗和体积减小，成本下降，可靠性提高，编程和故障检测更为灵活方便，而且随着远程 I/O 和通信网络、数据处理和图像显示的发展，已经使得 PLC 普遍用于控制复杂生产过程。PLC 已经成为工厂自动化的三大支柱之一。

1.1.2 PLC 的主要特点

PLC 之所以高速发展，除了工业自动化的客观需要外，还因为其有许多适合工业控制的独特的优点，它较好地解决了工业控制领域中普遍关心的可靠、安全、灵活、方便、经济等问题，其主要特点如下。

（1）抗干扰能力强，可靠性高

在传统的继电器控制系统中，使用了大量的中间继电器、时间继电器，由于器件的固有缺点，如器件老化、接触不良、触点抖动等现象，大大降低了系统的可靠性。而在 PLC 控制系统中大量的开关动作由无触点的半导体电路完成，因此故障大大减少。

此外，PLC 的硬件和软件方面采取了措施，提高了其可靠性。在硬件方面，所有的 I/O 接口都采用了光电隔离，使得外部电路与 PLC 内部电路实现了物理隔离。各模块都采用了屏蔽措施，以防止辐射干扰。电路中采用了滤波技术，以防止或抑制高频干扰。在软件方面，PLC 具有良好的自诊断功能，一旦系统的软硬件发生异常情况，CPU 会立即采取有效措施，以防止故障扩大。通常 PLC 具有看门狗功能。

对于大型的 PLC 系统，还可以采用双 CPU 构成冗余系统或者三 CPU 构成表决系统，使系统的可靠性进一步提高。

（2）程序简单易学，系统的设计调试周期短

PLC 是面向用户的设备，PLC 的生产厂家充分考虑到现场技术人员的技能和习惯，可采用梯形图或面向工业控制的简单指令形式。梯形图与继电器原理图很相似，直观、易懂、易掌握，不需要学习专门的计算机知识和语言。设计人员可以在设计室设计、修改和模拟调试程序，非常方便。

（3）安装简单，维修方便

PLC 不需要专门的机房，可以在各种工业环境下直接运行，使用时只需将现场的各种设备与 PLC 相应的 I/O 端相连接，即可投入运行。各种模块上均有运行和故障指示装置，便于用户了解运行情况和查找故障。

（4）采用模块化结构，体积小，重量轻

为了适应工业控制需求，除了整体式 PLC 外，绝大多数 PLC 采用模块化结构。PLC 的各部件，包括 CPU、电源、I/O 等都采用模块化设计。此外，PLC 相对于通用工控机，其体积和重量要小得多。

（5）丰富的 I/O 接口模块，扩展能力强

PLC 针对不同的工业现场信号（如交流或直流、开关量或模拟量、电压或电流、脉冲或电位、强电或弱电等）有相应的 I/O 模块与工业现场的器件或设备（如按钮、行程开关、接近开关、传感器及变送器、电磁线圈、控制阀等）直接连接。另外，为了提高操作性能，它还有多种人-机对话的接口模块，为了组成工业局部网络，它还有多种通信联网的接口模块等。

1.1.3 PLC 的应用范围

目前，PLC 在国内外已广泛应用于机床、控制系统、自动化楼宇、钢铁、石油、化工、电力、建材、汽车、纺织机械、交通运输、环保以及文化娱乐等行业。随着 PLC 性能价格比的不断提高，其应用范围还将不断扩大，其应用场合可以说是无所不在，具体应用大致可归纳为如下几类：

（1）顺序控制

这是 PLC 最基本、应用最广泛的领域，它取代传统的继电器顺序控制，PLC 用于单机控制、多机群控制、自动化生产线的控制。例如数控机床、注塑机、印刷机械、电梯控制和纺织机械等。

（2）计数和定时控制

PLC 为用户提供了足够的定时器和计数器，并设置相关的定时和计数指令，PLC 的计数器和定时器精度高、使用方便，可以取代继电器系统中的时间继电器和计数器。

（3）位置控制

大多数的 PLC 制造商，目前都提供拖动步进电动机或伺服电动机的单轴或多轴位置控制模块，这一功能可广泛用于各种机械，如金属切削机床、装配机械等。

（4）模拟量处理

PLC 通过模拟量的输入/输出模块，实现模拟量与数字量的转换，并对模拟量进行控制，有的还具有 PID 控制功能。例如用于锅炉的水位、压力和温度控制。

（5）数据处理

现代的 PLC 具有数学运算、数据传递、转换、排序和查表等功能，也能完成数据的采集、分析和处理。

（6）通信联网

PLC 的通信包括 PLC 相互之间、PLC 与上位计算机之间、PLC 和其他智能设备之间的通

信。PLC 系统与通用计算机可以直接或通过通信处理单元、通信转接器相连构成网络，以实现信息的交换，并可构成"集中管理、分散控制"的分布式控制系统，满足工厂自动化系统的需要。

1.1.4　PLC 的分类与性能指标

（1）PLC 的分类

1）从组成结构形式分类

可以将 PLC 分为两类：一类是整体式 PLC（也称单元式 PLC），其特点是电源、中央处理单元、I/O 接口都集成在一个机壳内；另一类是标准模板式结构化的 PLC（也称组合式 PLC），其特点是电源模板、中央处理单元模板、I/O 模板等在结构上是相互独立的，可根据具体的应用要求，选择合适的模板，安装在固定的机架或导轨上，构成一个完整的 PLC 应用系统。

2）按 I/O 点容量分类

① 小型 PLC。小型 PLC 的 I/O 点数一般在 128 点以下。

② 中型 PLC。中型 PLC 采用模块化结构，其 I/O 点数一般在 256～1024 点之间。

③ 大型 PLC。一般 I/O 点数在 1024 点以上的称为大型 PLC。

（2）PLC 的性能指标

各厂家的 PLC 虽然各有特色，但其主要性能指标是相同的。

1）输入/输出（I/O）点数

输入/输出（I/O）点数是最重要的一项技术指标，是指 PLC 的面板上连接外部输入、输出的端子数，常称为点数，用输入与输出点数的和表示。点数越多表示 PLC 可接入的输入器件和输出器件越多，控制规模越大。点数是 PLC 选型时最重要的指标之一。

2）扫描速度

扫描速度是指 PLC 执行程序的速度。以 ms/K 为单位，即执行 1K 步指令所需的时间。1 步占 1 个地址单元。

3）存储容量

存储容量通常用 K 字（KW）或 K 字节（KB）、K 位来表示。这里 1K=1024。有的 PLC 用"步"来衡量，一步占用一个地址单元。存储容量表示 PLC 能存放多少用户程序。例如，三菱型号为 FX2N-48MR 的 PLC 存储容量为 8000 步。有的 PLC 的存储容量可以根据需要配置，有的 PLC 的存储器可以扩展。

4）指令系统

指令系统表示该 PLC 软件功能的强弱。指令越多，编程功能就越强。

5）内部寄存器（继电器）

PLC 内部有许多寄存器用来存放变量、中间结果、数据等，还有许多辅助寄存器可供用户使用。因此寄存器的配置也是衡量 PLC 功能的一项指标。

6）扩展能力

扩展能力是反映 PLC 性能的重要指标之一。PLC 除了主控模块外，还可配置实现各种特殊功能的高功能模块。例如 A/D 模块、D/A 模块、高速计数模块、远程通信模块等。

1.1.5 PLC 与继电器系统的比较

在 PLC 出现以前,继电器硬接线电路是逻辑、顺序控制的唯一执行者,它结构简单、价格低廉,一直被广泛应用。PLC 出现后,几乎所有的方面都超过继电器控制系统,两者的性能比较见表 1-1。

表 1-1 可编程控制器控制系统与继电器控制系统的比较

序号	比较项目	继电器控制	可编程控制器控制
1	控制逻辑	硬接线多、体积大、连线多	软逻辑、体积小、接线少、控制灵活
2	控制速度	通过触点开关实现控制,动作受继电器硬件限制,通常超过 10ms	由半导体电路实现控制,指令执行时间段,一般为微秒级
3	定时控制	由时间继电器控制,精度差	由集成电路的定时器完成,精度高
4	设计与施工	设计、施工、调试必须按照顺序进行,周期长	系统设计完成后,施工与程序设计同时进行,周期短
5	可靠性与维护	继电器的触点寿命短,可靠性和维护性差	无触点,寿命长,可靠性高,有自诊断功能
6	价格	价格低	价格高

1.1.6 PLC 与微机的比较

采用微电子技术制造的可编程控制器与微机一样,也由 CPU、ROM(或者 FLASH)、RAM、I/O 接口等组成,但又不同于一般的微机,可编程序控制器采用了特殊的抗干扰技术,是一种特殊的工业控制计算机,更加适合工业控制。两者的性能比较见表 1-2。

表 1-2 PLC 与微机的比较

序号	比较项目	可编程控制器控制	微机控制
1	应用范围	工业控制	科学计算、数据处理、计算机通信
2	使用环境	工业现场	具有一定温度和湿度的机房
3	输入/输出	控制强电设备,需要隔离	与主机弱电联系,不隔离
4	程序设计	一般使用梯形图语言,易学易用	编程语言丰富,如 C、BASIC 等
5	系统功能	自诊断、监控	使用操作系统
6	工作方式	循环扫描方式和中断方式	中断方式

1.1.7　PLC 的发展趋势

①向高性能、高速度、大容量发展。

②网络化。强化通信能力和网络化，向下将多个可编程序控制器或者多个 I/O 框架相连，向上与工业计算机、以太网等相连，构成整个工厂的自动化控制系统。即便是微型的 S7-200 系列 PLC 也能组成多种网络，通信功能十分强大。

③小型化、低成本、简单易用。目前，有的小型 PLC 的价格只有几百元人民币。

④不断提高编程软件的功能。编程软件可以对 PLC 控制系统的硬件组态，在屏幕上可以直接生成和编辑梯形图、指令表、功能块图和顺序功能图程序，并可以实现不同编程语言的相互转换。程序可以下载、存盘和打印，通过网络或电话线，还可以实现远程编程。

⑤适合 PLC 应用的新模块。随着科技的发展，工业控制领域将面临更高的、更特殊的要求，因此，必须开发特殊功能模块来满足这些要求。

⑥PLC 的软件化与 PC 化。目前已有多家厂商推出了在 PC 上运行的可实现 PLC 功能的软件包，也称为"软 PLC"，"软 PLC"的性能价格比比传统的"硬 PLC"高，是 PLC 的一个发展方向。

PC 化的 PLC 采用了 PC 的 CPU，功能十分强大，如 GE 的 RX7i 和 RX3i 使用的就是工控机用的赛扬 CPU，主频已经达到 1GHz。

1.1.8　PLC 在我国的应用情况

（1）国外 PLC 品牌

目前 PLC 在我国得到了广泛的应用，很多知名厂家的 PLC 在我国都有应用。

①美国是 PLC 生产大国，有 100 多家 PLC 生产厂家。其中 A-B 公司的 PLC 产品规格比较齐全，主推大中型 PLC，主要产品系列是 PLC-5。通用电气公司也是知名 PLC 生产厂商，大中型 PLC 产品系列有 RX3i 和 RX7i 等。得州仪器也生产大、中、小全系列 PLC 产品。

②欧洲的 PLC 产品也久负盛名。德国的西门子公司、AEG 公司和法国的 TE（施耐德）公司都是欧洲著名的 PLC 制造商。

③日本的小型 PLC 具有一定的特色，性价比较高，比较有名的品牌有三菱、欧姆龙、松下、富士、日立和东芝等。在小型机市场，日系 PLC 的市场份额曾经高达 70%。

（2）国产 PLC 品牌

我国自主品牌的 PLC 生产厂家有 30 家左右。在目前已经上市的众多 PLC 产品中，还没有形成规模化的生产和名牌产品，甚至还有一部分是以仿制、来件组装或"贴牌"方式生产。单从技术角度来看，国产小型 PLC 与国际知名品牌小型 PLC 差距正在缩小，国产 PLC 使用越来越多。例如和利时、汇川和信捷等公司生产的微型 PLC 已经比较成熟，其可靠性在许多低端应用中得到了验证，逐渐被用户认可。

总的来说，我国使用的小型可编程控制器主要以日本和国产品牌为主，而大中型可编程控制器主要以欧美的品牌为主。目前大部分的 PLC 市场被国外品牌所占领。

1.2 可编程控制器的结构和工作原理

1.2.1 可编程控制器的硬件组成

可编程控制器种类繁多，但其基本结构和工作原理相同。可编程控制器的功能结构区由 CPU（中央处理器）、存储器和输入/输出模块三部分组成，如图 1-1 所示。

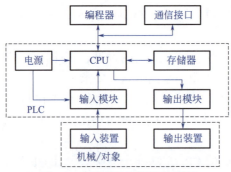

图 1-1　可编程控制器结构框图

（1）CPU（中央处理器）

CPU 的功能是完成 PLC 内所有的控制和监视操作。中央处理器一般由控制器、运算器和寄存器组成。CPU 通过数据总线、地址总线和控制总线与存储器、输入/输出接口电路连接。

（2）存储器

在 PLC 中使用两种类型的存储器：一种是只读类型的存储器，如 EPROM 和 EEPROM；另一种是可读/写的随机存储器 RAM。PLC 的存储器分为 5 个区域，如图 1-2 所示。

图 1-2　存储器的区域划分

程序存储器的类型是只读存储器（ROM），PLC 的操作系统存放在这里，程序由制造商固化，通常不能修改。存储器中的程序负责解释和编译用户编写的程序、监控 I/O 口的状态、对 PLC 进行自诊断、扫描 PLC 中的程序等。系统存储器属于随机存储器（RAM），主要用于存储中间计算结果和数据、系统管理，有的 PLC 厂家用系统存储器存储一些系统信息，如错误代码等，系统存储器不对用户开放。I/O 状态存储器属于随机存储器，用于存储 I/O 装置的状态信息，每个输入模块和输出模块都在 I/O 映像表中分配一个地址，而且这个地址是唯一的。数据存储器属于随机存储器，主要用于数据处理功能，为计数器、定时器、算术计算和过程参数提供数据存储。有的厂家将数据存储器细分为固定数据存储器和可变数据存储器。用户存储器，其类型可以是随机存储器、可擦除存储器（EPROM）和电擦除存储器（EEPROM），高档的 PLC 还可以用 FLASH。用户存储器主要用于存放用户编写的程序。

只读存储器可以用来存放系统程序，PLC 断电后再上电，系统内容不变且重新执行。只读存储器也可用来固化用户程序和一些重要参数，以免因偶然操作失误而造成程序和数据的破坏或丢失。随机存储器中一般存放用户程序和系统参数。当 PLC 处于编程工作时，CPU 从 RAM 中读取指令并执行。用户程序执行过程中产生的中间结果也在 RAM 中暂时存放。RAM 通常由 CMOS 型集成电路组成，功耗小，但断电时内容消失，所以一般使用大电容或后备锂电池保证掉电后 PLC 的内容在一定时间内不丢失。

（3）输入/输出接口

可编程控制器的输入和输出信号可以是开关量或模拟量。输入/输出接口是 PLC 内部弱电信号和工业现场强电信号联系的桥梁。输入/输出接口主要有两个作用，一是利用内部的电隔离电路将工业现场和 PLC 内部进行隔离，起保护作用；二是调理信号，可以把不同的信号（如强电、弱电信号）调理成 CPU 可以处理的信号（5V、3.3V 或 2.7V 等），如图 1-3 所示。

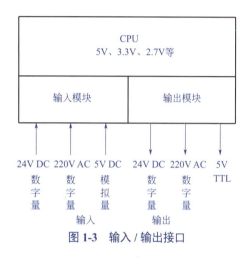

图 1-3　输入/输出接口

输入/输出接口模块是 PLC 系统中最大的部分，输入/输出接口模块通常需要电源，输入电路的电源可以由外部提供，对于模块化的 PLC 还需要背板（安装机架）。

1）输入接口电路

① 输入接口电路的组成和作用。输入接口电路由接线端子、输入调理和电平转换电路、模块状态显示、电隔离电路和多路选择开关模块组成，如图 1-4 所示。现场的信号必须连接在输入端子才可能将信号输入到 CPU 中，它提供了外部信号输入的物理接口；调理和电平转换电路十分重要，可以将工业现场的信号（如强电 220V AC 信号）转化成电信号（CPU 可以识别的弱电信号）；电隔离电路主要利用电隔离器件将工业现场的机械或者电输入信号和 PLC 的 CPU 的信号隔开，它能确保过高的电干扰信号和浪涌不串入 PLC 的微处理器，起保护作用，有三种隔离方式，用得最多的是光电隔离，其次是变压器隔离和干簧继电器隔离；状态显示电路比较简单，当外部有信号输入时，输入模块上有指示灯显示，当线路中有故障时，它帮助用户查找故障，由于氖灯或 LED 灯的寿命比较长，所以指示灯通常是氖灯或 LED 灯；多路选择开关接受调理完成的输入信号，并存储在多路开关模块中，当输入循环扫描时，多路开关模块中信号输送到 I/O 状态寄存器中。

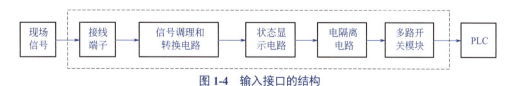

图 1-4　输入接口的结构

② 输入信号的设备的种类。输入信号可以是离散信号和模拟信号。当输入端是离散信号时，输入端的设备类型可以是限位开关、按钮、压力继电器、继电器触点、接近开关、选择开关、光电开关等，如图 1-5 所示。当输入为模拟量输入时，输入设备的类型可以是压力传感器、温度传感器、流量传感器、电压传感器、电流传感器、力传感器等。

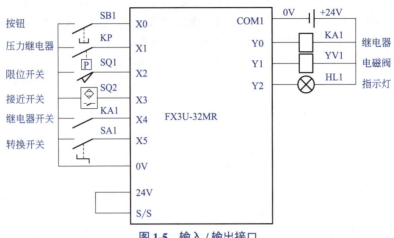

图 1-5　输入 / 输出接口

2）输出接口电路

① 输出接口电路的组成和作用。输出接口电路由多路选择开关模块、信号锁存器、电隔离电路、模块状态显示、输出电平转换电路和接线端子组成，如图 1-6 所示。在输出扫描期间，多路选择开关模块接受来自映像表中的输出信号，并对这个信号的状态和目标地址进行译码，最后将信息送给锁存器；信号锁存器将多路选择开关模块的信号保存起来，直到下一次更新；输出接口的电隔离电路作用和输入模块的一样，但是由于输出模块输出的信号比输入信号要强得多，因此要求隔离电磁干扰和浪涌的能力更高；输出电平转换电路将隔离电路送来的信号放大成足够驱动现场设备的信号，放大器件可以是双向晶闸管、三极管和干簧继电器等；输出的接线端子用于将输出模块与现场设备相连接。

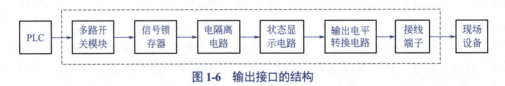

图 1-6　输出接口的结构

可编程控制器有三种输出接口形式，继电器输出、晶体管输出和晶闸管输出形式。继电器输出形式的 PLC 的负载电源可以是直流电源或交流电源，但其输出频率较慢；晶体管输出的 PLC 的负载电源是直流电源，其输出频率较快；晶闸管输出形式的 PLC 的负载电源是交流电源。选型时要特别注意 PLC 的输出形式。

② 输出信号的设备的种类。输出信号可以是离散信号或模拟信号。当输出端是离散信号时，输出端的设备类型可以是电磁阀的线圈、电动机启动器、控制柜的指示器、接触器线圈、LED、指示灯、继电器线圈、报警器和蜂鸣器等，如图 1-6 所示。当输出为模拟量输出时，输出设备的类型可以是流量阀、AC 驱动器（如交流伺服驱动器）、DC 驱动器、模拟量仪表、

温度控制器和流量控制器等。

【例 1-1】 某学生按如图 1-7 所示接线,之后学生压下 SB1、SB2 和 SB3 按钮,发现输入端的指示灯没有显示,PLC 中没有程序,但灯 HL1 常亮,接线没有错误,+24V 电源也正常。学生的分析是输入和输出接口烧毁,请问学生的分析是否正确。

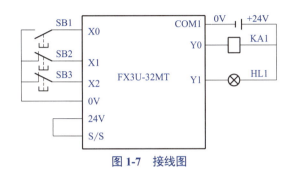

图 1-7 接线图

【解】 分析如下。

① 一般输入端口不会烧毁,因为输入接口电路有光电隔离电路保护,除非有较大电压(如交流 220V)的误接入,而且烧毁输入接口一般也不会所有的接口同时烧毁。经过检查,发现接线端子 COM1 是"虚接",压紧此接线端子后,输入端恢复正常。

② 误接线容易造成晶体管输出回路的器件烧毁,晶体管的击穿会造成回路导通,从而造成 HL1 灯常亮。

关键点 本书中所有的 PNP 输入和 NPN 输入,都以传感器为对象,有的资料以 PLC 为对象,则变成 NPN 输入和 PNP 输入,请读者注意。

1.2.2 可编程控制器的工作原理

PLC 是一种存储程序的控制器。用户根据某一对象的具体控制要求,编制好控制程序后,用编程器将程序输入到 PLC(或用计算机下载到 PLC)的用户程序存储器中寄存。PLC 的控制功能就是通过运行用户程序来实现的。

PLC 运行程序的方式与微型计算机相比有较大的不同,微型计算机运行程序时,一旦执行到 END 指令,程序运行结束。而 PLC 从 0 号存储地址所存放的第一条用户程序开始,在无中断或跳转的情况下,按存储地址号递增的方向顺序逐条执行用户程序,直到 END 指令结束。然后再从头开始执行,并周而复始地重复,直到停机或从运行(RUN)切换到停止(STOP)工作状态。把 PLC 这种执行程序的方式称为扫描工作方式。每扫描完一次程序就构成一个扫描周期。另外,PLC 对输入、输出信号的处理与微型计算机不同。微型计算机对输入、输出信号实时处理,而 PLC 对输入、输出信号是集中批处理。下面具体介绍 PLC 的扫描工作过程。其运行和信号处理示意如图 1-8 和图 1-9 所示。

PLC 扫描工作方式主要分为三个阶段:输入扫描、程序执行、输出刷新。

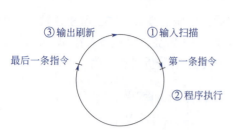
图 1-8 PLC 内部运行和信号处理示意图（1）

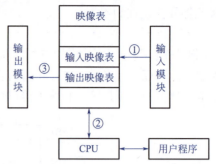
图 1-9 PLC 内部运行和信号处理示意图（2）

（1）输入扫描

PLC 在开始执行程序之前，首先扫描输入端子，按顺序将所有输入信号，读入到寄存器 - 输入状态的输入映像寄存器中，这个过程称为输入扫描。PLC 在运行程序时，所需的输入信号不是现时取输入端子上的信息，而是取输入映像寄存器中的信息。在本工作周期内这个采样结果的内容不会改变，只有到下一个扫描周期输入扫描阶段才被刷新。PLC 的扫描速度很快，取决于 CPU 的时钟速度。

（2）程序执行

PLC 完成了输入扫描工作后，按顺序从 0 号地址的程序开始进行逐条扫描执行，并分别从输入映像寄存器、输出映像寄存器以及辅助继电器中获得所需的数据进行运算处理，再将程序执行的结果写入输出映像寄存器中保存。但这个结果在全部程序未被执行完毕之前不会送到输出端子上，也就是物理输出是不会改变的。扫描时间取决于程序的长度、复杂程度和 CPU 的功能。

（3）输出刷新

在执行到 END 指令，即执行完用户所有程序后，PLC 上将输出映像寄存器中的内容送到输出锁存器中进行输出，驱动用户设备。扫描时间取决于输出模块的数量。

从以上的介绍可以知道，PLC 程序扫描特性决定了 PLC 的输入和输出状态并不能在扫描的同时改变，例如一个按钮开关的输入信号的输入刚好在输入扫描之后，那么这个信号只有在下一个扫描周期才能被读入。

上述三个步骤是 PLC 的软件处理过程，可以认为就是程序扫描时间。扫描时间通常由三个因素决定，一是 CPU 的时钟速度，越高档的 CPU，时钟速度越高，扫描时间越短；二是 I/O 模块的数量，模块数量越少，扫描时间越短；三是程序的长度，程序长度越短，扫描时间越短。一般的 PLC 执行容量为 1K 步的程序约需要的扫描时间是 1～10ms。

1.2.3 可编程控制器的立即输入、输出功能

比较高档的 PLC 都有立即输入、输出功能。

（1）立即输出功能

所谓立即输出功能就是输出模块在处理用户程序时，能立即被刷新。PLC 临时挂起（中断）正常运行的程序，将输出映像表中的信息输送到输出模块，立即进行输出刷新，然后再回到程序中继续运行，立即输出的示意图如图 1-10 所示。注意，立即输出功能并不能立即刷

新所有的输出模块。

(2) 立即输入功能

立即输入适用于要求对反应速度很严格的场合，例如几毫秒的时间对于控制来说十分关键的情况下。立即输入时，PLC 立即挂起正在执行的程序，扫描输入模块，然后更新特定的输入状态到输入映像表，最后继续执行剩余的程序，立即输入的示意图如图 1-11 所示。

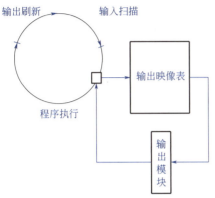

图 1-10　立即输出过程

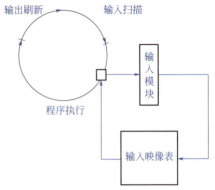

图 1-11　立即输入过程

1.3 接近开关

接近开关和 PLC 并无本质联系，但后续章节经常用到，所以以下将对此内容进行介绍。

接近式位置开关是与（机器的）运动部件无机械接触而能操作的位置开关。当运动的物体靠近开关到一定位置时，开关发出信号，达到行程控制及计数自动控制的开关。也就是说，它是一种非接触式无机械触点的位置开关，是一种开关型的传感器，简称接近开关，又称接近传感器。接近式开关有行程开关、微动开关的特性，又有传感性能，而且动作可靠，性能稳定，频率响应快，使用寿命长，抗干扰能力强，等等。它由感应头、高频振荡器、放大器和外壳组成。常见的接近开关有 LJ、CJ 和 SJ 等系列产品。接近开关的外形如图 1-12 所示，其图形符号如图 1-13（a）所示，图 1-13（b）所示为接近开关文字符号，表明此接近开关为电容式接近开关，在画图时更加适用。

图 1-12　接近开关

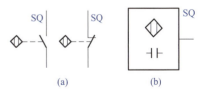

图 1-13　接近开关的图形及文字符号

1.3.1　接近开关的功能

当运动部件与接近开关的感应头接近时，就使其输出一个电信号。接近开关在电路中的作用与行程开关相同，都是位置开关，起限位作用，但两者是有区别的：行程开关有机械触点，是接触式的位置开关；而接近开关是无机械触点的，是非接触式的位置开关。

1.3.2　接近开关的分类和工作原理

按照工作原理区分，接近开关分为电感式、电容式、光电式和磁感式等形式。另外，根据应用电路电流的类型分为交流型和直流型。

电感式接近开关的感应头是一个具有铁氧体磁芯的电感线圈，只能用于检测金属体，在工业中应用非常广泛。振荡器在感应头表面产生一个交变磁场，当金属快接近感应头时，金属中产生的涡流吸收了振荡的能量，使振荡减弱以至停振，因而产生振荡和停振两种信号，经整形放大器转换成二进制的开关信号，从而起到"开""关"的控制作用。通常把接近开关刚好动作时感应头与检测物体之间的距离称为动作距离。

电容式接近开关的感应头是一个圆形平板电极，与振荡电路的地线形成一个分布电容，当有导体或其他介质接近感应头时，电容量增大而使振荡器停振，经整形放大器输出电信号。电容式接近开关既能检测金属，又能检测非金属及液体。电容式传感器体积较大，而且价格要贵一些。

磁感式接近开关主要指霍尔接近开关，霍尔接近开关的工作原理是霍尔效应，当带磁性的物体靠近霍尔开关时，霍尔接近开关的状态翻转（如由"ON"变为"OFF"）。有的资料上将干簧继电器也归类为磁感式接近开关。

光电式传感器是根据投光器发出的光在检测体上发生光量增减，用光电变换元件组成的受光器检测物体有无、大小的非接触式控制器件。光电式传感器的种类很多，按照其输出信号的形式，可以分为模拟式、数字式、开关量输出式。

利用光电效应制成的传感器称为光电式传感器。光电式传感器的种类很多，其中，输出形式为开关量的传感器为光电式接近开关。

光电式接近开关主要由光发射器和光接收器组成。光发射器用于发射红外光或可见光。光接收器用于接收发射器发射的光，并将光信号转换成电信号，以开关量形式输出。

按照接收器接收光的方式不同，光电式接近开关可以分为对射式、反射式和漫射式3种。光发射器和光接收器有一体式和分体式两种形式。

此外，还有特殊种类的接近开关，如光纤接近开关和气动接近开关。光纤接近开关在工业上使用越来越多，它非常适合在狭小的空间、恶劣（高温、潮湿和干扰大）的工作环境、易爆环境、精度要求高等条件下使用。光纤接近开关的问题是价格相对较高。

1.3.3　接近开关的选型

常用的电感式接近开关型号有 LJ 系列产品，电容式接近开关型号有 CJ 系列产品，磁感式接近开关有 HJ 系列产品，光电型接近开关有 OJ 系列。当然，还有很多厂家都有自己的产品系列，一般接近开关型号的含义如图1-14所示。接近开关的选择要遵循以下原则。

① 接近开关类型的选择。检测金属时优先选用感应式接近开关，检测非金属时选用电容式接近开关，检测磁信号时选用磁感式接近开关。

② 外观的选择。根据实际情况选用，但圆柱螺纹形状的最为常见。

③ 检测距离的选择。根据需要选用，但注意同一接近开关检测距离并非恒定，接近开关的检测距离与被检测物体的材料、尺寸以及物体的移动方向有关。表1-13列出了目标物体材料对于检测距离的影响。不难发现，感应式接近开关对于有色金属的检测明显不如检测钢和铸铁。常用的金属材料不影响电容式接近开关的检测距离。

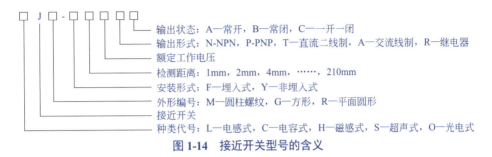

图1-14 接近开关型号的含义

表1-3 目标物体材料对检测距离的影响

序号	目标物体材料	影响系数	
		感应式	电容式
1	碳素钢	1	1
2	铸铁	1.1	1
3	铝箔	0.9	1
4	不锈钢	0.7	1
5	黄铜	0.4	1
6	铝	0.35	1
7	紫铜	0.3	1
8	水	0	0.9
9	PVC（聚氯乙烯）	0	0.5
10	玻璃	0	0.5

目标的尺寸同样对检测距离有影响。满足以下条件时，检测距离不受影响。

● 检测距离的3倍大于接近开关感应头的直径，而且目标物体的尺寸大于或等于3倍的检测距离×3倍的检测距离（长×宽）。

● 检测距离的3倍小于接近开关感应头的直径，而且目标物体的尺寸大于或等于检测距离×检测距离（长×宽）。

如果目标物体的面积达不到推荐数值时，接近开关的有效检测距离将按照表1-4推荐的数值减少。

表 1-4 目标物体的面积对检测距离的影响

占推荐目标面积的比例	影响系数	占推荐目标面积的比例	影响系数
75%	0.95	25%	0.85
50%	0.90		

④ 信号的输出选择。交流接近开关输出交流信号,而直流接近开关输出直流信号。注意,负载的电流一定要小于接近开关的输出电流,否则应添加转换电路解决。接近开关的信号输出能力见表 1-5。

表 1-5 接近开关的信号输出能力

接近开关种类	输出电流 /mA	接近开关种类	输出电流 /mA
直流二线制	50～100	直流三线制	150～200
交流二线制	200～350		

⑤ 触点数量的选择。接近开关有常开触点和常闭触点。可根据具体情况选用。

⑥ 开关频率的确定。开关频率是指接近开关每秒从"开"到"关"转换的次数。直流接近开关频率可达 200Hz;而交流接近开关频率要小一些,只能达到 25Hz。

⑦ 额定电压的选择。对于交流型的接近开关,优先选用 220V AC 和 36V AC,而对于直流型的接近开关,优先选用 12V DC 和 24V DC。

有人说:电感式接近开关,只能检测钢铁,不能检测其他材料。这种说法是不对的。电感式接近开关不但能检测钢铁,而且能检测其他金属,只是对铝和铜等金属的检测灵敏度不如钢铁。

1.3.4 应用接近开关的注意事项

接近开关的接线

(1) 单个 NPN 型和 PNP 型接近开关的接线

在直流电路中使用的接近开关有二线式(2 根导线)、三线式(3 根导线)和四线式(4 根导线)等多种形式,二线、三线、四线式接近开关都有 NPN 型和 PNP 型两种,通常日本和美国多使用 NPN 型接近开关,欧洲多使用 PNP 型接近开关,而我国则二者都有应用。NPN 型和 PNP 型接近开关的接线方法不同,正确使用接近开关的关键就是正确接线,这一点至关重要。

接近开关的导线有多种颜色,一般地,BN 表示棕色的导线,BU 表示蓝色的导线,BK 表示黑色的导线,WH 表示白色的导线,GR 表示灰色的导线,根据国家标准,各颜色导线的作用按表 1-6 定义。对于二线式 NPN 型接近开关,棕色线与负载相连,蓝色线与零电位点相连;对于二线式 PNP 型接近开关,棕色线与高电位相连,负载的一端与接近开关的蓝色线相连,而负载的另一端与零电位点相连。图 1-15 和图 1-16 所示分别为二线式 NPN 型接近开关接线图和二线式 PNP 型接近开关接线图。

表1-6 接近开关的导线颜色定义

种类	功能	接线颜色	端子号
交流二线式和直流二线式（不分极性）	NO（接通）	不分正负极，颜色任选，但不能为黄色、绿色或者黄绿双色	3、4
	NC（分断）		1、2
直流二线式（分极性）	NO（接通）	正极棕色，负极蓝色	1、4
	NC（分断）	正极棕色，负极蓝色	1、2
直流三线式（分极性）	NO（接通）	正极棕色，负极蓝色，输出黑色	1、3、4
	NC（分断）	正极棕色，负极蓝色，输出黑色	1、3、2
直流四线式（分极性）	正极	棕色	1
	负极	蓝色	3
	NO 输出	黑色	4
	NC 输出	白色	2

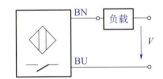

图1-15 二线式 NPN 型接近开关接线

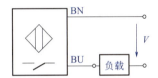

图1-16 二线式 PNP 型接近开关接线

表1-6中的"NO"表示常开、输出，而"NC"表示常闭、输出。

对于三线式 NPN 型接近开关，棕色的导线与一端负载，同时与电源正极相连；黑色的导线是信号线，与负载的另一端相连；蓝色的导线与电源负极相连。对于三线式 PNP 型接近开关，棕色的导线与电源正极相连；黑色的导线是信号线，与负载的一端相连；蓝色的导线与负载的另一端及电源负极相连，如图1-17和图1-18所示。

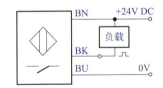

图1-17 三线式 NPN 型接近开关接线

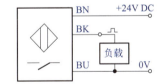

图1-18 三线式 PNP 型接近开关接线

四线式接近开关的接线方法与三线式接近开关类似，只不过四线式接近开关多了一对触点而已，其接线图如图1-19和图1-20所示。

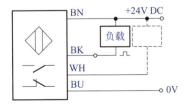

图1-19 四线式 NPN 型接近开关接线

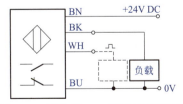

图1-20 四线式 PNP 型接近开关接线

(2) 单个 NPN 型和 PNP 型接近开关的接线常识

初学者经常不能正确区分 NPN 型和 PNP 型的接近开关,其实只要记住一点:PNP 型接近开关是正极开关,也就是信号从接近开关流向负载;而 NPN 型接近开关是负极开关,也就是信号从负载流向接近开关。

【例 1-2】 在图 1-21 中,有一只 NPN 型接近开关与指示灯相连,当一个铁块靠近接近开关时,回路中的电流会怎样变化?

【解】 指示灯就是负载,当铁块到达接近开关的感应区时,回路突然接通,指示灯由暗变亮,电流从很小变化到 100% 的幅度,电流曲线如图 1-22 所示(理想状况)。

图 1-21 接近开关与指示灯相连的示意图

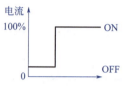

图 1-22 回路电流变化曲线

【例 1-3】 某设备用于检测 PVC 物块,当检测物块时,设备上的电压为 24V DC,功率为 12W 的报警灯亮,请选用合适的接近开关,并画出原理图。

【解】 因为检测物体的材料是 PVC,所以不能选用感应式接近开关,但可选用电容式接近开关。报警灯的额定电流为:$I_N = \dfrac{P}{U} = \dfrac{12}{24} = 0.5(A)$,查表 1-5 可知,直流接近开关承受的最大电流为 0.2A,所以采用图 1-18 的接线方案不可行,信号必须进行转换,原理图如图 1-23 所示,当物块靠近接近开关时,黑色的信号线上产生高电平,其负载继电器 KA 的线圈得电,中间继电器 KA 的常开触点闭合,所以报警灯 EL 亮。

由于没有特殊规定,所以 PNP 或 NPN 型接近开关以及二线或三线式接近开关都可以选用。本例选用三线式 PNP 型接近开关。

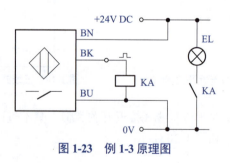

图 1-23 例 1-3 原理图

(3) 接近开关的并联

直流型接近开关允许并联接法,但一般不推荐将交流型接近开关进行并联。接近开关并联接线图如图 1-24 所示。二极管的作用是为了防止过载。当剩余电流足够小时,可以最多并联 30 个接近开关。

（4）接近开关的串联

接近开关串联接线图如图 1-25 所示，接近开关的数量取决于串联的接近开关的电压降低数，并与负载的要求电压密切相关。注意，当接近开关不适合或者不允许采用并联或者串联方式时，可以采用其他的电路实现同样的功能。

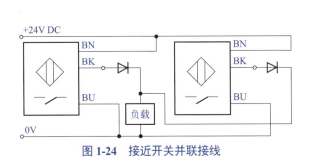

图 1-24　接近开关并联接线

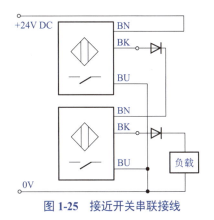

图 1-25　接近开关串联接线

【例 1-4】 某学生做实验，使用的是检测距离是 20mm 的红外漫反射式接近开关，不能检测到 19mm 外的黑色轮胎，接线正确，此学生判断此接近开关已经损坏，对吗？

【解】　红外漫反射式接近开关的检测距离是 20mm，这是检测的最大距离，红外式接近开关检测黑色物体的距离要比检测白色物体的距离短很多，因此即使是检测距离是 20mm 的完好的传感器，也不可能检测到 19mm 外的黑色物体，所以学生的结论有失偏颇。

1.4　传感器和变送器

变送器传感器的接线方法

（1）传感器简介

传感器是一种检测装置，能感受到被测量的信息，并能将感受到的信息，按一定规律变换成为电信号或其他所需形式的信息输出，以满足信息的传输、处理、存储、显示、记录和控制等要求。

传感器的分类方法较多，常见的分类如下。

① 按用途　压力和力传感器、位置传感器、液位传感器、能耗传感器、速度传感器、加速度传感器、射线辐射传感器和热敏传感器等。

② 按原理　振动传感器、湿敏传感器、磁敏传感器、气敏传感器、真空度传感器和生物传感器等。

③ 按输出信号　模拟传感器：将被测量的非电学量转换成模拟电信号。

数字传感器：将被测量的非电学量转换成数字输出信号（包括直接和间接转换）。

开关传感器：当一个被测量的信号达到某个特定的阈值时，传感器相应地输出一个设定的低电平或高电平信号。

(2) 变送器简介

变送器是把传感器的输出信号转变为可被控制器识别的信号（或将传感器输入的非电量转换成电信号同时放大以便供远方测量和控制的信号源）的转换器。传感器和变送器一同构成自动控制的监测信号源。不同的物理量需要不同的传感器和相应的变送器。变送器的种类很多，用在工控仪表上面的变送器主要有温度变送器、压力变送器、流量变送器、电流变送器、电压变送器等。变送器常与传感器做成一体，也可独立于传感器，单独作为商品出售，如压力变送器和温度变送器等。一种变送器如图 1-26 所示。

图 1-26　变送器

(3) 传感器和变送器应用

变送器按照接线分有三种：两线式、三线式和四线式。

两线式的变送器两根线既是电源线又是信号线；三线式的变送器的信号输出与电源公用一根 GND 线；四线式的变送器两根线是电源线，两根线是信号线，信号线和电源线是分开的。

两线式的变送器不易受寄生热电偶和沿电线电阻压降和温漂的影响，可用非常便宜的更细的导线，可节省大量电缆线和安装费用，三线式和四线式变送器均不具上述优点，即将被两线式变送器所取代。

① FX PLC 的模拟量模块 FX3U-4AD 与四线式变送器接法　四线式电压/电流变送器接法相对容易，两根线为电源线，两根线为信号线，接线图如图 1-27 所示。

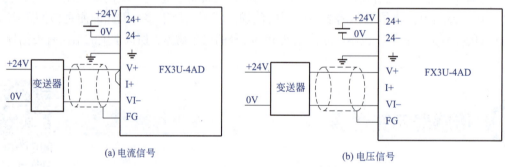

图 1-27　四线式电压/电流变送器接线

② FX PLC 的模拟量模块 FX3U-4AD 与三线式电流变送器接法　三线式电压/电流变送器，两根线为电源线，一根线为信号线，其中信号负（变送器负）和电源负为同一根线，接线图如图 1-28 所示。

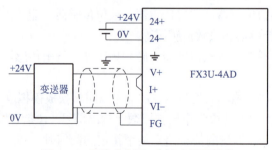

图 1-28　三线式电压/电流变送器接线

③ FX PLC 的模拟量模块 FX3U-4AD 与二线式电流变送器接法 二线式电流变送器接线容易出错，其两根线既是电源线，同时也为信号线，接线图如图 1-29 所示，电源、变送器和模拟量模块串联连接。

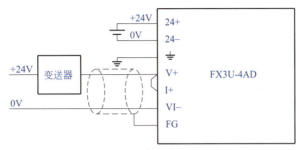

图 1-29 二线式电流变送器接线

1.5 隔离器

隔离器是一种采用线性光耦隔离原理，将输入信号进行转换输出的器件。输入、输出和工作电源三者相互隔离，特别适合与需要电隔离的设备以及仪表等配合使用。隔离器又名信号隔离器，是工业控制系统中重要组成部分。某品牌的隔离器如图 1-30 所示。

在 PLC 控制系统中，隔离器最常用于传感器与 PLC 的模拟量输入模块之间，以及执行器与 PLC 的模拟量输出模块之间，起抗干扰和保护模拟量模块的作用。隔离器的一个应用实例如图 1-31 所示。

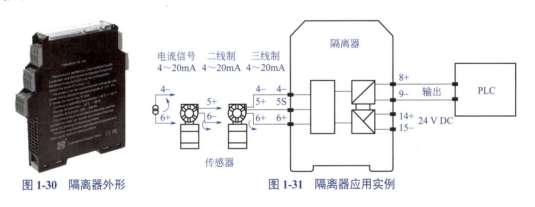

图 1-30 隔离器外形   图 1-31 隔离器应用实例

1.6 数制和编码

1.6.1 数制

数制就是数的计数方法，也就是数的进位方法。数制是学习计算机和 PLC 必须要掌握的基本功。

(1) 二进制、八进制、十进制和十六进制

1) 二进制　二进制有两个不同的数码，即 0 和 1，逢 2 进 1。

0 和 1 两个不同的值，可以用来表示开关量的两种不同的状态，例如触点的断开和接通、线圈的通电和断电、灯的亮和灭等。在梯形图中，如果该位是 1 可以表示常开触点的闭合和线圈的得电，反之，该位是 0 可以表示常闭触点的断开和线圈的断电。

三菱 PLC 的二进制的表示方法是在数值前加 B，例如 B1001 1101 1001 1101 就是 16 位二进制常数。二进制在计算机和 PLC 中十分常用。

2) 八进制　八进制有 8 个不同的数码，即 0、1、2、3、4、5、6、7，逢 8 进 1。

八进制虽然在 PLC 的程序运算中不使用，但很多 PLC 的输入继电器和输出继电器使用八进制表示的。例如三菱 FX3U/FX3UC 的输入继电器为 X0～X7、X10～X17、X20～X27 等，输出继电器为 Y0～Y7、Y10～Y17、Y20～Y27 等，都是八进制。

3) 十进制　十进制有 10 个不同的数码，即 0、1、2、3、4、5、6、7、8、9，逢 10 进 1。

二进制虽然在计算机和 PLC 中十分常用，但二进制数位多，阅读和书写都不方便。反之，十进制的优点是书写和阅读方便。

三菱 PLC 的十进制常数的表示方法是在数值前加 K，例如 K98 就是十进制 98。

4) 十六进制　十六进制的十六个数字是 0～9 和 A～F（对应于十进制中的 10～15，不区分大小写），每个十六进制数字可用 4 位二进制表示，例如 HA 用二进制表示为 B1010。十六进制的运算规则是逢 16 进 1。掌握二进制和十六进制之间的转化，对于学习三菱 PLC 来说是十分重要的。

三菱 PLC 的十六进制常数的表示方法是在数值前加 H，例如 H98 就是十六进制 98。

(2) 数制的转换

在工控技术中，常常要进行不同数值之间的转换，以下仅介绍二进制、十进制和十六进制之间的转换。

1) 二进制和十六进制转换成十进制　一般来说，一个二进制和十六进制数（N），有 n 位整数和 m 位小数，则其转换成十进制的公式为：

十进制数值 $= b_{n-1}N^{n-1} + b_{n-2}N^{n-2} + \cdots + b_1N^1 + b_0N^0 + B_1N^{-1} + B_2N^{-2} + \cdots + B_mN^m$

以下用两个例子介绍二进制和十六进制转换成十进制。

【例 1-5】 请把 H3F08 转换成十进制数。

【解】 H3F08 $= 3 \times 16^3 + 15 \times 16^2 + 0 \times 16^1 + 8 \times 16^0 =$ K16136

【例 1-6】 请把 B1101 转换成十进制数。

【解】 B1101 $= 1 \times 2^3 + 1 \times 2^2 + 0 \times 2^1 + 1 \times 2^0 =$ K13

2) 十进制转换成二进制和十六进制　十进制转换成二进制和十六进制比较麻烦，通常采用辗转除 N 法，法则如下。

① 整数部分：除以 N 取余数，逆序排列。

② 小数部分：乘 N 取整数，顺序排列。

【例 1-7】 将 K53 转换成二进制数值。

【解】 $N=$ 基

先写商再写余，无余数写零。

```
除  2 | 53         1（余）    得：110101
基  2 | 26（商）   0          反
取  2 | 13         1          向
余  2 | 6          0          写
    2 | 3          1          出
        1
```

十进制转二进制：二进制的基为 2，N 进制的基为 N。

所以转换的数值是 B110101。

十进制转换成十六进制的方法与十进制转换成二进制的类似，在此不作赘述。

3）十六进制与二进制之间的转换　二进制之间的书写和阅读不方便，但十六进制阅读和书写非常方便。因此，在 PLC 程序中经常用到十六进制，所以十六进制与二进制之间的转换至关重要。

4 个二进制位对应 1 个十六进制位，表 1-7 是不同数制的数的表示方法，显示了不同进制的对应关系。

表 1-7　不同数制的数的表示方法

十进制	十六进制	二进制	BCD 码	十进制	十六进制	二进制	BCD 码
0	0	0000	00000000	8	8	1000	00001000
1	1	0001	00000001	9	9	1001	00001001
2	2	0010	00000010	10	A	1010	00010000
3	3	0011	00000011	11	B	1011	00010001
4	4	0100	00000100	12	C	1100	00010010
5	5	0101	00000101	13	D	1101	00010011
6	6	0110	00000110	14	E	1110	00010100
7	7	0111	00000111	15	F	1111	00010101

不同数制之间的转换还有一种非常简便的方法，就是使用小程序数制转换器。Windows 内置一个计算器，切换到程序员模式，就可以很方便地进行数制转换，如图 1-32 所示，显示的是十六进制，如要转换成十进制，只要单击"十进制"圆按钮即可。

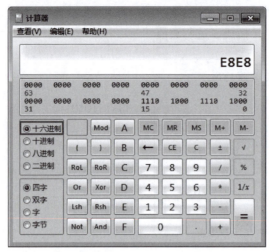

图 1-32 计算器（数制转换器）

1.6.2 编码

常用的编码有两类，一类是表示数字多少的编码，这类编码常用来代替十进制的 0～9，统称二-十进制码，又称 BCD 码；一类是用来表示各种字母、符号和控制信息的编码，称为字符代码。以下将分别进行介绍。

（1）BCD 码

BCD 码是数字编码，有多种类型，本书只介绍最常用的 8421BCD 码。有的 PLC 如西门子品牌，时间和日期都用 BCD 码表示，因此 BCD 码还是比较常用的。

BCD 码用 4 位二进制数（或者 1 位十六进制数）表示 1 位十进制数，例如 1 位十进制数 9 的二进制表示的 BCD 码是 1001。4 位二进制有 16 种组合，但 BCD 码只用到前十个，而后六个（1010～1111）没有在 BCD 码中使用。十进制的数字转换成 BCD 码是很容易的，例如十进制数 K366 转换成十六进制表示的 BCD 码则是 0366BCD。

（2）ASCII 码

ASCII（American Standard Code for Information Interchange，美国信息交换标准代码）是基于拉丁字母的一套电脑编码系统，主要用于显示现代英语和其他西欧语言。它是最通用的信息交换标准，并等同于国际标准 ISO/IEC 646。ASCII 第一次以规范标准的类型发表是在 1967 年，最后一次更新则是在 1986 年，到目前为止共定义了 128 个字符。

在 PLC 的通信中，有时会用到 ASCII 码，如三菱 PLC 的无协议通信。掌握 ASSCII 码是很重要的。

1）产生原因　在计算机中，所有的数据在存储和运算时都要使用二进制数表示（因为计算机高电平和低电平分别用 1 和 0 表示），例如，像 a、b、c、d 这样的 52 个字母（包括大写）以及 0、1 等数字，还有一些常用的符号（例如 *、#、@ 等）在计算机中存储时也要使用二进制数来表示，而具体用哪些二进制数字表示哪个符号，当然每个人都可以约定自己的一套规则（这就叫编码），而大家如果要想互相通信而不造成混乱，那么必须使用相同的编码规则，于是美国有关的标准化组织就出台了 ASCII 编码，统一规定了上述常用符号用哪些二进制数来表示。

2）表达方式　ASCII 码使用指定的 7 位或 8 位二进制数组合来表示 128 或 256 种可能的字符。标准 ASCII 码也叫基础 ASCII 码，使用 7 位二进制数（剩下的 1 位二进制为 0）来表示所有的大写和小写字母、数字 0 到 9、标点符号，以及在美式英语中使用的特殊控制字符。标准的 ASCII 表见表 1-8。

表 1-8　标准的 ASCII 表

码值	控制字符	码值	控制字符	码值	控制字符	码值	控制字符
0	NUL	32	（space）	64	@	96	`
1	SOH	33	!	65	A	97	a
2	STX	34	"	66	B	98	b
3	ETX	35	#	67	C	99	c
4	EOT	36	$	68	D	100	d
5	ENQ	37	%	69	E	101	e
6	ACK	38	&	70	F	102	f
7	BEL	39	,	71	G	103	g
8	BS	40	(	72	H	104	h
9	HT	41	)	73	I	105	i
10	LF	42	*	74	J	106	j
11	VT	43	+	75	K	107	k
12	FF	44	,	76	L	108	l
13	CR	45	-	77	M	109	m
14	SO	46	、	78	N	110	n
15	SI	47	/	79	O	111	o
16	DLE	48	0	80	P	112	p
17	DCI	49	1	81	Q	113	q
18	DC2	50	2	82	R	114	r
19	DC3	51	3	83	S	115	s
20	DC4	52	4	84	T	116	t
21	NAK	53	5	85	U	117	u
22	SYN	54	6	86	V	118	v
23	TB	55	7	87	W	119	w
24	CAN	56	8	88	X	120	x
25	EM	57	9	89	Y	121	y
26	SUB	58	:	90	Z	122	z
27	ESC	59	;	91	[	123	{
28	FS	60	<	92	\	124	|
29	GS	61	=	93	]	125	}
30	RS	62	>	94	-	126	~
31	US	63	?	95	—	127	DEL

第 2 章

三菱 FX3 系列 PLC 的硬件

本章介绍三菱 FX3 系列 PLC 及其硬件接线，由于 FX3U 是 FX 系列中最具代表的产品，所以基本单元仅介绍 FX3U，又因为 FX2 系列的扩展模块和扩展单元等产品仍然可以在 FX3 系列 PLC 上使用，所以这些模块也将进行介绍，本章内容是学习本书后续内容的必要准备。

2.1 三菱 PLC 简介

2.1.1 三菱 PLC 产品系列

三菱的 PLC 是比较早进入我国市场的产品，由于三菱 PLC 有较高的性价比，而且易学易用，所以在中国的 PLC 市场上有很大的份额，特别是 FX 系列小型 PLC，有比较大的市场占有率。以下将简介三菱的 PLC 的常用产品系列。

（1）针对小规模、单机控制的 PLC

① MELSEC-F 系列。机身小巧，却兼备丰富的功能与扩展性。是一种集电源、CPU、输入输出为一体的一体化 PLC。通过连接多种多样的扩展设备，以满足客户的各种需求。

FX 系列 PLC 是从 F 系列、F1 系列、F2 系列发展起来的小型 PLC 产品，FX 系列 PLC 包括 FX1S/FX1N/FX2N/FX3U/FX3G/FX3S 类型产品。目前主要使用的是 FX3 系列 PLC。同时，FX2 系列的扩展模块仍然在使用。

② MELSEC iQ-F 系列。实现了系统总线的高速化，充实了内置功能，支持多种网络的新一代可编程控制器。从单机使用到涵盖网络的系统提升，强有力地支持客户"制造业先锋产品"的需求。

(2)针对小、中规模控制的 PLC

MELSEC-L 系列。采用无底座构造，节省控制盘内的空间。将现场所需的功能、性能、操作性凝聚在小巧的机身内，轻松地实现更为简便且多样的控制。

(3)针对中、大规模控制的 PLC

① MELSEC-Q 系列。通过多 CPU 功能的并联处理实现高速控制，从而提高客户所持装置及机械的性能。MELSEC-Q 系列 PLC 目前应用较多。

② MELSEC iQ-R 系列。开拓自动化新时代的创新型新一代控制器，搭载新开发的高速系统总线，能够大幅度地削减节拍时间。

2.1.2 三菱 FX3U 的特点

三菱 FX3U 是三菱 FX 系列 PLC 的典型代表，其特点如下：
① 系统配置既固定又灵活；
② 编程简单；
③ 可自由选择，具有丰富的品种；
④ 令人放心的高性能；
⑤ 高速运算；
⑥ 适用于多种特殊用途；
⑦ 外部机器通信简单化；
⑧ 共同的外部设备。

2.2 FX3U 基本单元及其接线

三菱 FX 系列 PLC 有三大类基本产品，其中第一代和第二代产品（FX1S/FX1N/FX2N）的使用和接线比较类似，第三代 PLC 有 FX3U/FX3UC/FX3G/ FX3GA/FX3S 等产品，其中 FX3U 的性能较 FX3G 和 FX3S 更加优良，且使用较为广泛，限于篇幅，本书主要以 FX3U 为例讲解。

2.2.1 FX3U 的系统构成

FX3U 系统配置是按照其产品介绍中的产品区分 [A]～[O] 进行分类的，产品主要有显示模块（F）、功能扩展板（G）、电池（K）、存储器盒（L）、特殊适配器（H）、基本单元（A）、输入输出扩展模块（C）、输入输出扩展单元（B）、扩展延长电缆（J）、连接器转换适配器（J）、特殊功能模块（D）和远程 IO 模块（N）等，各个产品的安装位置和组成示意图如图 2-1 所示。这些模块有的很常用，如基本单元（A）、输入输出扩展模块（C）、输入输出扩展单元（B）、特殊适配器（H）和特殊功能模块（D）等，将在后续章节介绍；有些模块较少与 FX 模块配合使用，如远程 IO 模块（此模块常用于大中型 PLC），因此将不做介绍，请读者阅读三菱相关手册即可。

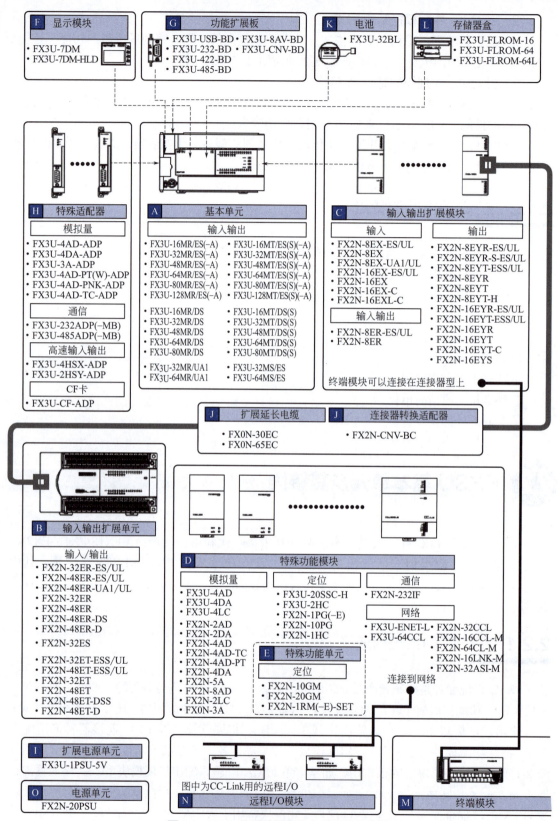

图 2-1　FX3U 的系统配置和安装位置示意图

2.2.2 FX3U 基本单元介绍

FX3U 是三菱电机公司推出的新型第三代 PLC，基本性能大幅提升，晶体管输出型的基本单元内置了 3 轴独立最高 100kHz 的定位功能，并且增加了新的定位指令，从而使得定位控制功能更加强大，使用更为方便。

FX3U 基本单元的型号的说明如图 2-2 所示。

图 2-2 FX3U 的基本单元型号说明

FX3U 的基本单元有多种类型。

按照点数分，有 16 点、32 点、48 点、64 点、80 点和 128 点共六种。

按照供电电源分，有交流电源和直流电源两种。

按照输出形式分，有继电器输出、晶体管输出和晶闸管输出共三种。晶体管输出的 PLC 又分为源型输出和漏型输出。

按照输入形式分，有直流源型输入、漏型输入和交流电输入形式。

AC 电源 /DC 24V（漏型 / 源型）输入通用型基本单元见表 2-1，DC 电源 /DC 24V（漏型 / 源型）输入通用型基本单元见表 2-2。

表 2-1 AC 电源 /DC 24V（漏型 / 源型）输入通用型基本单元

型号	输出形式	输入点数	输出点数	合计点数
FX3U-16MR/ES（-A）	继电器	8	8	16
FX3U-16MT/ES（-A）	晶体管（漏型）	8	8	16
FX3U-16MT/ESS	晶体管（源型）	8	8	16
FX3U-32MR/ES（-A）	继电器	16	16	32
FX3U-32MT/ES（-A）	晶体管（漏型）	16	16	32
FX3U-32MT/ESS	晶体管（源型）	16	16	32
FX3U-32MS/ES	晶闸管	16	16	32
FX3U-48MR/ES（-A）	继电器	24	24	48
FX3U-48MT/ES（-A）	晶体管（漏型）	24	24	48
FX3U-48MT/ESS	晶体管（源型）	24	24	48

续表

型号	输出形式	输入点数	输出点数	合计点数
FX3U-64MR/ES（-A）	继电器	32	32	64
FX3U-64MT/ES（-A）	晶体管（漏型）	32	32	64
FX3U-64MT/ESS	晶体管（源型）	32	32	64
FX3U-64MS/ES	晶闸管	32	32	64
FX3U-80MR/ES（-A）	继电器	40	40	80
FX3U-80MT/ES（-A）	晶体管（漏型）	40	40	80
FX3U-80MT/ESS	晶体管（源型）	40	40	80
FX3U-128MR/ES（-A）	继电器	64	64	128
FX3U-128MT/ES（-A）	晶体管（漏型）	64	64	128
FX3U-128MT/ESS	晶体管（源型）	64	64	128

表 2-2　DC 电源 /DC 24V（漏型 / 源型）输入通用型基本单元

型号	输出形式	输入点数	输出点数	合计点数
FX3U-16MR/DS	继电器	8	8	16
FX3U-16MT/DS	晶体管（漏型）	8	8	16
FX3U-16MT/DSS	晶体管（源型）	8	8	16
FX3U-32MR/DS	继电器	16	16	32
FX3U-32MT/DS	晶体管（漏型）	16	16	32
FX3U-32MT/DSS	晶体管（源型）	16	16	32
FX3U-48MR/DS	继电器	24	24	48
FX3U-48MT/DS	晶体管（漏型）	24	24	48
FX3U-48MT/DSS	晶体管（源型）	24	24	48
FX3U-64MR/DS	继电器	32	32	64
FX3U-64MT/DS	晶体管（漏型）	32	32	64
FX3U-64MT/DSS	晶体管（源型）	32	32	64
FX3U-80MR/DS	继电器	40	40	80
FX3U-80MT/DS	晶体管（漏型）	40	40	80
FX3U-80MT/DSS	晶体管（源型）	40	40	80

关键点　FX2N 系列 PLC 的直流输入为漏型（即低电平有效），但 FX3U 直流输入为源型输入和漏型输入可选，也就是说通过不同的接线选择是源型输入还是漏型输入，这无疑为工程设计带来极大的便利。FX3U 的晶体管输出也有漏型输出和源型输出两种，但在订购设备时必须确定需要购买哪种输出类型的 PLC。

2.2.3 FX3U 基本单元的接线

FX3U 基本单元的接线

在讲解 FX3U 基本单元接线前，先要熟悉基本模块的接线端子。FX3U 的接线端子（以 FX3U-32MR 为例）一般由上下两排交错分布，如图 2-3 所示，这样排列方便接线，接线是一般先接下面一排（对于输入端，先接 X0、X2、X4、X6 等接线端子，后接 X1、X3、X5、X7 等接线端子）。图 2-3 中，"1" 处的三个接线端子是基本模块的交流电源接线端子，其中 L 接交流电源的火线，N 接交流电源的零线，⏚接交流电源的地线。"2" 处的 24V 是基本模块输出的 DC 24V 电源的 +24V，这个电源可供传感器使用，也可供扩展模块使用，但通常不建议使用此电源。"3" 处的接线端子是数字量输入接线端子，通常与按钮、开关量的传感器相连。"4" 处的圆点表示此处是空端子，不用。很明显 "5" 处的粗线是分割线，将第三组输出点和第四组输出点分开。"6" 处的 Y5 是数字量输出端子。"7" 处的 COM1 是第一组输出端的公共接线端子，这个公共接线端子是输出点 Y0、Y1、Y2、Y3 的公共接线端子。

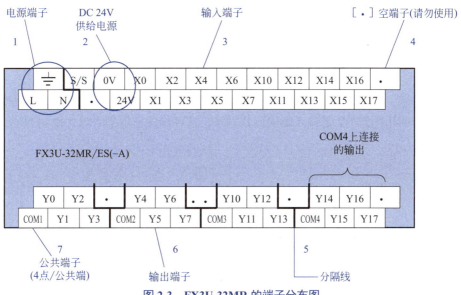

图 2-3 FX3U-32MR 的端子分布图

FX3U 基本单元有数字量输入端子和输出端子。数字量输入端子通常与按钮、接近开关相连，用于把外部的开关信号的状态，送到 PLC 内部。数字量输出端子通常与指示灯和线圈（中间继电器最常见）相连接，用于把 PLC 运行程序的结果，从输出端送到外围设备（指示灯和线圈）。

FX3U 基本单元的输入端是 NPN（漏型，低电平有效）输入和 PNP（源型，高电平有效）输入可选，只要改换不同的接线即可选择不同的输入形式。当输入端与数字量传感器相连时，能使用 NPN 和 PNP 型传感器，FX3U 的输入端在连接按钮时，并不需要外接电源。FX3U 的输入端的接线示例如图 2-4～图 2-7 所示。

如图 2-4 所示，模块供电电源为交流电，输入端是漏型接法，24V 端子与 S/S 端子短接，0V 端子是输入端的公共端子，这种接法低电平有效，也叫 NPN 输入。

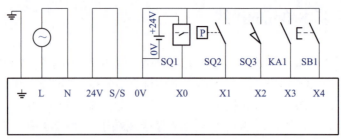

图 2-4　FX3U 的输入端的接线图（漏型，交流电源）

如图 2-5 所示，模块供电电源为交流电，输入端是源型接法，0V 端子与 S/S 端子短接，24V 端子是输入端的公共端子。这种接法高电平有效，也叫 PNP 输入。

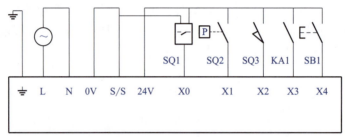

图 2-5　FX3U 的输入端的接线图（源型，交流电源）

如图 2-6 所示，模块供电电源为直流电，输入端是漏型接法，S/S 端子与模块供电电源的 24V 短接，模块供电电源 0V 是输入端的公共端子。这种接法低电平有效，也叫 NPN 输入。

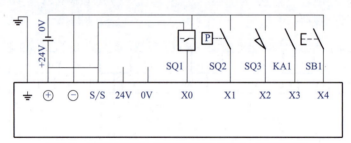

图 2-6　FX3U 的输入端的接线图（漏型，直流电源）

如图 2-7 所示，模块供电电源为直流电，输入端是源型接法，S/S 端子与模块供电电源的 0V 短接，模块供电电源 24V 是输入端的公共端子，这种接法高电平有效，也叫 PNP 输入。

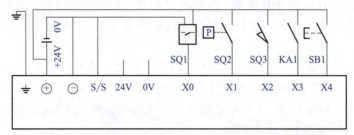

图 2-7　FX3U 的输入端的接线图（源型，直流电源）

FX3U 系列中还有 AC 100V 输入型 PLC，也就是输入端使用不超过 120V 的交流电源，其接线图如图 2-8 所示。

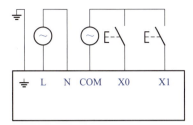

图 2-8　AC 100V 输入型 PLC 的接线图

▶ **关键点**　FX3U 的输入端和 PLC 的供电电源很近，特别是使用交流电源时，注意不要把交流电误接入到信号端子。

【例 2-1】　有一台 FX3U-32MR，输入端有一只三线 NPN 接近开关和一只二线 NPN 式接近开关，应如何接线？

【解】　对于 FX3U-32MR，公共端是 0V 端子。而对于三线 NPN 接近开关，只要将其棕线与 24V 端子、蓝线与 0V 端子相连，将信号线与 PLC 的"X1"相连即可；而对于二线 NPN 接近开关，只要将 0V 端子与其蓝色线相连，将信号线（棕色线）与 PLC 的"X0"相连即可，如图 2-9 所示。

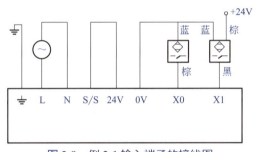

图 2-9　例 2-1 输入端子的接线图

FX3U 的输出形式有三种：继电器输出、晶体管输出和晶闸管输出。继电器型输出用得比较多，输出端可以连接直流或者交流电源，无极性之分，但交流电源不超过 220V。FX3U 的继电器型输出端接线如图 2-10 所示。

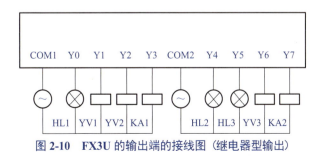

图 2-10　FX3U 的输出端的接线图（继电器型输出）

晶体管输出只有 NPN 输出和 PNP 输出两种形式，用于输出频率高的场合。通常，相同点数的三菱 PLC，FX3 系列晶体管输出形式的 PLC 要比继电器输出形式的贵一点。晶体管输出的 PLC 的输出端只能使用直流电源，对于 NPN 输出形式，其公共端子和电源的 0V 接在一起，FX3U 的晶体管型 NPN 输出的接线示例如图 2-11 所示。晶体管型 NPN 输出是三菱 FX3U 的主流形式，在 FX3U 以前的 FX 系列 PLC 的晶体管输出形式中，只有 NPN 输出一种形式。此外，在 FX3U 中，晶体管输出中增加了 PNP 型输出，其公共端子是 +V，接线如图 2-12 所示。

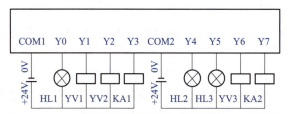

图 2-11　FX3U 的输出端的接线图（晶体管 NPN 型输出）

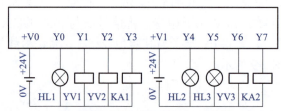

图 2-12　FX3U 的输出端的接线图（晶体管 PNP 型输出）

晶闸管输出的 PLC 的输出端只能使用交流电源，在此不作赘述。

【例 2-2】　有一台 FX3U-32M，控制两台步进电动机（步进电动机控制端是共阴接法）和一台三相异步电动机的启停，三相电动机的启停由一只接触器控制，接触器的线圈电压为 220V AC，输出端应如何接线（步进电动机部分的接线可以省略）？

【解】　因为要控制两台步进电动机，所以要选用晶体管输出的 PLC，而且必须用 Y0 和 Y1 作为输出高速脉冲点控制步进电动机，又由于步进电动机控制端是共阴接法，所以 PLC 的输出端要采用 PNP 输出型。接触器的线圈电压为 220V AC，所以电路要经过转换，增加中间继电器 KA，其接线如图 2-13 所示。

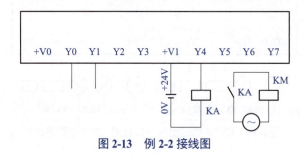

图 2-13　例 2-2 接线图

2.3 FX 系列 PLC 的扩展单元和扩展模块及其接线

FX 系列 PLC 的扩展模块有数字量输入模块和数字量输出模块；FX 系列 PLC 的扩展单元实际上就是数字量输入输出模块，内部集成有 24V 电源，有的 PLC 将这类模块称为混合模块。

特别说明：FX3 系列 PLC 没有专门设计扩展单元和扩展模块，其采用的扩展单元和扩展模块类型与 FX2N 系列 PLC 是相同的。以下仅介绍常用的几个模块。

2.3.1 FX 系列 PLC 扩展单元及其接线

在使用 FX 的基本单元时，如数字量 IO 点不够用，这种情况下就要使用数字量扩展模块或者扩展单元，以下将对数字量模块进行介绍。

（1）常用的扩展单元简介

当基本单元的输入输出点不够用时，通常用添加扩展单元的办法解决，FX 系列 PLC 扩展单元型号的说明如图 2-14 所示。

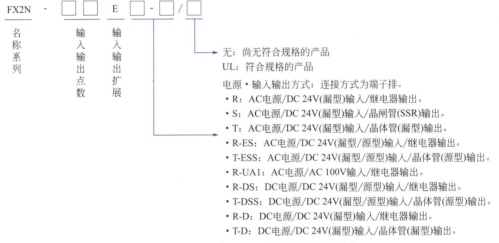

图 2-14 FX 系列 PLC 扩展单元型号说明

扩展单元也有多种类型，按照点数分有 32 点和 48 点两种。

按照供电电源分，有交流电源和直流电源两种。

按照输出形式分，有继电器输出、晶闸管输出和晶体管输出共三种。

按照输入形式分，有交流电源和直流电源两种。直流电源输入又可分为源型输入和漏型输入。

AC 电源 /DC 24V（漏型 / 源型）输入通用型扩展单元见表 2-3，AC 电源 /DC 24V（漏型）输入专用型扩展单元见表 2-4，DC 电源 /DC 24V（漏型 / 源型）输入通用型扩展单元见表 2-5，DC 电源 /DC 24V（漏型）输入专用型扩展单元见表 2-6，AC 电源 /AC 110V 输入专用型扩展单元见表 2-7。

表 2-3　AC 电源 /DC 24V（漏型 / 源型）输入通用型扩展单元

型 号	输出形式	输入点数	输出点数	合计点数
FX2N-32ER-ES/UL	继电器	16	16	32
FX2N-32ET-ESS/UL	晶体管（源型）	16	16	32
FX2N-48ER-ES/UL	继电器	24	24	48
FX2N-48ET-ESS/UL	晶体管（源型）	24	24	48

表 2-4　AC 电源 /DC 24V（漏型）输入专用型扩展单元

型 号	输出形式	输入点数	输出点数	合计点数
FX2N-32ER	继电器	16	16	32
FX2N-32ET	晶体管（漏型）	16	16	32
FX2N-32ES	晶闸管	16	16	32
FX2N-48ER	继电器	24	24	48
FX2N-48ET	晶体管（漏型）	24	24	48

表 2-5　DC 电源 /DC 24V（漏型 / 源型）输入通用型扩展单元

型 号	输出形式	输入点数	输出点数	合计点数
FX2N-48ER-DS	继电器	24	24	48
FX2N-48ET-DSS	晶体管（源型）	24	24	48

表 2-6　DC 电源 /DC 24V（漏型）输入专用型扩展单元

型 号	输出形式	输入点数	输出点数	合计点数
FX2N-48ER-D	继电器	24	24	48
FX2N-48ET-D	晶体管（漏型）	24	24	48

表 2-7　AC 电源 /AC 110V 交流输入专用型扩展单元

型 号	输出形式	输入点数	输出点数	合计点数
FX2N-48ER-UA1/UL	继电器	24	24	48

FX 系列 PLC
扩展单元
的接线

(2) 常用的扩展单元的接线

扩展单元的外形、接线端子的排列和接线方法，与 FX 系列 PLC 基本单元很类似，有数字量输入端子和输出端子，数字量输入端子通常与按钮、接近开关相连，用于把外部的开关信号的状态，送到 PLC 内部，数字量输出端子通常与指示灯和线圈（中间继电器最常见）相连接，用于把 PLC 运行程序的结果，从输出端送到外围设备（指示灯和线圈）。以下仅举例简介，其余的都类似。

① FX2N-32ER-ES/UL 扩展单元的接线　FX2N-32ER-ES/UL 扩展单元的输入是源型和漏

型输入可选，而输出是继电器输出，继电器输出的负载电源可以是交流电也可以是直流电。本例的 FX2N-32ER-ES/UL 是 16 点输入和 16 点输出（本例只画出部分 IO 点），这个型号有人也称为"欧洲版"模块。其接线如图 2-15 和图 2-16 所示。

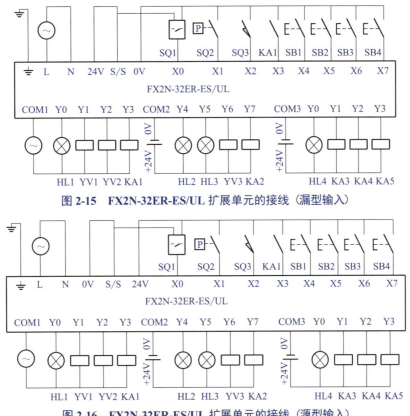

图 2-15　FX2N-32ER-ES/UL 扩展单元的接线（漏型输入）

图 2-16　FX2N-32ER-ES/UL 扩展单元的接线（源型输入）

② FX2N-32ET-ESS/UL 扩展单元的接线　FX2N-32ET-ESS/UL 扩展单元的输入是源型和漏型输入可选，而输出是晶体管源型输出，本例的 FX2N-32ET-ESS/UL 是 16 点输入和 16 点输出（本例只画出部分 IO 点），这个型号有人也称为"欧洲版"模块。其接线如图 2-17 和图 2-18 所示。

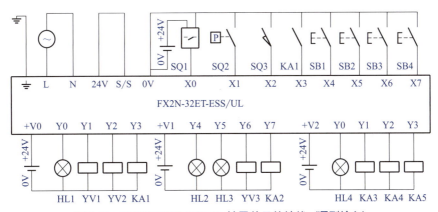

图 2-17　FX2N-32ET-ESS/UL 扩展单元的接线（漏型输入）

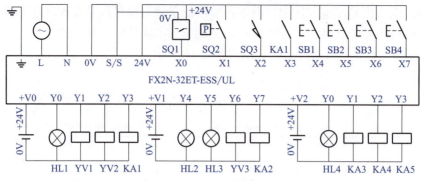

图 2-18 FX2N-32ET-ESS/UL 扩展单元的接线（源型输入）

③ FX2N-32ET 扩展单元的接线　FX2N-32ET 扩展单元的输入是漏型输入，输出也是晶体管漏型输出，本例的 FX2N-32ET 是 16 点输入和 16 点输出（本例只画出部分 IO 点）。其接线如图 2-19 所示。

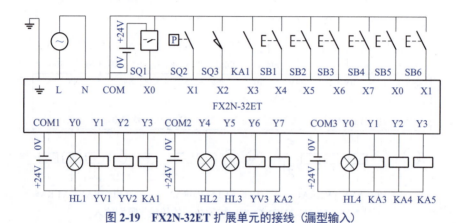

图 2-19 FX2N-32ET 扩展单元的接线（漏型输入）

④ FX2N-32ER 扩展单元的接线　FX2N-32ER 扩展单元是漏型输入，继电器输出，本例的 FX2N-32ER 是 16 点输入和 16 点输出（本例只画出部分 IO 点）。其接线如图 2-20 所示。

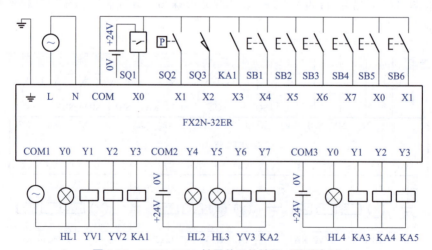

图 2-20 FX2N-32ER 扩展单元的接线（漏型输入）

2.3.2 FX 系列 PLC 扩展模块及其接线

在使用 FX 的基本单元时，如数字量 IO 点不够用，这种情况下就要使用数字量扩展模块或者扩展单元，以下将对数字量扩展模块进行介绍。

（1）常用的数字量扩展模块的简介

数字量的扩展模块有数字量输入模块和数字量输出模块，数字量模块中没有 24V 电源，而扩展单元中内置有 24V 电源。FX2N 系列的扩展模块见表 2-8。但要注意这类模块也可以供 FX3U、FX3G 使用。

表 2-8 FX2N 系列的扩展模块

型号	总 I/O 数目	输入			输出	
		数目	电压	类型	数目	类型
FX2N-16EX	16	16	24V 直流	漏型		
FX2N-16EYT	16				16	晶体管
FX2N-16EYR	16				16	继电器

（2）常用的数字量扩展模块的接线

① FX2N-8EX 扩展模块的接线　数字量输入模块通常与按钮、接近开关相连，用于把外部的开关信号的状态（闭合或者断开），送到 PLC 内部，转换成 PLC 可以识别的信号。

FX2N-8EX 扩展模块的输入是漏型输入，其接线如图 2-21 所示，输入端需要外接 24V 电源。

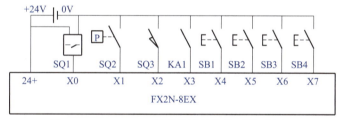

图 2-21　FX2N-8EX 扩展模块的接线（漏型输入）

② FX2N-8EYT 扩展模块的接线　数字量输出模块通常与指示灯和线圈（中间继电器最常见）相连接，用于把 PLC 运行程序的结果，从输出端送到外围设备（指示灯和线圈）。

FX2N-8EYT 扩展模块的输出是漏型晶体管输出，其接线如图 2-22 所示，负载外接 24V 电源，不能接交流电源。

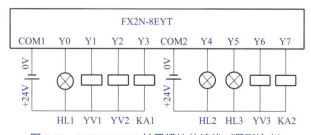

图 2-22　FX2N-8EYT 扩展模块的接线（漏型输出）

③ FX2N-8EYR 扩展模块的接线　FX2N-8EYR 扩展模块的输出是继电器输出，其接线如图 2-23 所示，负载既可以外接 24V 电源，也可以接交流电源。

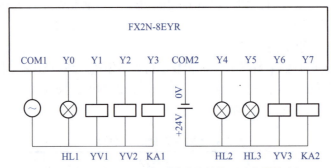

图 2-23　FX2N-8EYR 扩展模块的接线（继电器输出）

欧洲版的扩展模块（FX2N-8EX-ES/UL、FX2N-8EYR-ES/UL）的接线与 FX2N-32ER-ES/UL 扩展单元类似，在此不作赘述。

2.4　FX 系列 PLC 的模拟量模块及其接线

FX 系列 PLC 的模拟量模块是特殊功能模块的一部分，主要有模拟量输入模块、模拟量输出模块和模拟量输入输出模块（混合模块）。FX2N 的模拟量模块仍然可以用在 FX3 系列 PLC 上，同时三菱公司也专门为 FX3 系列 PLC 设计了模拟量模块，其使用更加便捷。本节将介绍常用的几个 FX2 和 FX3 系列 PLC 的模拟量模块。

2.4.1　FX 系列 PLC 模拟量输入模块（A/D）

所谓的模拟量输入模块就是将模拟量（如电流、电压等信号）转换成 PLC 可以识别的数字量的模块，模拟量输入模块主要与模拟量传感器（如温度、压力、流量、液位和称重等传感器）相连接，用于测量温度、压力、流量、液位和质量等，在工业控制中应用非常广泛。

FX3U 模拟量输入模块应用

FX2N 系列 PLC 的 A/D 转换模块主要有 FX2N-2AD、FX2N-4AD 和 FX2N-8AD 三种。FX3 系列 PLC 的 A/D 转换模块主要有 FX3U-4AD、FX3UC-4AD、FX3U-4AD-ADP 和 FX3G-2AD-BD。

本章只讲解 FX2N-4AD、FX3U-4AD 和 FX3U-4AD-ADP。由于 FX2N 的模拟量输入模块可以连接在 FX3U PLC 上使用且有产品销售，因此以下仍然会简要介绍。

（1）FX2N-4AD 模块

FX2N-4AD 模块有 4 个通道，也就是说最多只能和四路模拟量信号连接，其转换精度为 12 位。与 FX2N-2AD 模块不同的是：FX2N-4AD 模块需要外接电源供电，FX2N-4AD 模块的外接信号可以是双极性信号（信号可以是正信号也可以是负信号）。此模块安装在基本单元的右侧。

① FX2N-4AD 模块的参数　FX2N-4AD 模块的参数表见表 2-9。

表 2-9　FX2N-4AD 模块的参数

项目	参数		备注
	电压	电流	
输入通道	4 通道		4 通道输入方式可以不同
输入要求	-10 ～ 10V	4 ～ 20mA, -20 ～ 20mA	
输入极限	-15 ～ 15V	-2 ～ 60mA	
输入阻抗	≤ 200kΩ	≤ 250Ω	
数字量输入	12 位		-2048 ～ 2047
分辨率	5mV（-10 ～ 10V）	20μA（-20 ～ 20mA）	
处理时间	15ms/ 通道		
消耗电流	24V/55mA，5V/30mA		24V 由外部供电
编程指令	FROM/TO		

② FX2N-4AD 模块的连线　FX2N-4AD 模块可以转换电流信号和电压信号，但其接线有所不同，外部电压信号与 FX2N-4AD 模块的连接如图 2-24 所示（只画了 2 个通道），传感器与模块的连接最好用屏蔽双绞线，当模拟量的噪声或者波动较大时，在图中连接一个 0.1 ～ 4.7μF 的电容，V+ 与电压信号的正信号相连，VI- 与信号的低电平相连，FG 与屏蔽层相连。FX2N-4AD 模块的 24V 供电要外接电源，而 +5V 直接由 PLC 通过扩展电缆提供，并不需要外接电源。

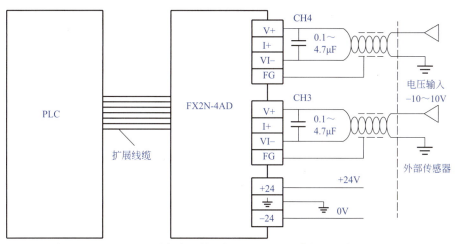

图 2-24　外部电压信号与 FX2N-4AD 模块的连接

外部电流信号与 FX2N-4AD 模块的连接如图 2-25 所示，传感器与模块的连接最好用屏蔽双绞线，I+ 与电流信号的正信号相连，VI- 与信号的低电平相连。V+ 和 I+ 短接。

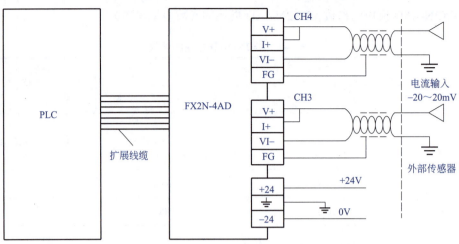

图 2-25 外部电流信号与 **FX2N-4AD** 模块的连接

关键点 此模块的不同通道可以同时连接电压或者电流信号,如通道 1 输入电压信号,而通道 2 输入电流信号。

(2) FX3U-4AD 模块

FX3U-4AD 可以连接在 FX3G/FX3GC/FX3U/FX3UC 可编程控制器上,是模拟量特殊功能模块。FX3UC-4AD 不能连接在 FX3G/FX3U 可编程控制器上。FX3U-4AD 模块有如下特性。

① 一台 FX3G/FX3GC/FX3U/FX3UC 可编程控制器上最多可以连接 8 台 FX3U-4AD 模块。
② 可以对 FX3U-4AD 各通道指定电压输入、电流输入。
③ A/D 转换值保存在 4AD 的缓冲存储区(BFM)中。
④ 通过数字滤波器的设定,可以读取稳定的 A/D 转换值。
⑤ 各通道中,最多可以存储 1700 次 A/D 转换值的历史记录。

1)FX3U-4AD 的性能规格 FX3U-4AD 的性能规格见表 2-10。

表 2-10 FX3U-4AD 模块的性能规格

项目	规格	
	电压输入	电流输入
模拟量输入范围	DC −10 ~ +10V（输入电阻 200kΩ）	DC −20 ~ +20mA、4 ~ 20mA（输入电阻 250Ω）
偏置值	−10 ~ +9V	−20 ~ +17mA
增益值	−9 ~ +10V	−17 ~ +30mA
最大绝对输入	±15V	±30mA
数字量输出	带符号 16 位　二进制	带符号 15 位　二进制
分辨率	0.32mV（20V×1/64000） 2.5mV（20V×1/8000）	1.25μA（40mA×1/32000） 5.00μA（40mA×1/8000）
综合精度	●环境温度 25℃ ±5℃ 针对满量程 20V±0.3%（±60mV） ●环境温度 0 ~ 55℃ 针对满量程 20V±0.5%（±100mV）	●环境温度 25℃ ±5℃ 针对满量程 40mA±0.5%（±200μA） 4 ~ 20mA 输入时也相同（±200μA） ●环境温度 0 ~ 55℃ 针对满量程 40mA±1%（±400μA） 4 ~ 20mA 输入时也相同（±400μA）

续表

项目	规格	
	电压输入	电流输入
A/D 转换时间	500μs× 使用通道数 （在 1 个通道以上使用数字滤波器时，5ms× 使用通道数）	
绝缘方式	● 模拟量输入部分和可编程序控制器之间，通过光耦隔离 ● 模拟量输入部分和电源之间，通过 DC/DC 转换器隔离 ● 各 ch（通道）间不隔离	
输入输出占用点数	8 点（在输入、输出点数中的任意一侧计算点数）	

2）FX3U-4AD 的输入特性　FX3U-4AD 的输入特性分为电压（-10～+10V）、电流（4～20mA）和电流（-20～+20mA）三种，根据各自的输入模式设定，以下分别介绍。

① 电压输入特性（范围为 -10～+10V，输入模式为 0～2），其模拟量和数字量的对应关系如图 2-26 所示。

输入模式设定：　0
输入形式：　　　电压输入
模拟量输入范围：-10～+10V
数字量输出范围：-32000～+32000
偏置、增益调整：可以

输入模式设定：　1
输入形式：　　　电压输入
模拟量输入范围：-10～+10V
数字量输出范围：-4000～+4000
偏置、增益调整：可以

输入模式设定：　2
输入形式：　　　电压输入（模拟量直接显示）
模拟量输入范围：-10～+10V
数字量输出范围：-10000～+10000
偏置、增益调整：不可以

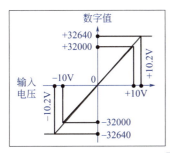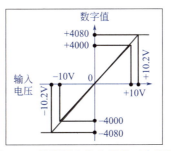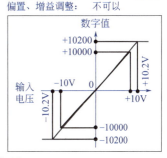

图 2-26　模拟量和数字量的对应关系（1）

② 电流输入特性（范围为 4～20mA，输入模式为 3～5），其模拟量和数字量的对应关系如图 2-27 所示。

输入模式设定：　3
输入形式：　　　电流输入
模拟量输入范围：4～20mA
数字量输出范围：0～16000
偏置、增益调整：可以

输入模式设定：　4
输入形式：　　　电流输入
模拟量输入范围：4～20mA
数字量输出范围：0～4000
偏置、增益调整：可以

输入模式设定：　5
输入形式：　　　电流输入（模拟量直接显示）
模拟量输入范围：4～20mA
数字量输出范围：4000～20000
偏置、增益调整：不可以

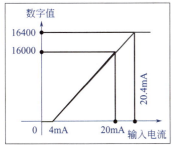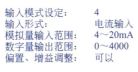

图 2-27　模拟量和数字量的对应关系（2）

③ 电流输入特性（范围为 -20 ～ +20mA，输入模式为 6 ～ 8），其模拟量和数字量的对应关系如图 2-28 所示。

输入模式设定：	6	输入模式设定：	7	输入模式设定：	8
输入形式：	电流输入	输入形式：	电流输入	输入形式：	电流输入(模拟量直接显示)
模拟量输入范围：	-20～+20mA	模拟量输入范围：	-20～+20mA	模拟量输入范围：	-20～+20mA
数字量输出范围：	-16000～+16000	数字量输出范围：	-4000～+4000	数字量输出范围：	-20000～+20000
偏置、增益调整：	可以	偏置、增益调整：	可以	偏置、增益调整：	不可以

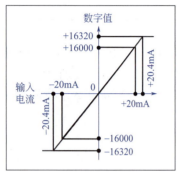 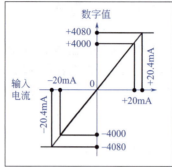 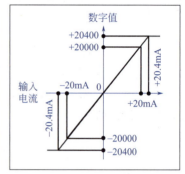

图 2-28　模拟量和数字量的对应关系（3）

3）FX3U-4AD 的接线　FX3U-4AD 的接线如图 2-29 所示，图中仅绘制了 2 个通道。注意：当输入信号是电压信号时，仅仅需要连接 V+ 和 VI- 端子，而信号是电流信号时，V+ 和 I+ 端子应短接。

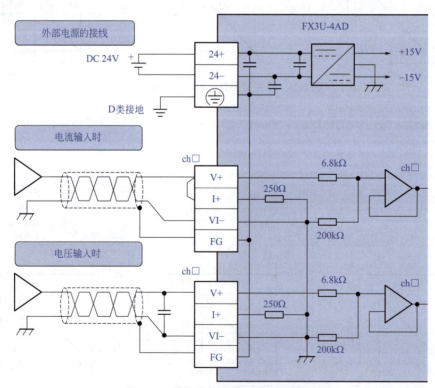

图 2-29　模拟量的 FX3U-4AD 的接线

(3) FX3U-4AD-ADP 模块

FX3U-4AD-ADP 可连接在 FX3S、FX3G、FX3GC、FX3U、FX3UC 可编程控制器上,是获取 4 通道的电压/电流数据的模拟量特殊适配器。FX3U-4AD-ADP 模块有如下特性。

① FX3S 可编程控制器上只能连接 1 台 FX3U-4AD-ADP。FX3G、FX3GC 可编程控制器上最多可连接 2 台 FX3U-4AD-ADP。FX3U、FX3UC 可编程控制器上最多可连接 4 台 FX3U-4AD-ADP。

② 各通道中可以获取电压输入、电流输入。

③ 各通道的 A/D 转换值被自动写入 FX3S、FX3G、FX3GC、FX3U、FX3UC 可编程控制器的特殊数据寄存器中。

1) FX3U-4AD-ADP 的性能规格 FX3U-4AD-ADP 的性能规格见表 2-11。

表 2-11 FX3U-4AD-ADP 模块的性能规格

项目	规格	
	电压输入	电流输入
模拟量输入范围	DC 0～10V（输入电阻 194kΩ）	DC 4～20mA（输入电阻 250Ω）
最大绝对输入	-0.5V、+15V	-2mA、+30mA
数字量输出	12 位 二进制	11 位 二进制
分辨率	2.5mV（10V/4000）	10μA（16mA/1600）
综合精度	● 环境温度 25℃ ±5℃时 　针对满量程 10V±0.5%（±50mV） ● 环境温度 0～55℃时 　针对满量程 10V±1.0%（±100mV）	● 环境温度 25℃ ±5℃时 　针对满量程 16mA±0.5%（±80μA） ● 环境温度 0～55℃时 　针对满量程 16mA±1.0%（±160μA）
A/D 转换时间	● FX3U/FX3UC 可编程控制器：200μs（每个运算周期更新数据） ● FX3S/FX3G/FX3GC 可编程控制器：250μs（每个运算周期更新数据）	
输入特性	4080 4000 数字量输出 0　　10V 10.2V 　　模拟量输入	1640 1600 数字量输出 0 4mA　　20mA 20.4mA 　　　模拟量输入
绝缘方式	● 模拟量输入部分和可编程控制器之间,通过光耦隔离 ● 驱动电源和模拟量输入部分之间,通过 DC/DC 转换器隔离 ● 各 ch（通道）间不隔离	
输入输出占用点数	0 点（与可编程控制器的最大输入输出点数无关）	

2）FX3U-4AD-ADP 的接线　FX3U-4AD-ADP 的接线如图 2-30 所示，图中仅绘制了 2 个通道。注意：当输入信号是电压信号时，仅仅需要连接 V+ 和 VI- 端子，而信号是电流信号时，V+ 和 I+ 端子应短接。

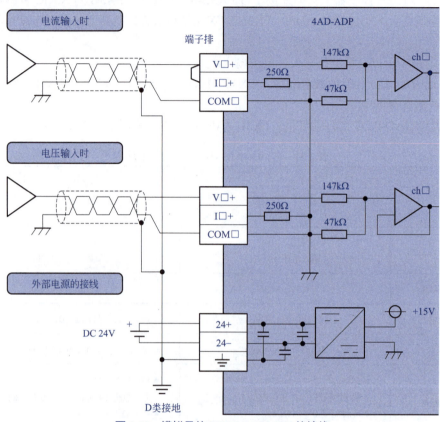

图 2-30　模拟量的 FX3U-4AD-ADP 的接线

2.4.2　FX 系列 PLC 模拟量输出模块（D/A）

所谓模拟量输出模块就是将 PLC 可以识别的数字量转换成模拟量（如电流、电压等信号）的模块，常与变频器和控制阀门（如比例阀）连接，与变频器连接主要用于变频器的频率给定，与控制阀门连接主要用于阀门的开度控制，在工业控制中应用非常广泛。

FX2N 系列 PLC 的 D/A 转换模块主要有 FX2N-2DA 和 FX2N-4DA 两种。其中 FX2N-2DA 是两个通道的模块，FX2N-4DA 是四个通道的模块。FX3 系列 PLC 的 D/A 转换模块主要有 FX3U-4DA、FX3U-4DA-ADP 和 FX3G-1DA-BD。

以下分别介绍 FX2N-4DA 和 FX3U-4DA。由于 FX2N 的模拟量输出模块可以连接在 FX3U PLC 上使用且有产品销售，因此以下仍然会简要介绍。

（1）FX2N-4DA 模块

1）FX2N-4DA 模块的技术参数　FX2N-4DA 模块的参数表见表 2-12。

表 2-12 FX2N-4DA 模块的参数

项目	参数		备注
	电压	电流	
输出通道	4 通道		4 通道输入方式可以不一致
输出要求	-10 ~ 10V	0 ~ 20mA	
输出阻抗	≥ 2kΩ	≤ 500Ω	
数字量输入	12 位		-2048 ~ 2047
分辨率	5mV	20μA	
处理时间	2.1ms/ 通道		
消耗电流	24V/200mA，5V/30mA		
编程指令	FROM/TO		

2）FX2N-4DA 模块的连线　FX2N-4DA 模块可以转换电流信号和电压信号，但其接线有所不同，外部控制器与 FX2N-4DA 模块的连接（电压输出）如图 2-31 所示，控制器与模块的连接最好用双绞线，当模拟量的噪声或者波动较大时，在图中连接一个 0.1 ~ 4.7μF 的电容，V+ 与电压信号的正信号相连，VI- 和信号的低电平相连。FX2N-4DA 模块的 5V 电源由 PLC 通过扩展电缆提供，而 24V 需要外接电源。

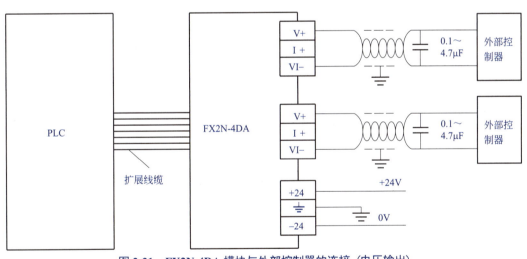

图 2-31　FX2N-4DA 模块与外部控制器的连接（电压输出）

控制器（电流输出）与 FX2N-4DA 模块的连接如图 2-32 所示，控制器与模块的连接最好用双绞线，I+ 与电流信号的正信号相连，VI- 与信号的低电平相连。

关键点　此模块的不同通道可以同时连接电压或者电流信号，如通道 1 输出电压信号，而通道 2 输出电流信号。

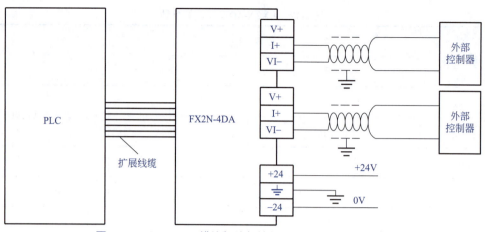

图 2-32　FX2N-4DA 模块与外部控制器的连接（电流输出）

(2) FX3U-4DA 模块

FX3U-4DA 可连接在 FX3G/FX3GC/FX3U/FX3UC 可编程控制器上，是将来自可编程控制器的 4 个通道的数字值转换成模拟量值（电压/电流）并输出的模拟量特殊功能模块。FX3U-4DA 模块有如下特性。

① FX3G/FX3GC/FX3U/FX3UC 可编程控制器上最多可以连接 8 台 FX3U-4DA 模块。

② 可以对各通道指定电压输出、电流输出。

③ 将 FX3U-4DA 的缓冲存储区（BFM）中保存的数字值转换成模拟量值（电压、电流），并输出。

④ 可以用数据表格的方式，预先对决定好的输出形式做设定，然后根据该数据表格进行模拟量输出。

1) FX3U-4DA 的性能规格　FX3U-4DA 的性能规格见表 2-13。

表 2-13　FX3U-4DA 模块的性能规格

项目	规格	
	电压输出	电流输出
模拟量输出范围	DC -10 ～ +10V （外部负载 1k ～ 1MΩ）	DC 0 ～ 20mA、4 ～ 20mA （外部负载 500Ω 以下）
偏置值	-10 ～ +9V	0 ～ 17mA
增益值	-9 ～ +10V	3 ～ 30mA
数字量输入	带符号 16 位二进制	15 位　二进制
分辨率	0.32mV（20V/64000）	0.63μA（20mA/32000）
综合精度	●环境温度 25℃ ±5℃ 针对满量程 20V±0.3%（±60mV） ●环境温度 0 ～ 55℃ 针对满量程 20V±0.5%（±100mV）	●环境温度 25℃ ±5℃ 针对满量程 20mA±0.3%（±60μA） ●环境温度 0 ～ 55℃ 针对满量程 20mA±0.5%（±100μA）
D/A 转换时间	1ms（与使用的通道数无关）	

续表

项目	规格	
	电压输出	电流输出
绝缘方式	● 模拟量输出部分和可编程控制器之间，通过光耦隔离 ● 模拟量输出部分和电源之间，通过 DC/DC 转换器隔离 ● 各 ch（通道）间不隔离	
输入输出占用点数	8 点（在输入、输出点数中的任意一侧计算点数）	

2）FX3U-4DA 的输入特性　FX3U-4AD 的输入特性分为电压（-10～+10V）、电流（0～20mA）和电流（4～20mA）三种，根据各自的输入模式设定，以下分别介绍。

① 电压输入特性（范围为 -10～+10V，输入模式为 0、1），其模拟量和数字量的对应关系如图 2-33 所示。

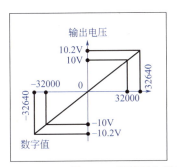
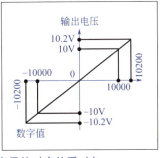

图 2-33　模拟量和数字量的对应关系（1）

② 电流输入特性（范围为 0～20mA，输入模式为 2、4），其模拟量和数字量的对应关系如图 2-34 所示。

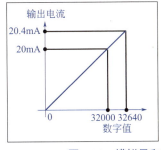
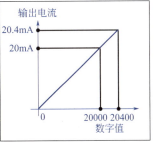

图 2-34　模拟量和数字量的对应关系（2）

③ 电流输入特性（范围为 4～20mA，输入模式为 3），其模拟量和数字量的对应关系如图 2-35 所示。

3）FX3U-4DA 的接线　FX3U-4DA 的接线如图 2-36 所示，图中仅绘制了 2 个通道。

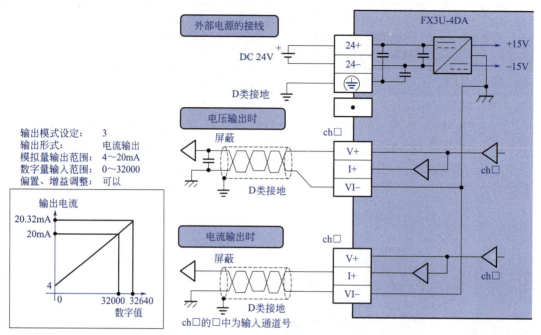

图 2-35　模拟量和数字量的对应关系（3）　　图 2-36　FX3U-4DA 的接线

2.4.3　FX 系列 PLC 模拟量输入输出模块

FX3U 模拟量输入输出模块应用

模拟量输入输出模块应用比较广泛，以下仅介绍 FX3U-3A-ADP 模块。

FX3U-3A-ADP 模块安装在基本单元的左侧，包含 2 个模拟量输入通道和 1 个模拟量输出通道。

（1）FX3U-3A-ADP 模块的性能规格

FX3U-3A-ADP 的性能规格见表 2-14。

表 2-14　FX3U-3A-ADP 模块的性能规格

项目	规格			
	电压输入	电流输入	电压输出	电流输出
输入输出点数	2 通道		1 通道	
模拟量输入输出范围	DC 0～10V（输入电阻 198.7kΩ）	DC 4～20mA（输入电阻 250kΩ）	DC 0～10V（外部负载 5kΩ～1MΩ）	DC 4～20mA（外部负载 500Ω 以下）
最大绝对输入	-0.5V，+15V	-2mA，+30mA	—	—

续表

项目		规格			
		电压输入	电流输入	电压输出	电流输出
数字量输入输出		12位 二进制			
分辨率		2.5mV（10V×1/4000）	5μA（16mA×1/3200）	2.5mV（10V×1/4000）	4μA（16mA×1/4000）
综合精度	环境温度 25℃±5℃	针对满量程 10V±0.5%（±50mV）	针对满量程 16mA±0.5%（±80μA）	针对满量程 10V ±0.5%（±50mV）	针对满量程 16mA±0.5%（±80μA）
	环境温度 0～55℃	针对满量程 10V±1.0%（±100mV）	针对满量程 16mA±1.0%（±160μA）	针对满量程 10V±1.0%（±100mV）	针对满量程 16mA±1.0%（±160μA）
	备注	—	—	外部负载电阻（R_s）不满5kΩ时，增加下述计算部分（每1%增加100mV）针对满量程10V $\left(\frac{47\times100}{R_s+47}-0.9\right)$%	—
转换时间		●FX3U/FX3UC 可编程控制器 80μs× 使用输入 ch（通道）数 +40μs× 使用输出 ch（通道）数（每个运算周期更新数据） ●FX3S/FX3G/FX3GC 可编程控制器 90μs× 使用输入 ch（通道）数 +50μs× 使用输出 ch（通道）数（每个运算周期更新数据）			
输入输出特性		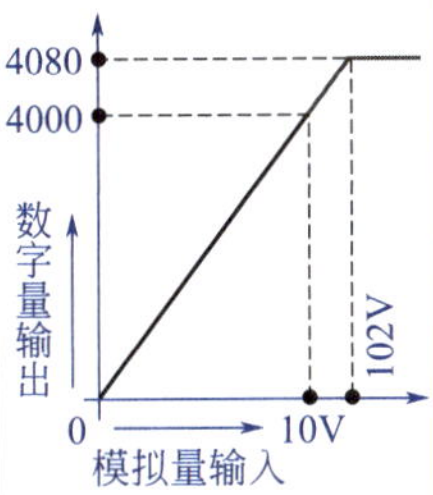 4080/4000 数字量输出，102V，0 10V 模拟量输入	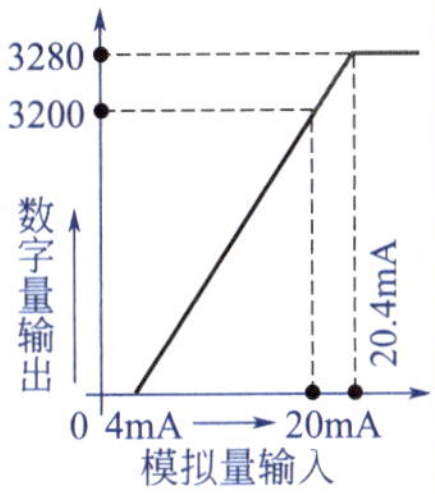 3280/3200 数字量输出，20.4mA，0 4mA—20mA 模拟量输入	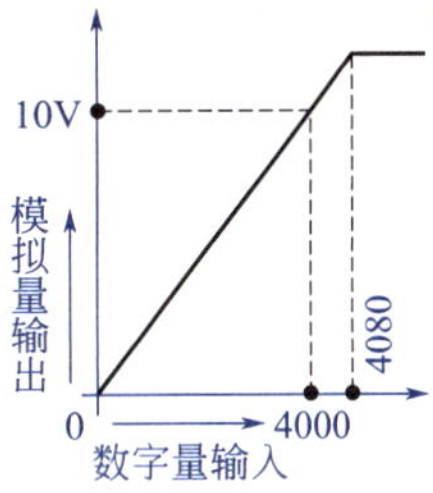 10V 模拟量输出，0 4000 4080 数字量输入	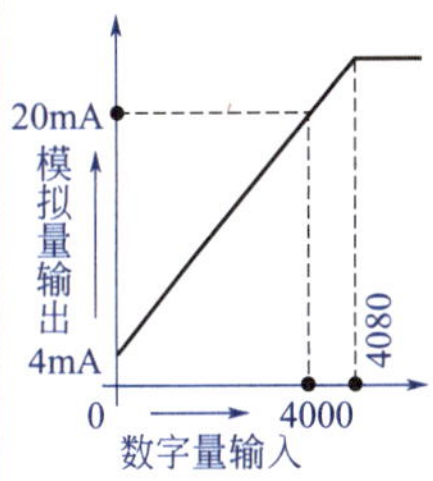 20mA 模拟量输出，4mA，0 4000 4080 数字量输入
绝缘方式		●模拟量输入输出部分和可编程控制器之间，通过光耦隔离 ●电源和模拟量输入之间，通过 DC/DC 转换器隔离 ●各 ch（通道）间不隔离			
输入输出占用点数		0点（与可编程控制器的最大输入输出点数无关）			

(2) FX3U-3A-ADP 模块的接线

FX3U-3A-ADP 模块的接线的模拟量输入通道接线如图 2-37 所示，模拟量输出接线如

图 2-38 所示。

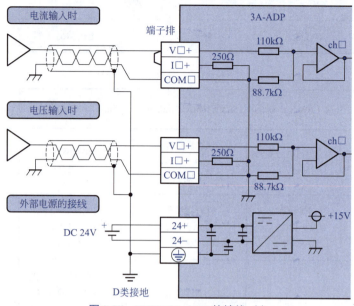

图 2-37　FX3U-3A-ADP 的接线（1）

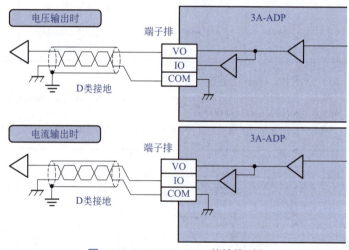

图 2-38　FX3U-3A-ADP 的接线（2）

2.5　FX3 系列 PLC 的扩展能力

  FX3 系列 PLC 系统的组成必须遵循一定的规则，当系统遵循三条规则进行对比核算，满足规则条件时，系统才能投入运行。这三条规则是，输入输出点数的限制；特殊功能模块与适配器扩展的限制；消耗电流和电源容量的核算。以下仅说明输入输出点数的限制。

  （1）对于 FX3U

  单机 CPU 模块最大 I/O 点数为 128 点，输入点数扩展不大于 248 点，输出点数扩展不大于 248 点，总 I/O 点可以扩展到 256 点。通过 CC-Link 或者 AS-i 总线后可以扩展到 384 点。具体 I/O 点数限制如图 2-39 所示。

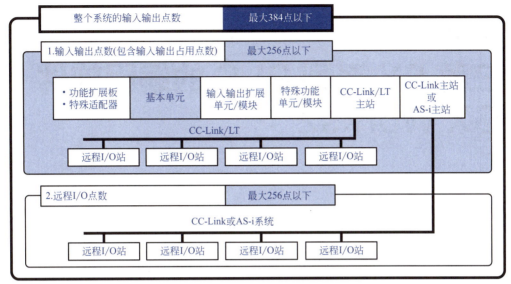

图 2-39　FX3U 的 IO 点数限制

(2) 对于 FX3G

单机 CPU 模块最大 I/O 点数为 60 点，I/O 点最大可以扩展到不大于 128 点。

(3) 对于 FX3S

单机 CPU 模块最大 I/O 点数为 30 点；除了 BD 扩展板外，不能连接扩展模块。

第 3 章
三菱 FX 系列 PLC 的编程软件 GX Works2

PLC 是一种工业计算机，不只是有硬件，还必须有软件程序。PLC 的程序分为系统程序和用户程序，系统程序已经固化在 PLC 内部。一般而言用户程序要用编程软件输入，编程软件是编写、调试用户程序不可或缺的工具，本章介绍两款常用的三菱可编程控制器的编程软件的安装、使用，为后续章节奠定学习基础。

3.1 GX Works2 编程软件的安装

3.1.1 GX Works2 编程软件的概述

目前常用于 FX 系列 PLC 的编程软件有三款，分别是 FX-GP/WIN-C、GX Developer 和 GX Works2，其中 FX-GP/WIN-C 是一款简易的编程软件，虽然易学易用，适合初学者使用，但其功能比较少，使用的人相对较少，因此本章不作介绍。GX Developer 编程软件功能比较强大，用法与 GX Works2 类似，但现在使用者也不多，因此本章不作介绍。GX Works2 编程软件功能最强大，应用广泛，因此本书将重点介绍。

（1）软件简介

GX Works2 编程软件可以在三菱电机自动化（中国）有限公司的官方网站上免费下载，并可免费申请安装系列号。

GX Works2 编程软件能够完成 Q 系列、QnA 系列、A 系列、FX 系列（含 FX0、FX0S、FX0N 系列，FX1、FX2、FX2C 系列，FX1S、FX1N、FX2N、FX2NC、FX3G、FX3U、FX3UC 和 FX3S 系列）的 PLC 的梯形图、指令表和 SFC 的编辑。该编程软件能将编辑的程序转换

成 GPPQ、GPPA 等格式文档，当使用 FX 系列 PLC 时，还能将程序存储为 FXGP（DOS）和 FXGP（WIN）格式的文档。此外，该软件还能将 Excel、Word 文档等软件编辑的说明文字、数据，通过复制等简单的操作导入程序中，使得软件的使用和程序编辑变得更加便捷。

（2）GX Works2 编程软件的特点

1）操作简单

① 标号编程。用标号，就不需要认识软元件的号码（地址）而能根据标识制成标准程序。

② 功能块。功能块是为提高程序的开发效率而开发的一种功能。把需要反复执行的程序制成功能块，使得顺序程序的开发变得容易。功能块类似于 C 语言的子程序。

③ 使用宏。只要在任意的回路模式上加上名字（宏定义名）登录（宏登录）到文档，然后输入简单的命令，就能读出登录过的回路模式，变更软元件就能灵活利用了。

2）与 PLC 连接的方式灵活

① 通过串口（RS-232C、RS-422、RS-485）通信与可编程控制器 CPU 连接。

② 通过 USB 接口通信与可编程控制器 CPU 连接。

③ 通过 MELSEC NET/10（H）与可编程控制器 CPU 连接。

④ 通过 MELSEC NET（Ⅱ）与可编程控制器 CPU 连接。

⑤ 通过 CC-LINK 与可编程控制器 CPU 连接。

⑥ 通过 Ethernet 与可编程控制器 CPU 连接。

⑦ 通过计算机接口与可编程控制器 CPU 连接。

3）强大的调试功能

① 由于运用了梯形图逻辑测试功能，能够更加简单地进行调试作业。通过该软件能进行模拟在线调试，不需要真实的 PLC。

② 在帮助菜单中有 CPU 的出错信息、特殊继电器 / 特殊存储器的说明内容，所以对于在线调试过程中发生的错误，或者在程序编辑过程中想知道特殊继电器 / 特殊存储器的内容的情况下，通过帮助菜单可非常容易查询到相关信息。

③ 程序编辑过程中发生错误时，软件会提示错误信息或者错误原因，所以能大幅度缩短程序编辑的时间。

3.1.2　GX Works2 编程软件的安装

GX Works2
软件安装

（1）计算机的软硬件条件

① 软件：Windows XP /7.0/10；

② 硬件：至少得有 4GB 内存，以及 2.4GB 空余的硬盘。

（2）安装方法

① 安装文件。先单击主目录中的可执行文件 SETUP.EXE，弹出"欢迎使用 GX Works2 安装程序"界面，如图 3-1 所示。单击"下一步"按钮，弹出"用户信息"界面，如图 3-2 所示，在"姓名"中填入操作者的姓名，也可以是任意字符；在"公司名"中填入您的公司名称，也可以是系统任意字符；在"产品 ID"中输入申请到的 ID 号即可（图中覆盖了部分数字），最后单击"下一步"按钮即可。

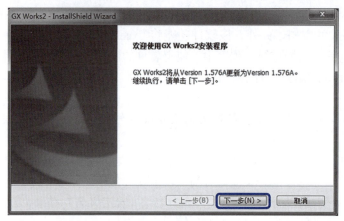

图 3-1　欢迎界面

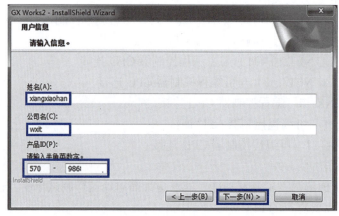

图 3-2　用户信息

② 确定安装目录。如图 3-3 所示，如需要更改安装目录，则单击"更改"按钮，否则使用默认安装目录，单击"下一步"按钮。

图 3-3　确定安装目录

③ 安装进行。如图 3-4 所示，单击"下一步"按钮，开始进行安装，安装进行各个阶段画面如图 3-5～图 3-7 所示，这个过程不需要人为干预，自动完成。

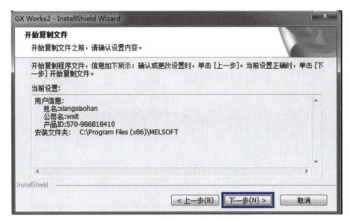

图 3-4　开始复制安装文件

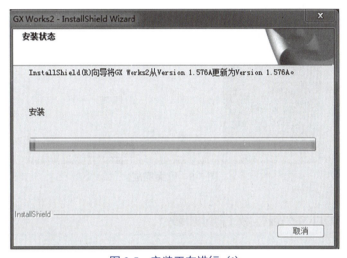

图 3-5　安装正在进行（1）

图 3-6　安装正在进行（2）

④ 安装完成。弹出如图 3-8 所示的界面表示软件已经安装完成，单击"完成"按钮即可。

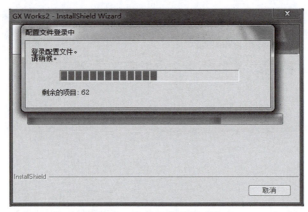

图 3-7　安装正在进行（3）

图 3-8　安装完成

3.1.3　GX Works2 编程软件的卸载

打开 Windows 操作系统的控制面板，再打开"程序和功能"选项，选中"GX Works2"，最后单击"卸载"按钮，如图 3-9 所示。卸载过程如图 3-10 所示，此过程自动完成，无需人为干预。卸载完成后，弹出如图 3-11 所示的界面，单击"完成"按钮即可。

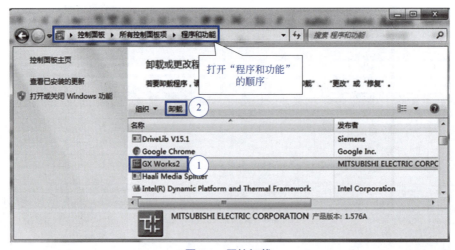

图 3-9　开始卸载

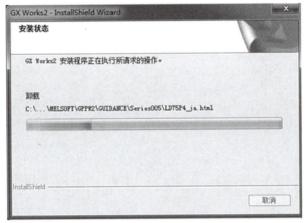

图 3-10　开始卸载

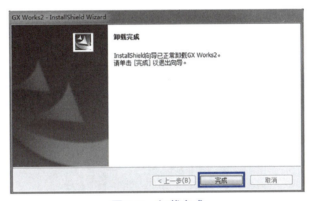

图 3-11　卸载完成

3.2　GX Works2 编程软件的使用

编辑工程

3.2.1　GX Works2 编程软件工作界面的打开

打开工作界面通常有三种方法，一是从开始菜单中打开，二是直接双击桌面上的快捷图标打开，三是通过双击已经创建完成的程序打开工作界面，以下先介绍前两种方法。

① 用鼠标左键单击"所有程序"→"MELSOFT"→"GX Works2"→"GX Works2"，如图 3-12 所示，弹出 GX Works2 工作界面，如图 3-13 所示。

② 如图 3-14 所示，双击桌面上的"GX Works2"图标，弹出 GX Works2 工作界面，如图 3-13 所示。

图 3-12　选中软件图标

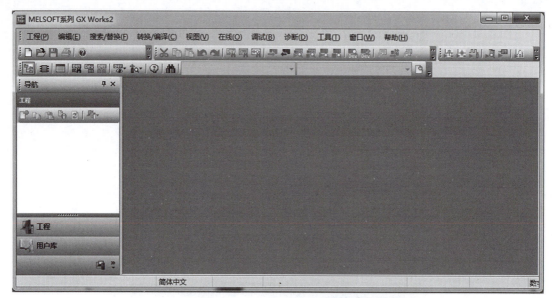

图 3-13 GX Works2 工作界面

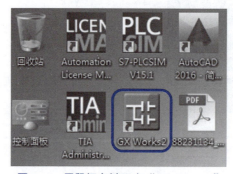

图 3-14 用鼠标左键双击"GX Works2"

3.2.2 创建新工程

① 在创建新工程前，先将对话框中的内容简要说明一下。

a. 系列：选择 PLC 的 CPU 类型，三菱的 CPU 类型有 Q、A、FX 和 QnA 等系列。

b. 机型：根据已经选择的 PLC 系列，选择 PLC 的型号，例如三菱的 FX 系列有 FX3U、FX3G、FX2N 和 FX1S 等型号。

c. 程序语言：编写程序使用梯形图，还是 SFC（顺序功能图）等。

d. 工程类型：生成简单工程还是结构化工程。

e. 标签设定：默认为"不设定"。

② 单击工具栏上的"新建"按钮，弹出"新建"对话框，如图 3-15 所示。先点击下三角，选中"系列"中的选项，本例为 FXCPU，再选中"机型"中的选项，本例为 FX3U/FX3UC，工程类型为"简单工程"，在程序语言栏中选择"梯形图"，再单击"确定"按钮，就创建了一个新项目。

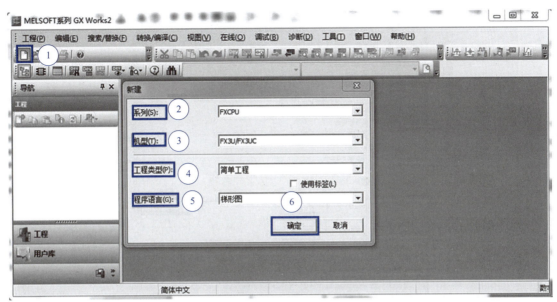

图 3-15 创建新工程

3.2.3 保存工程

保存工程是至关重要的,在构建工程的过程中,要养成常保存工程的好习惯。保存工程很简单,如果一个工程已经存在,只要单击"保存"按钮 即可,如图 3-16 所示。如果这个工程没有保存过,那么单击"保存"按钮后会弹出"另存工程为"界面,如图 3-17 所示,在"文件名"中输入要保存的工程名称,本例为 MOTOR,单击"保存"按钮即可。

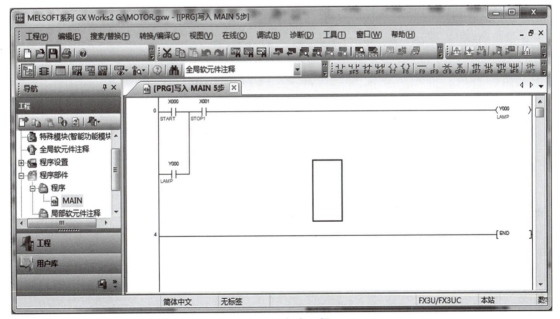

图 3-16 保存工程

图 3-17　另存工程为

3.2.4　打开工程

打开工程就是读取已保存的工程的程序。操作方法是在编程界面上点击"工程"→"打开",如图 3-18 所示,之后弹出"打开工程"对话框,如图 3-19 所示,先选取要打开的工程,再单击"打开"按钮,被选取的工程(本例为"MOTOR")便可打开。

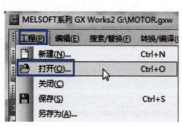

图 3-18　打开工程　　　　　　　　　　　图 3-19　"打开工程"对话框

3.2.5 改变程序类型

可以把梯形图程序的类型改为 SFC 程序，或者把 SFC 程序改为梯形图程序。操作方法是：点击"工程"→"工程类型更改"，如图 3-20 所示，之后弹出"工程类型更改"对话框，选择"更改程序语言类型"单选项，单击"确定"按钮即可，如图 3-21 所示。

图 3-20 改变程序类型

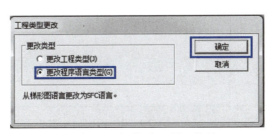

图 3-21 "工程类型更改"对话框

3.2.6 程序的输入方法

要编译程序，必须要先输入程序，程序的输入有四种方法，以下分别进行介绍。

（1）直接从工具栏输入

在软元件工具栏中选择要输入的软元件，假设要输入"常开触点 X0"，则单击工具栏中的 按钮，弹出"梯形图输入"对话框，输入"X0"，单击"确定"按钮，如图 3-22 所示。之后，常开触点出现在相应位置，如图 3-23 所示，不过此时的触点是灰色的。

（2）直接双击输入

如图 3-23 所示，双击"①"处，弹出"梯形图输入"对话框，单击下拉按钮，选择输出线圈，如图 3-24 所示。之后在"梯形图输入"对话框中输入"Y0"，单击"确定"按钮。如图 3-25 所示，一个输出线圈"Y0"输入完成。

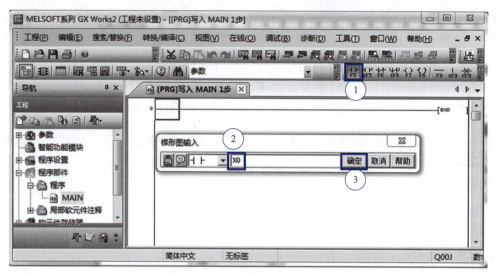

图 3-22 "梯形图输入"对话框

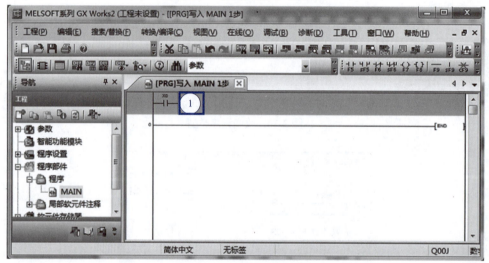

图 3-23 梯形图输入（1）

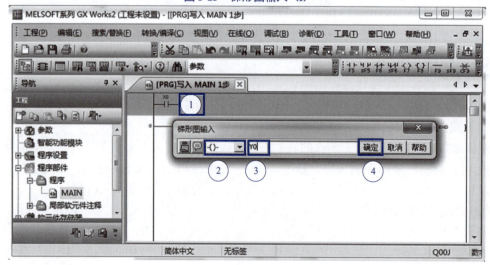

图 3-24 梯形图输入（2）

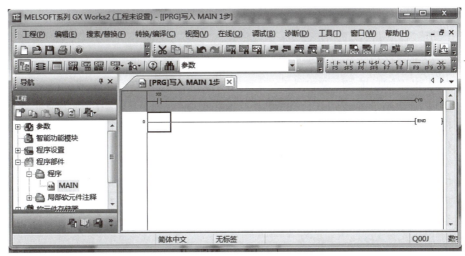

图 3-25 梯形图输入（3）

(3) 用键盘上的功能键输入

用功能键输入是比较快的输入方式，不适合初学者，一般被比较熟练的编程者使用。软元件和功能键的对应关系如图 3-26 所示，单击键盘上的 F5 功能键和单击按钮的作用是一致的，都会弹出常开触点的梯形图对话框，同理单击键盘上的 F6 功能键和单击按钮的作用是一致的，都会弹出常闭触点的梯形图对话框。sF5、cF9、aF7、caF10 中的 s、c、a、ca 分别表示按下键盘上的 Shift、Ctrl、Alt、Ctrl+Alt。caF10 的含义是同时按下键盘上的 Ctrl、Alt 和 F10，就是运算结果取反。

图 3-26 软元件和功能键的对应关系

(4) 指令直接输入对话框

指令直接输入对话框方式如图 3-27 所示，只要在要输入的空白处输入 "and x2"（指令表），则自动弹出梯形图输入对话框，单击"确定"按钮即可。指令直接输入对话框方式是很快的输入方式，适合对指令表比较熟悉的用户。

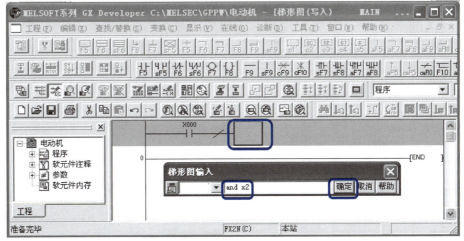

图 3-27 指令直接输入对话框

3.2.7 连线的输入和删除

在 GX Works2 的编程软件中，连线的输入用 [F9] 和 [sF9] 功能键，而删除连线用 [cF9] 和 [cF10] 功能键。[F9] 是输入水平线功能键，[sF9] 是输入垂直线功能键，[cF9] 是删除水平线功能键，[cF10] 是删除垂直线功能键。[F10] 用于画规则线，而 [sF9] 用于删除规则线。以下用一个例子说明连接竖线的方法。要在图 3-28 的"①"处加一条竖线，先把光标移到"①"处，单击功能键 sF9，弹出竖线输入对话框，单击"确定"按钮即可。

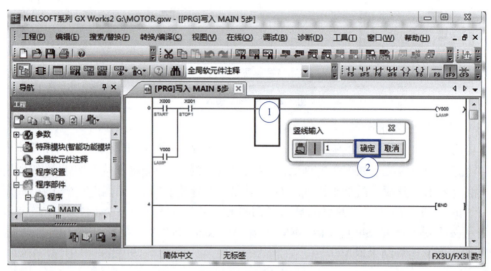

图 3-28 连接竖线

3.2.8 注释

一个程序，特别是比较长的程序，要容易被别人读懂，做好注释是很重要的。注释编辑的方法是单击"编辑"→"文档创建"→"注解编辑"，如图 3-29 所示，梯形图的间距加大。

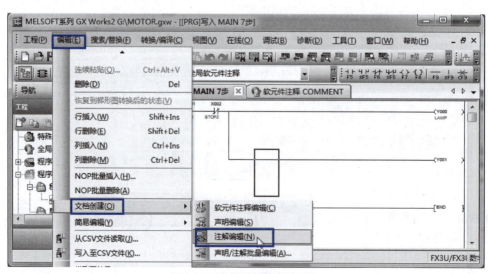

图 3-29 注释编辑的方法（1）

双击要注释的软元件,弹出"注解输入"对话框,如图 3-30 所示,输入 Y001 的注释(本例为"MOTOR"),单击"确定"按钮,弹出如图 3-31 所示的界面,可以看到 Y001 上方有"MOTOR"字样,其他软元件的注释方法类似。

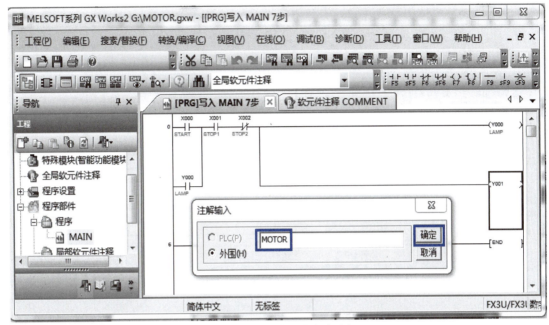

图 3-30 注释编辑的方法(2)

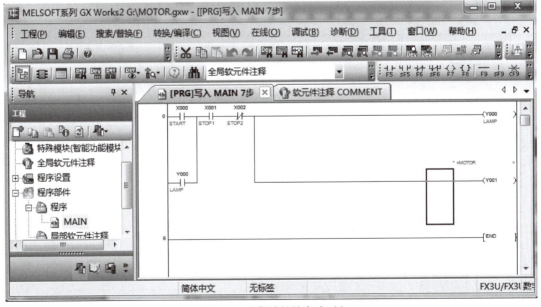

图 3-31 注释编辑的方法(3)

在导航窗口,双击"全局软元件注释",在软元件名 X000 后输入"START",在软元件名 X001 后输入"STOP1",在软元件名 X002 后输入"STOP2",如图 3-32 所示。

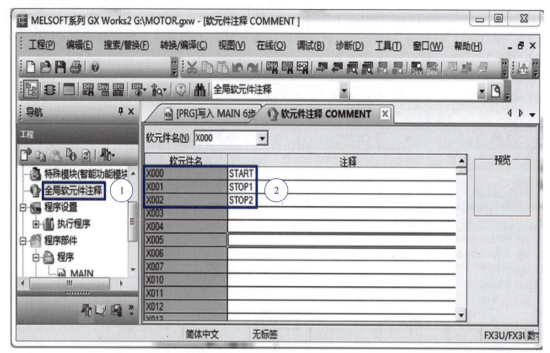

图 3-32 注释编辑的方法（4）

"声明/注解批量编辑"的方法与元件注释类似，主要用于大程序的注释说明，以利于读懂程序和运行监控。具体做法是单击"编辑"→"文档创建"→"声明/注解批量编辑"，如图 3-33 所示，之后弹出"声明/注解批量编辑"界面，如图 3-34 所示，输入每一段程序的说明，单击"确定"按钮，最终程序的注释如图 3-35 所示。

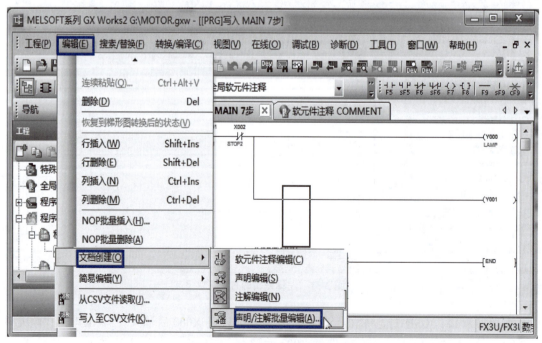

图 3-33 声明/注解批量编辑（1）

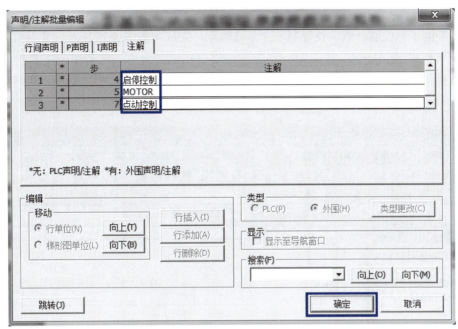

图 3-34 声明/注解批量编辑（2）

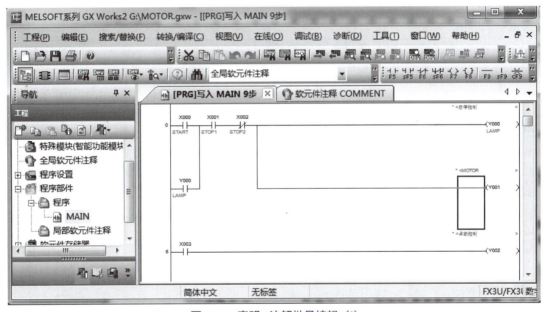

图 3-35 声明/注解批量编辑（3）

3.2.9 程序的复制、修改与清除

程序的复制、修改与清除的方法与 Office 中的文档的编辑方法是类似的，以下分别介绍。

(1) 复制

用一个例子来说明，假设要复制一个常开触点。先选中如图 3-36 所示的常开触点 X000，再单击工具栏中的"复制"按钮，接着选中将要粘贴的地方，最后单击工具栏中的"粘贴"按钮，如图 3-37 所示，这样常开触点 X000 就复制到另外一个位置了。当然以上步骤也可以使用快捷键的方式实现，此方法类似 Office 中的复制和粘贴的操作。

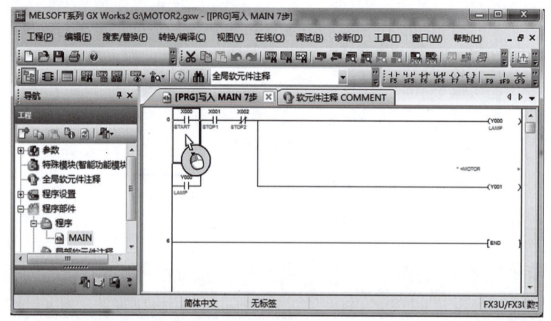

图 3-36　复制

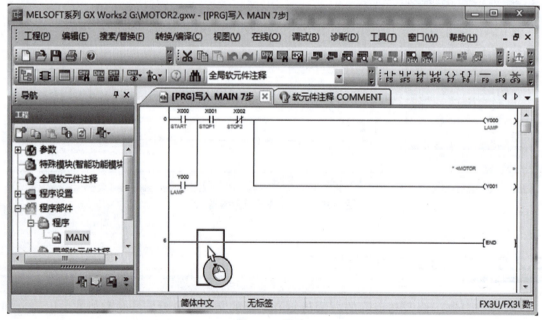

图 3-37　粘贴

(2) 修改

编写程序时，修改程序是不可避免的，如行插入和列插入等。例如要在如图 3-38 所示的 END 的上方插入一行，先选中最后一行，再单击"编辑"→"行插入"，如图 3-39 所示，可以看到 END 上方插入了一行，如图 3-40 所示。列插入和行插入是类似的，在此不作赘述。

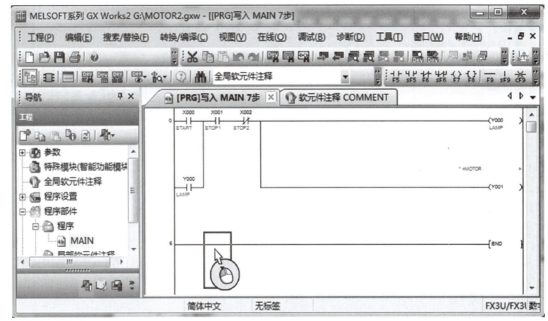

图 3-38　行插入（1）

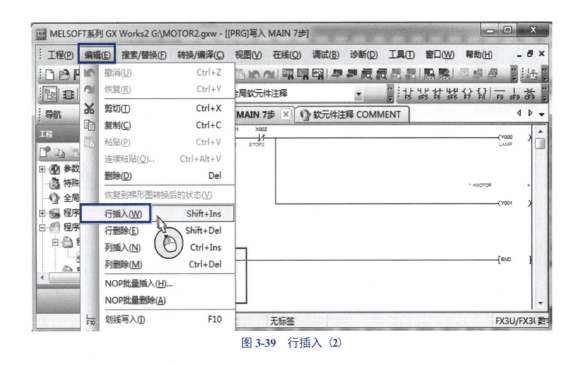

图 3-39　行插入（2）

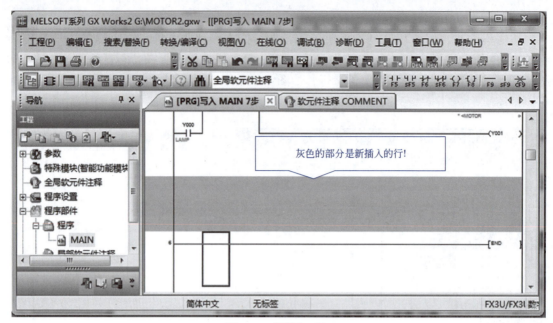

图 3-40 行插入 (3)

行的删除。例如要在如图 3-40 所示的 Y001 触点的下方删除一行,先选中常开触点 Y001 下方的一行,再单击"编辑"→"行删除",如图 3-41 所示,可以看到常开触点 Y001 下方删除了一行。

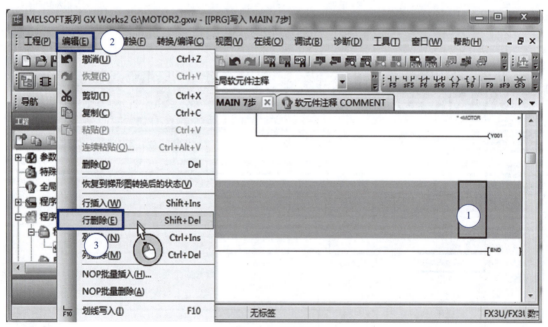

图 3-41 行删除

撤销操作。撤销操作就是把上一步的操作撤销。操作方法是:单击"操作返回到原来"按钮 ,如图 3-42 所示。

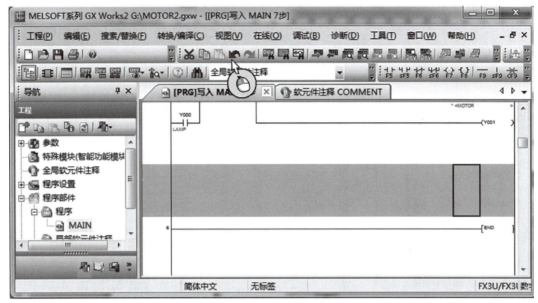

图 3-42　撤销操作

3.2.10　软元件搜索与替换

软元件搜索与替换与 Office 中的"查找与替换"的功能和使用方法是一致，以下分别介绍。

（1）元件的搜索

如果一个程序比较长，肉眼搜索一个软元件是比较困难的，但使用 GX Works2 软件中的搜索功能就很方便了。使用方法是：单击"搜索／替换"→"软元件搜索"，如图 3-43 所示，弹出软元件搜索对话框，在方框中输入要搜索的软元件（本例为 X000），单击"搜索下一个"按钮，可以看到，光标移到了要搜索的软元件上，如图 3-44 所示。

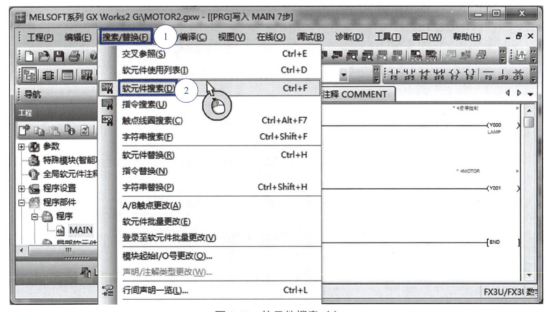

图 3-43　软元件搜索（1）

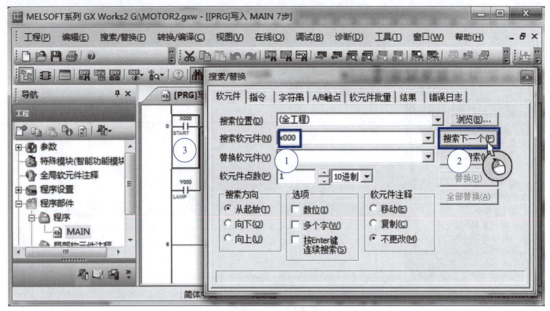

图 3-44 软元件搜索（2）

（2）元件的替换

如果一个程序比较长，要将一个软元件替换成另一个软元件，使用 GX Works2 软件中的替换功能就很方便，而且不容易遗漏。操作方法是：单击"搜索/替换"→"软元件替换"，如图 3-45 所示，弹出软元件替换对话框，在"搜索软元件"方框中输入被替换的软元件（本例为 Y000），在"替换软元件"对话框中输入新软元件（本例为 Y002），单击"替换"按钮一次，则程序中的旧的软元件"Y000"被新的软元件"Y002"替换一个，如图 3-46 所示。如果要把所有的旧的软元件"Y000"被新的软元件"Y002"替换，则单击"全部替换"按钮。

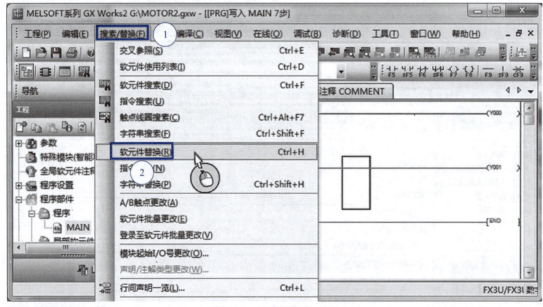

图 3-45 软元件替换（1）

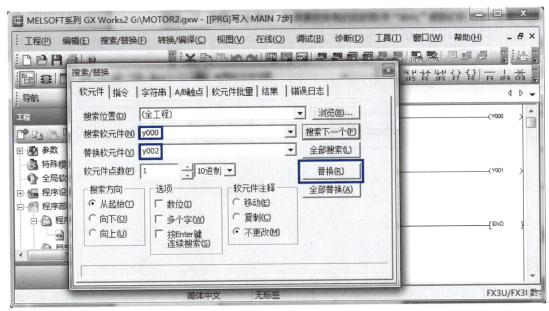

图 3-46　软元件替换（2）

3.2.11　常开常闭触点互换

在许多编程软件中常开触点称为 A 触点，常闭触点称为 B 触点，所以有的资料上将常开常闭触点互换称为 A/B 触点互换。操作方法是：单击"搜索 / 替换"→"软元件替换"，如图 3-47 所示，弹出搜索 / 替换对话框，单击"全部替换"按钮，如图 3-48 所示，则图中的 X000 常开触点替换成 X003 常闭触点。替换完成后弹出如图 3-49 所示的界面。

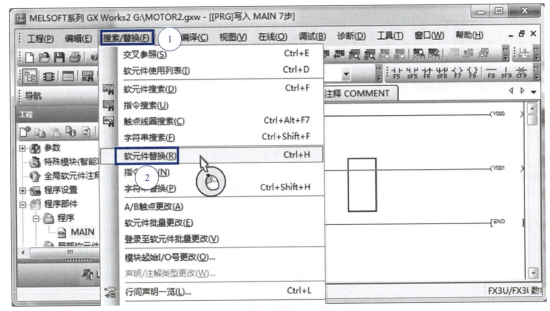

图 3-47　常开常闭触点互换（1）

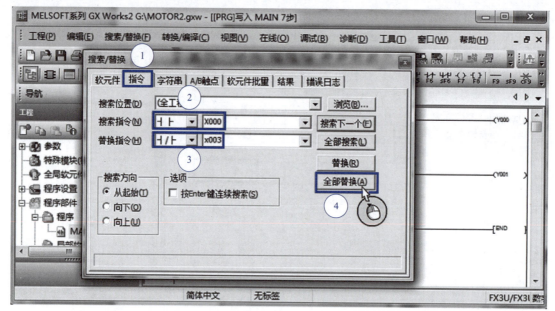

图 3-48 常开常闭触点互换（2）

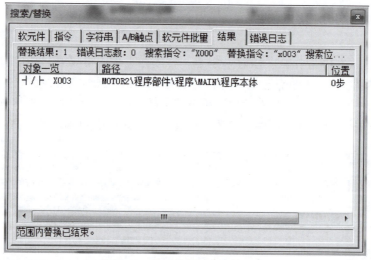

图 3-49 常开常闭触点互换（3）

3.2.12 程序转换

程序输入完成后，程序转换是必不可少的，否则程序既不能保存，也不能下载。当程序没有经过转换时，程序编辑区是灰色的，但经过转换后，程序编辑区则是白色的。程序转换有三种方法。第一种方法最简单，只要单击键盘上的 F4 功能键即可。第二种方法是单击"转换"按钮 ，或单击"全部转换"按钮 。第三种方法是单击"转换/编译"→"转换"，如图 3-50 所示。

▶ 关键点　当程序有语法错误时，程序转换是不能被执行的。

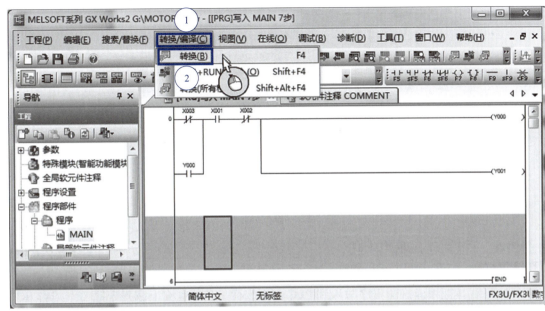

图 3-50　程序转换

3.2.13　程序检查

在程序下载到 PLC 之前最好进行程序检查，以防止程序中的错误造成 PLC 无法正常运行。程序检查的方法是：单击"工具"→"程序检查"，如图 3-51 所示，之后弹出"程序检查"对话框，单击"执行"按钮，开始执行程序检查，如果没有错误则在界面中显示"没有错误"字样，如图 3-52 所示。

图 3-51　程序检查（1）

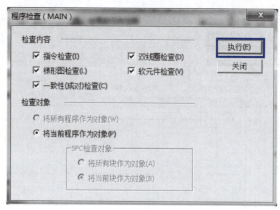

图 3-52 程序检查（2）

3.2.14 程序的下载和上传

程序下载是把编译好的程序写入到 PLC 内部，而上传（也称上载）是把 PLC 内部的程序读出到计算机的编程界面中。在上传和下载前，先要将 PLC 的编程口和计算机的通信口用编程电缆进行连接，FX 系列 PLC 常用的编程电缆是 USB-SC09-FX。

（1）下载程序

如图 3-53 所示的界面，先双击导航栏的"Connection1"按钮，弹出如图 3-54 所示的界面，单击"Serial USB"图标（标记①处），弹出"计算机侧 I/F 串行详细设置"界面，按照读者自己的计算机设置，单击"确定"按钮（标记④处），再次单击"确定"按钮（标记⑤处），目标连接建立。有多种下载程序的方法，本例采用串口下载。

注意： 图 3-54 中采用的是 USB 转串口，虚拟串口 COM4（也可能是 COM2 或 COM3），在 Windows 系统的"计算机管理"查询此串口，如查询不到，则需要安装驱动程序。

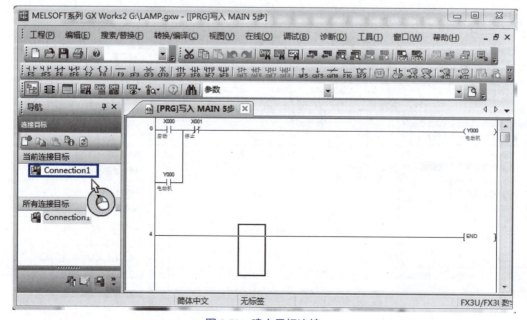

图 3-53 建立目标连接

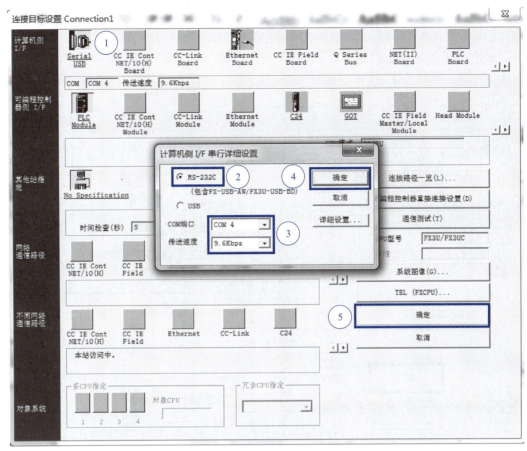

图 3-54　建立目标连接设置

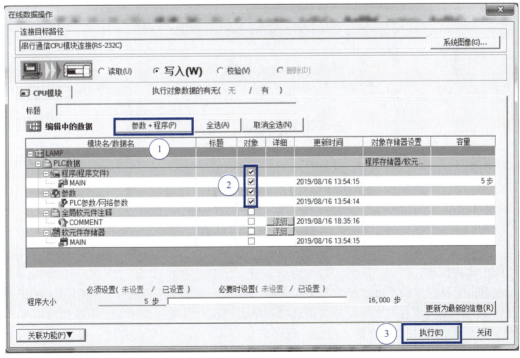

图 3-55　PLC 写入

如图 3-55 所示，选择"参数+程序"按钮，或者勾选标记②处的选项，单击"执行"按钮，弹出是否执行写入界面，如图 3-56 所示，单击"是"按钮。程序开始写入，当程序写入完成，弹出如图 3-57 所示的界面，单击"关闭"按钮，之后弹出如图 3-58 所示的是否执行远程运行界面，单击"是"按钮。程序下载完成。

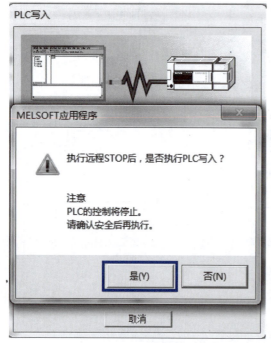

图 3-56　是否执行写入

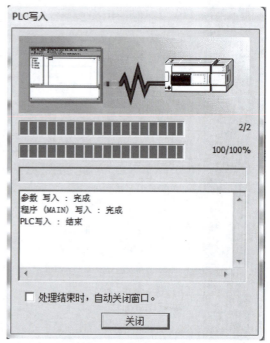

图 3-57　程序写入结束

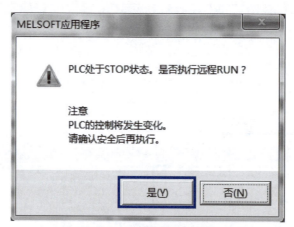

图 3-58　是否执行远程运行

（2）上传程序

先单击工具栏中的"PLC 读取"按钮，弹出 PLC 读取界面如图 3-59 所示，选择"参数+程序"按钮，或者勾选标记②处的选项，单击"执行"按钮，弹出是否执行读取界面，如图 3-60 所示，单击"全部是"按钮。程序开始写入，当程序写入完成，弹出如图 3-61 所示的界面，单击"关闭"按钮。程序上传完成。

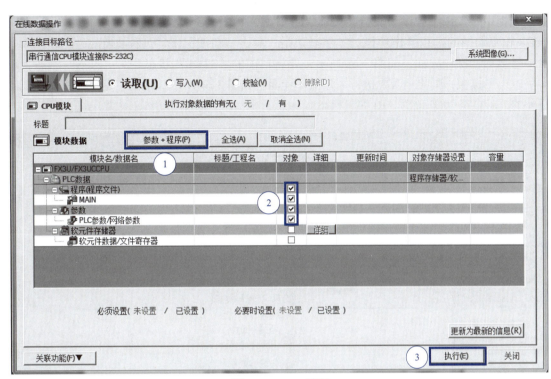

图 3-59 PLC 读取

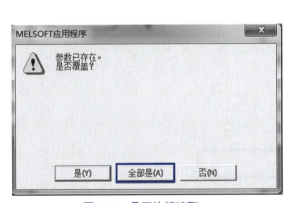

图 3-60 是否执行读取

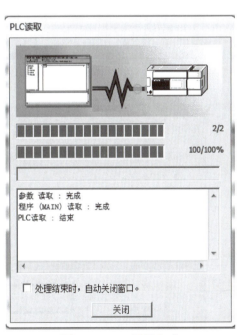

图 3-61 PLC 读取完成

3.2.15 远程操作（RUN/STOP）

FX 系列 PLC 上有拨指开关，可以将拨指开关拨到 RUN 或者 STOP 状态。当 PLC 安装在控制柜中时，用手去拨动拨指开关就显得不那么方便，GX Works2 编程软件提供了 RUN/STOP 相互切换的远程操作功能，具体做法是：单击"在线"→"远程操作"，如图 3-62 所示，弹出远程操作界面，如图 3-63 所示，要将目前的"STOP"状态改为"RUN"状态，单击"RUN"按钮，弹出是否要执行远程操作界面，如图 3-64 所示，单击"是"按钮，PLC 由目前的"STOP"状态改为"RUN"状态。

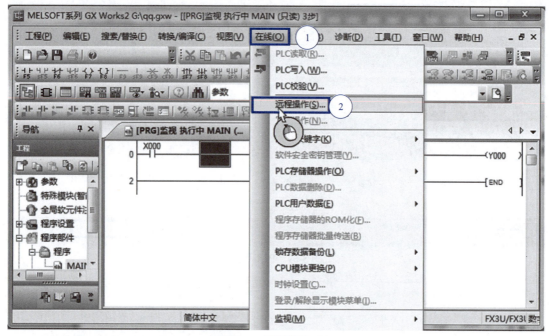

图 3-62　远程操作（1）

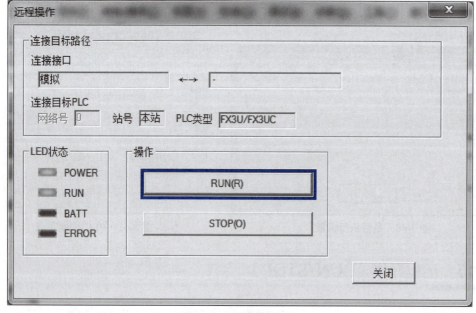

图 3-63　远程操作（2）

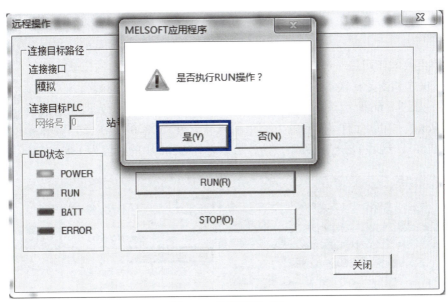

图 3-64　远程操作（3）

3.2.16　在线监视

在线监视是通过电脑界面，实时监视 PLC 的程序执行情况。操作方法是单击"监视模式"按钮，可以看到图 3-65 的界面中弹出监视状态的小窗，所有的闭合状态的触点显示为蓝色方块（如 M8000 常开触点），实时显示所有的字中所存储数值的大小（如 D100 中的数值为 888）。

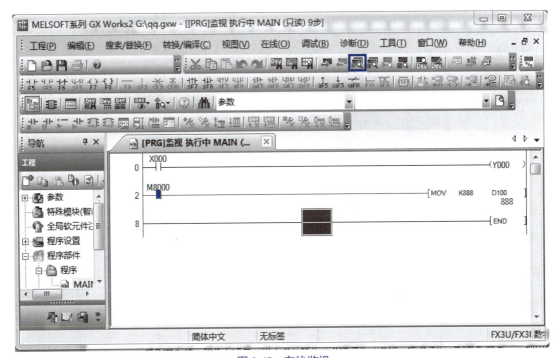

图 3-65　在线监视

3.2.17 当前值更改

用 GX Works 2 调试——更改当前值

当前值更改的作用是通过 GX Works2 的界面强制执行 PLC 中的位软元件的 ON/OFF 操作和变更字软元件的当前值。操作方法是：单击"调试"→"当前值更改"，如图 3-66 所示，弹出当前值更改界面如图 3-67 所示，先改变数据类型为"Word"，在软元件/标签的方框中输入软元件"D200"，在设置值方框中输入"188"，最后单击"设置"按钮，可以看到 D200 中的数值为 188。

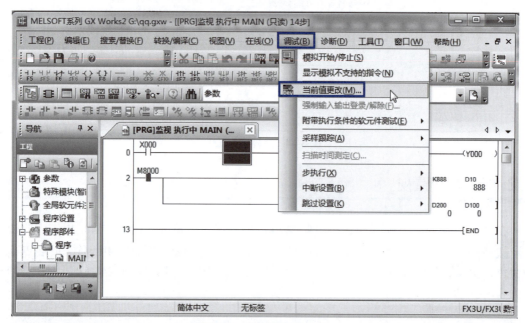

图 3-66　当前值更改（1）

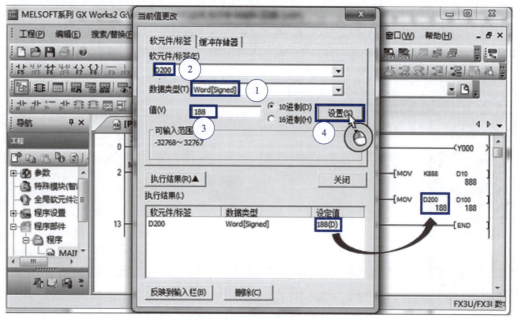

图 3-67　当前值更改（2）

3.2.18 设置密码

(1) 设置密码

为了保护知识产权和设备的安全运行,设置密码(关键字)是有必要的。操作方法是:单击"在线"→"口令/关键字"→"登录/更改",如图 3-68 所示,弹出"新建关键字登录"界面如图 3-69 所示,在"关键字"中输入 8 位或者 16 位由数字和 A～F 字母组成的密码,在"重新输入"中重复一遍密码,单击"执行"按钮,弹出"关键字确认"界面,密码设置完成,弹出如图 3-70 所示的界面。

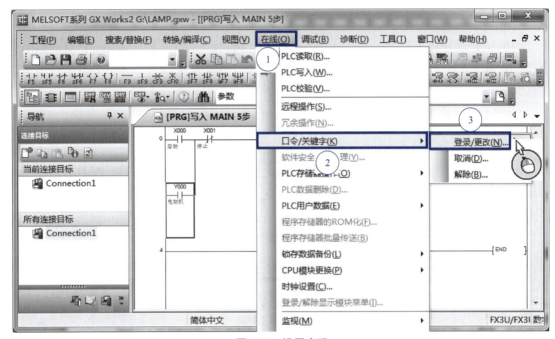

图 3-68 设置密码

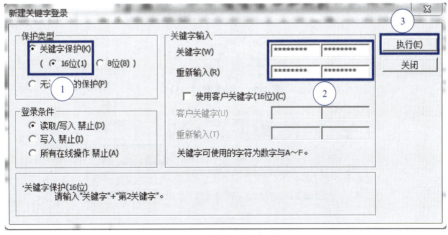

图 3-69 新建关键字登录

图 3-70　关键字确认

（2）取消密码

如果 PLC 的程序进行了加密，如果要查看和修改程序，首先要取消密码。取消密码的方法是：单击"在线"→"口令 / 关键字"→"取消"，如图 3-71 所示，弹出关键字取消对话框，如图 3-72 所示，在关键字中输入 8 位或者 16 位由数字和 A～F 字母组成的密码，单击"执行"按钮，密码取消完成。

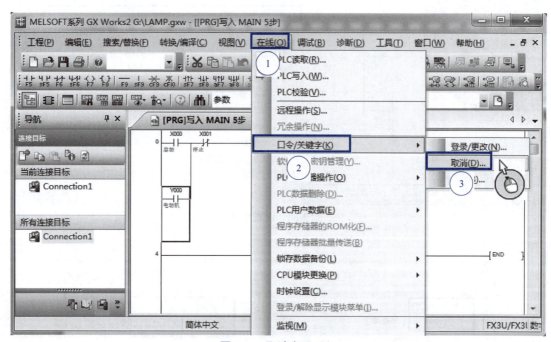

图 3-71　取消密码（1）

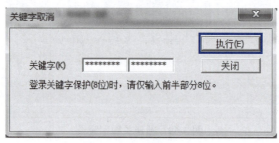

图 3-72　取消密码（2）

关键点 设置密码并不能完全保证程序的安全，很多网站上都提供 PLC 的解密软件，可以很轻易地破解 FX 系列 PLC 的密码，在此强烈建议读者尊重他人的知识产权。

3.2.19 仿真

用 GX Works 2 调试——仿真

安装了 GX Works2 软件，就具有仿真功能，此仿真功能可以在计算机中模拟可编程序控制器运行和测试程序。仿真器提供了简单的用户界面，用于监视和修改在程序中使用的各种参数（如开关量输入和开关量输出）。可以在 GX Works2 软件中使用各种软件功能，如使用变量表监视、修改变量和断点测试功能。

GX Works2 软件仿真功能使用比较简单，以下用一个简单的例子介绍其使用方法。

【例 3-1】 将如图 3-73 所示的程序，用 GX Works2 软件的仿真功能进行仿真。

图 3-73 例 3-1 程序

【解】 单击工具栏中的"开始仿真按钮"，打开当前值更改界面，如图 3-74 所示，在软元件/标签方框中输入"X000"，再单击"ON"按钮，可以看到梯形图中的常开触点 X000 闭合，线圈 Y000 得电，自锁后 Y000 线圈持续得电输出，如图 3-75 所示。

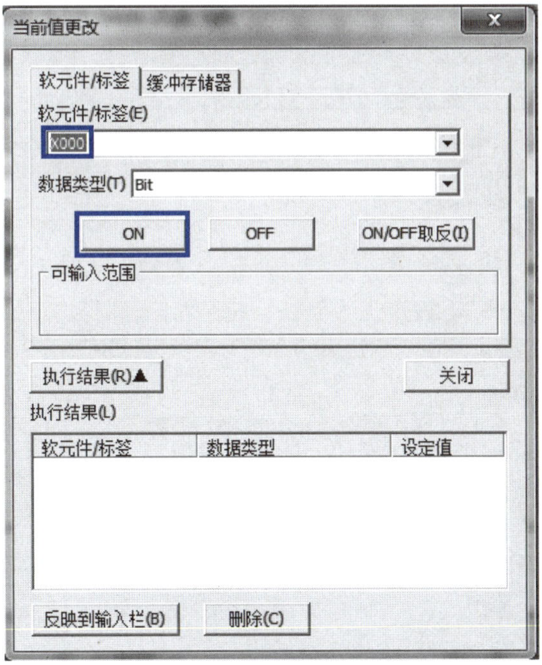

图 3-74 当前值更改

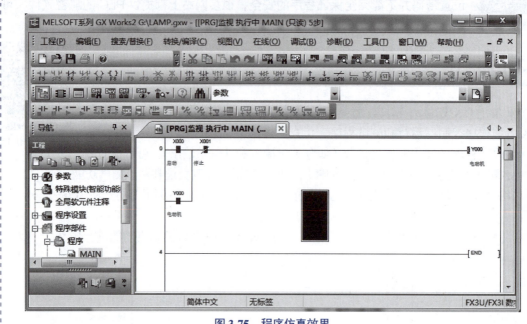

图 3-75 程序仿真效果

3.2.20 PLC 诊断

PLC 诊断主要是通过"PLC 诊断窗口"来检测 PLC 是否出错、扫描周期时间以及运行/中止状态等相关信息。其关键做法是：在编程界面中点击"诊断"→"PLC 诊断"，弹出如图 3-76 所示的对话框，诊断结束，单击"关闭"按钮即可。

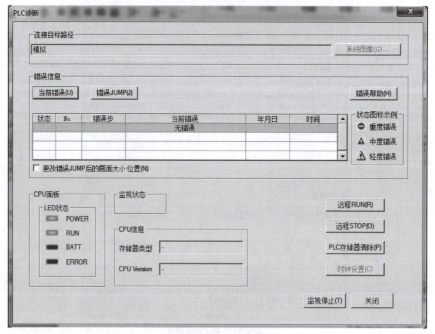

图 3-76 PLC 诊断

3.3 用 GX Works2 建立一个完整的工程

以如图 3-77 所示的梯形图为例，介绍一个用 GX Works2 建立工程、输入梯形图、调试程序和下载程序的完整的过程。

用 GX Works2 建立一个完整的工程

图 3-77　梯形图

（1）新建工程

先打开 GX Works2 编程软件，如图 3-78 所示。单击 "工程" → "新建" 菜单，如图 3-79 所示，弹出新建工程对话框，如图 3-80 所示。在系列中选择所选用的 PLC 系列，本例为 "FXCPU"；机型中输入具体类型，本例为 "FX3U/ FX3UC"；工程类型选择 "简单工程"；程序语言选择 "梯形图"。单击 "确定" 按钮，完成创建一个新的工程。

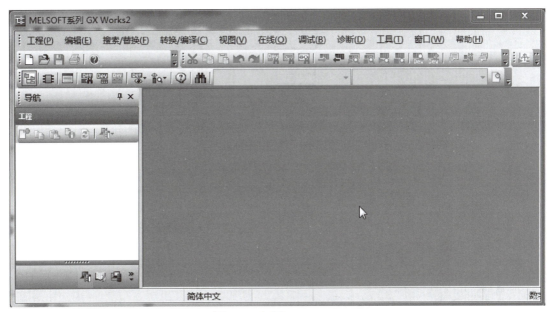

图 3-78　打开 GX Works2

（2）输入梯形图

如图 3-81 所示，将光标移到 "①" 处，单击工具栏中的常开触点按钮 （或者单击功能键 F5），弹出 "梯形图输入"，在中间输入 "X0"，单击 "确定" 按钮。如图 3-82 所示，将光标移到 "①" 处，单击工具栏中的线圈按钮 （或者单击功能键 F7），弹出 "梯形图输入"，在中间输入 "y0"，单击 "确定" 按钮，梯形图输入完成。

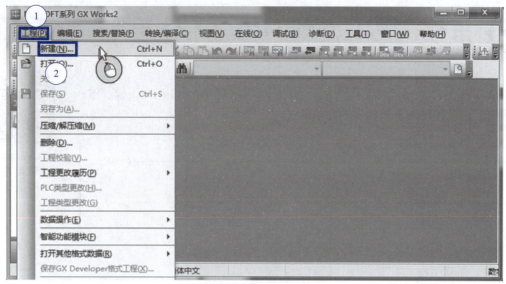

图 3-79　新建工程（1）

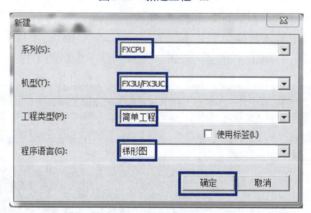

图 3-80　新建工程（2）

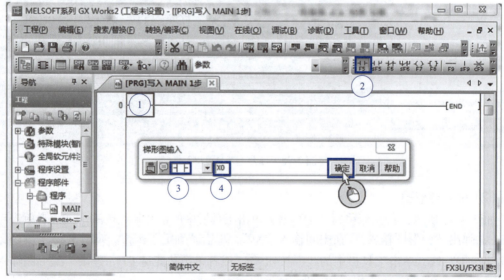

图 3-81　输入程序（1）

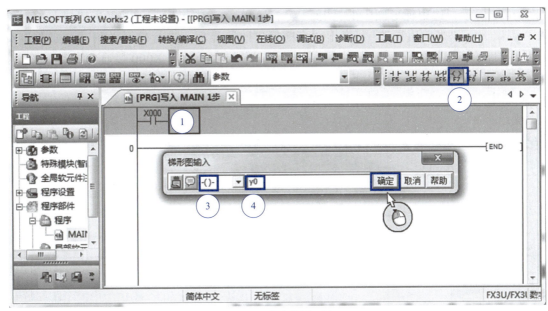

图 3-82　输入程序（2）

(3) 程序转换

如图 3-83 所示，刚输入完成的程序，程序区是灰色的，是不能下载到 PLC 中去的，还必须进行转换。如果程序没有语法错误，只要单击转换按钮，即可完成转换，转换成功后，程序区变成白色，如图 3-83 所示。

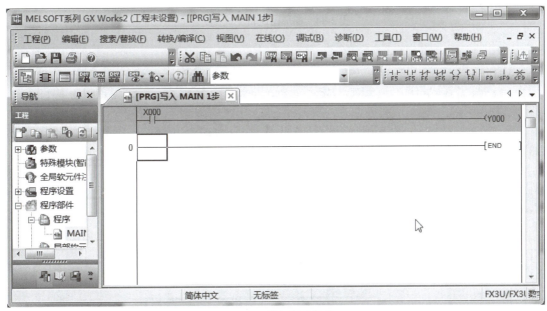

图 3-83　进行程序转换

(4) 梯形图逻辑测试（仿真）

如图 3-84 所示，单击梯形图逻辑测试启动/停止按钮，启动梯形图逻辑测试功能。

如图 3-85 所示，选中梯形图中的常开触点"X000"，单击鼠标右键，弹出快捷菜单，单击"调试"→"当前值更改"，弹出"当前值更改"界面，进行软元件测试，如图 3-86 所示，单击"ON"按钮，可以看到，界面 3-87 中的常开触点 X000 接通，线圈 Y000 得电。如图 3-88 所示，单击"OFF"按钮，可以看到梯形图中的常开触点 X000 断开，线圈 Y000 断电。

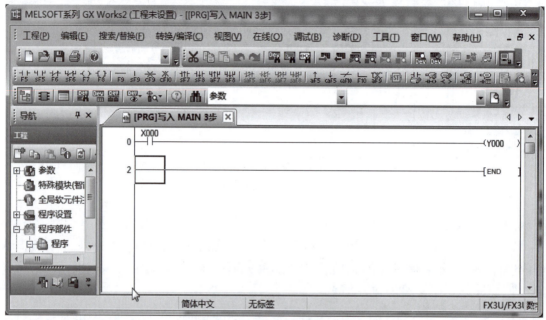

图 3-84　梯形图逻辑测试（1）

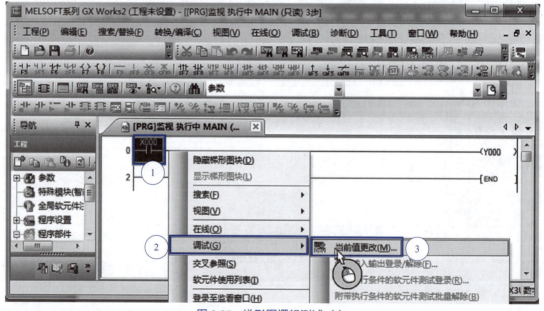

图 3-85　梯形图逻辑测试（2）

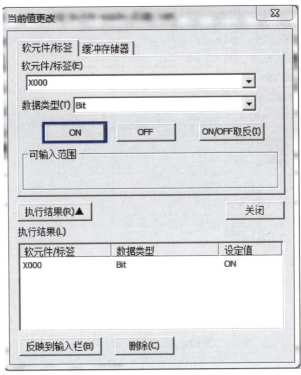

图 3-86 软元件测试（1）

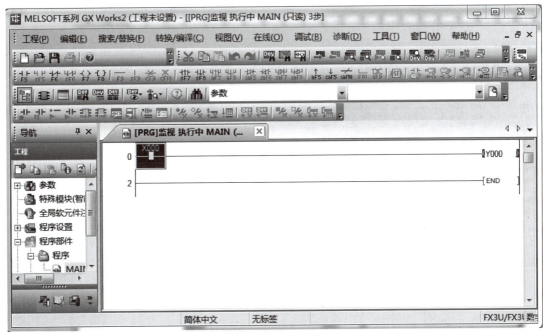

图 3-87 软元件测试（2）

（5）下载程序

程序下载参见本书 3.2.14 节，在此不作赘述。

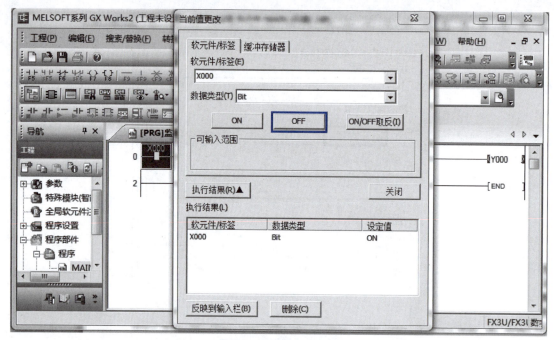

图 3-88　软元件测试（3）

(6) 监视

单击工具栏中的"监视开始"按钮，如图 3-89 所示，界面可监视 PLC 的软元件和参数。当外部的常开触点"X000"闭合时，GX Works2 编程软件界面中的"X000"闭合，线圈"Y000"也得电，如图 3-90 所示。

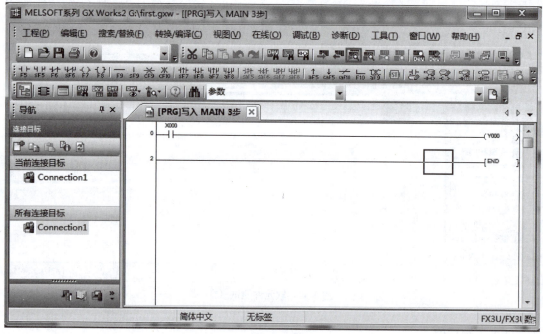

图 3-89　监视开始

图 3-90 监视中

第 4 章
三菱 FX3 系列 PLC 的指令及其应用

用户程序是用户根据控制要求，利用 PLC 厂家提供的程序编辑语言编写的应用程序。因此，所谓编程就是编写用户程序。本章将对编程语言、存储区分配和指令系统进行介绍。

4.1 PLC 的编程基础

4.1.1 编程语言简介

PLC 的控制作用是靠执行用户程序来实现的，因此须将控制系统的控制要求用程序的形式表达出来。程序编制就是通过 PLC 的编程语言将控制要求描述出来的过程。

国际电工委员会（IEC）规定的 PLC 的编程语言有 5 种，分别是梯形图编程语言、指令语句表编程语言、顺序功能图编程语言（也称状态转移图）、功能块图编程语言、结构文本编程语言，其中最为常用的是前 3 种，下面将分别介绍。

（1）梯形图（LAD）编程语言

梯形图编程语言是目前用得最多的 PLC 编程语言。梯形图是在继电器 - 接触器控制电路的基础上简化符号演变而来的，也就是说，它是借助类似于继电器的常开、常闭触点，线圈及串联与并联等术语和符号，根据控制要求连接而成的表示 PLC 输入与输出之间逻辑关系的图形，在简化的同时还增加了许多功能强大、使用灵活的基本指令和功能指令等，同时将计算机的特点结合进去，使得编程更加容易，而实现的功能却大大超过传统继电器控制电路，梯形图形象、直观、实用。触点、线圈的表示符号见表 4-1。

FX3 系列 PLC 的一个梯形图例子如图 4-1 所示。

表 4-1 触点、线圈的表示符号

符号	说明	符号	说明
┤├	常开触点	□□□	功能指令用
┤/├	常闭触点	( )	编程软件的线圈
○	输出线圈	[ ]	编程软件中功能指令用

图 4-1 梯形图

(2) 指令语句表 (STL) 编程语言

指令语句表编程语言是一种类似于计算机汇编语言的助记符编程方式，用一系列操作指令组成的语句将控制流程表达出来，并通过编程器送到 PLC 中去。需要指出的是，不同厂家的 PLC 的指令语句表使用助记符有所不同。以下用图 4-1 所示的梯形图来说明指令语句表语言，见表 4-2。

表 4-2 指令表编程语言

助记符	编程软元件	说明
LD	X000	逻辑行开始，输入 X000 常开触点
OR	Y000	并联常开触点
ANI	X001	串联常闭触点
OUT	Y000	输出线圈 Y000
END		结束程序

指令语句表是由若干个语句组成的程序。语句是程序的最小独立单元。PLC 的指令语句表的表达式与一般的微机编程语言的表达式类似，也是由操作码和操作数两部分组成。操作码由助记符表示如 LD、ANI 等，用来说明要执行的功能。操作数一般由标识符和参数组成。标识符表示操作数的类型，例如表明输入继电器、输出继电器、定时器、计数器和数据寄存器等。参数表明操作数的地址或一个预先设定值。有的 PLC 不支持指令表，指令表使用将越来越少。

(3) 顺序功能图 (SFC) 编程语言

顺序功能图编程语言是一种比较通用的流程图编程语言，主要用于编制比较复杂的顺序控制程序。顺序功能图提供了一种组织程序的图形方法，在顺序功能图中可以用别的语言嵌套编程。其最主要的部分是步、转换条件和动作三种元素，如图 4-2 所示。顺序功能图是用来描述开关量控制系统的功能，根据它可以很容易地画出顺序控制梯形图。

（4）功能块图（FBD）编程语言

功能块图编程语言是一种类似于数字逻辑门的编程语言，用类似与门、或门的方框表示逻辑运算关系，方框的左侧为逻辑运算输入变量，右侧为输出变量，输入、输出端的小圆圈表示"非"运算，方框被"导线"连接在一起，信号从左向右流动，西门子系列的 PLC 把功能块图作为三种最常用的编程语言之一，在其编程软件中配置，如图 4-3 所示，是西门子 S7-200 的功能块图。

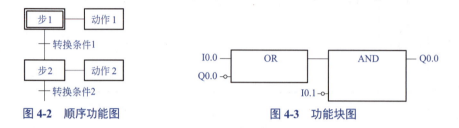

图 4-2　顺序功能图　　　　　　　图 4-3　功能块图

（5）结构文本（ST）编程语言

随着 PLC 的飞速发展，如果很多高级的功能还用梯形图表示，会带来很大的不方便。为了增强 PLC 的数字运算、数据处理、图标显示和报表打印等功能，也为了方便用户的使用，许多大中型 PLC 配备了 PASCAL、BASIC 和 C 等语言。这些编程方式叫做结构文本。与梯形图相比，结构文本有很大的优点。

① 能实现复杂的数学运算，编程逻辑也比较容易实现。

② 编写的程序简洁和紧凑。

除了以上的编程语言外，有的 PLC 还有状态图、连续功能图等编程语言。有的 PLC 允许一个程序中有几种语言，如西门子的指令表功能比梯形图功能强大，所以其梯形图中允许有不能被转化成梯形图的指令表。

4.1.2　三菱 FX3 系列 PLC 内部软组件

在 FX3 系列的 PLC 中，每种继电器和寄存器都用一定的字母来表示，X 表示输入继电器，Y 表示输出继电器，M 表示辅助继电器，D 表示数据寄存器，T 表示定时器，S 表示状态继电器等，并对这些软继电器进行编号，X 和 Y 的编号用八进制表示。本节主要对 FX3U 的内部继电器进行说明，其余型号如 FX3S 可能与 FX3U 略有不同。

（1）输入继电器（X）

输入继电器与输入端相连，它是专门用来接收 PLC 外部开关信号的元件。PLC 通过输入接口将外部输入信号状态（接通时为"1"，断开时为"0"）读入并存储在输入映像寄存器中。如图 4-4 所示，当按钮闭合时，硬件线路中的 X1 线圈得电，经过 PLC 内部电路一系列的变换，使得梯形图（软件）中 X1 常开触点闭合，而 X1 常闭触点断开。正确理解这一点是十分关键的。

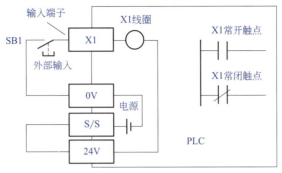

图 4-4 输入继电器 X1 的等效电路

输入继电器是用八进制编号的,如 X0～X7,不可以出现 X8 和 X9,FX3U 系列 PLC 输入 / 输出继电器编号见表 4-3,可见输入最多扩展到 248 点,输出最多到 248 点。但 Q 系列用十六进制编号,则可以有 X8 和 X9。

关键点 在 FX3 系列 PLC 的梯形图中不能出现输入继电器 X 的线圈,否则会出错,但有的 PLC 的梯形图中允许输入线圈。

表 4-3 FX3U 系列 PLC 输入 / 输出继电器编号

型号	FX3U-16M	FX3U-32M	FX3U-48M	FX3U-64M	FX3U-80M	FX3U-128M	扩展单元
输入继电器 X	X000～X007	X000～X017	X000～X027	X000～X037	X000～X047	X000～X077	X000～X267
输出继电器 Y	Y000～Y007	Y000～Y017	Y000～Y027	Y000～Y037	Y000～Y047	Y000～Y077	Y000～Y267

(2)输出继电器(Y)

输出继电器是用来将 PLC 内部信号输出传送给外部负载(用户输出设备)。输出继电器线圈是由 PLC 内部程序的指令驱动,其线圈状态传送给输出单元,再由输出单元对应的硬触点来驱动外部负载,其等效电路如图 4-5 所示。简单地说,当梯形图的 Y0 线圈(软件)得电时,经过 PLC 内部电路的一系列转换,使得继电器 Y0 常开触点(硬件,即真实的继电器,不是软元件)闭合,从而使得 PLC 外部的输出设备得电。正确理解这一点是十分关键的。

输入继电器是用八进制编号的,如 Y0～Y7,不可以出现 Y8 和 Y9。但 Q 系列用十六进制编号,则可以有 Y8 和 Y9。

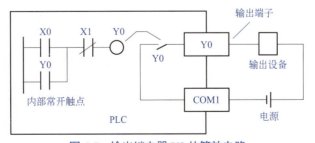

图 4-5 输出继电器 Y0 的等效电路

以下将对 PLC 是怎样读入输入信号和输出信号做一个完整的说明，输入输出继电器的等效电路如图 4-6 所示。当按钮 SB1 闭合时，硬件线路中的 X0 线圈得电，经过 PLC 内部电路一系列的转换，使得梯形图（软件）中 X0 常开触点闭合，从而 Y0 线圈得电，自锁。由于梯形图的 Y0 线圈（软件）得电时，经过 PLC 内部电路的一系列转换，使得继电器 Y0 常开触点（硬件，即真实的继电器，不是软元件）闭合，从而使得 PLC 外部的输出设备得电。这实际就是信号从输入端送入 PLC，经过 PLC 逻辑运算，把逻辑运算结果送到输出设备的一个完整的过程。同时，图 4-6 也显示了 PLC 工作的三个阶段，即输入扫描、程序执行和输出刷新。

PLC 的工作原理

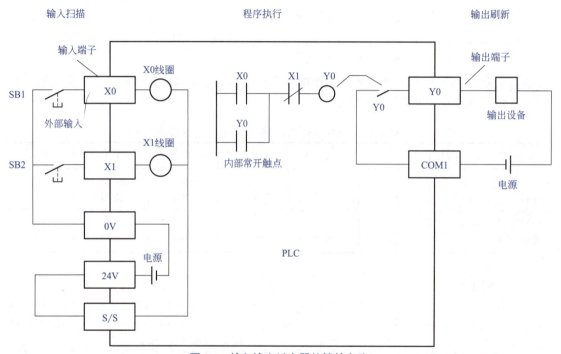

图 4-6　输入输出继电器的等效电路

关键点　如图 4-6 所示，左侧的 X0 线圈可理解为真实硬件，右侧的 Y0 触点是真实硬件，而中间的梯形图是软件，弄清楚这点十分重要。硬件和软件在 PLC 内部联系在一起。

图 4-6 中，SB2 接常开触点，对应梯形图中，X1 为常闭触点，但这种设计方法并不符合工程规范，因为一旦 SB2 断线，则停止功能不能实现，有造成危险的可能。如 SB2 接常闭触点，则对应梯形图中 X1 为常开触点，一旦 SB2 断线，则不能启动，维修正常后才能启动，所以更加安全。

（3）辅助继电器（M）

辅助继电器是 PLC 中数量最多的一种继电器，一般的辅助继电器与继电器控制系统中的中间继电器相似。辅助继电器不能直接驱动外部负载，负载只能由输出继电器的外部触点驱动。辅助继电器的常开与常闭触点在 PLC 内部编程时可无限次使用。辅助继电器采用 M 与十进制数共同组成编号（只有输入/输出继电器才用八进制数编号）。PLC 内部常用继电器见表 4-4。

表 4-4　PLC 内部常用继电器

软元件名		内容	
输入输出继电器			
输入继电器	X000～X367	248 点	软元件的编号为八进制编号 输入输出合计为 256 点
输出继电器	Y000～Y367	248 点	
辅助继电器			
一般用［可变］	M0～M499	500 点	通过参数可以更改保持/非保持的设定
保持［可变］	M500～M1023	524 点	
保持用［固定］	M1024～M7679	6656 点	
特殊用	M8000～M8511	512 点	
状态			
初始化状态（一般用［可变］）	S0～S9	10 点	通过参数可以更改保持/非保持的设定
一般用［可变］	S10～S499	490 点	
保持用［可变］	S500～S899	400 点	
信号报警器用（保持用［可变］）	S900～S999	100 点	
保持用［固定］	S1000～S4095	3096 点	
定时器（ON 延迟定时器）			
100ms	T0～T191	192 点	0.1～3276.7s
100ms［子程序、中断子程序用］	T192～T199	8 点	0.1～3276.7s
10ms	T200～T245	46 点	0.01～327.67s
1ms 累计型	T246～T249	4 点	0.001～32.767s
100ms 累计型	T250～T255	6 点	0.1～3276.7s
1ms	T256～T511	256 点	0.001～32.767s
计数器			
一般用增计数（16 位）［可变］	C0～C99	100 点	0～32767 的计数器 通过参数可以更改保持/非保持的设定
保持用增计数（16 位）［可变］	C100～C199	100 点	
一般用双方向（32 位）［可变］	C200～C219	20 点	−2147483648～+2147483647 的计数器通过参数可以更改保持/非保持的设定
保持用双方向（32 位）［可变］	C220～C234	15 点	

续表

软元件名		内容
高速计数器		
单相单计数的输入 双方向（32 位）	C235～C245	C235～C255 中最多可以使用 8 点［保持用］ 通过参数可以更改保持/非保持的设定 -2147483648～+2147483647 的计数器硬件计数器 单相：100kHz×6 点，10kHz×2 点 双相：50kHz（1 倍）、50kHz（4 倍） 软件计数器 单相：40kHz 双相：40kHz（1 倍）、10kHz（4 倍）
单相双计数的输入 双方向（32 位）	C246～C250	
双相双计数的输入 双方向（32 位）	C251～C255	

1）通用辅助继电器（M0～M499） FX3U 系列共有 500 点通用辅助继电器。通用辅助继电器在 PLC 运行时，如果电源突然断电，则全部线圈均断电（OFF）。当电源再次接通时，除了因外部输入信号而变为通电（ON）的以外，其余的仍将保持断电状态，它们没有断电保护功能。通用辅助继电器常在逻辑运算中用于辅助运算、状态暂存、移位等。根据需要可通过程序设定，将 M0～M499 变为断电保持辅助继电器。

【例 4-1】 图 4-7 的梯形图，Y0 控制一盏灯，试分析：当系统上电后，接通 X0 和系统断电后接着系统又上电，灯的明暗情况。

【解】 当系统上电后接通 X0，M0 线圈带电，并自锁，灯亮；系统断电后接着系统又上电，M0 线圈断电，灯不亮。

图 4-7 例 4-1 梯形图

2）断电保持辅助继电器（M500～M7679） FX3U 系列有 M500～M7679 共 7180 个断电保持辅助继电器。它与普通辅助继电器不同的是具有断电保护功能，即能记忆电源中断瞬时的状态，并在重新通电后再现其状态。它之所以能在电源断电时保持其原有的状态，是因为电源中断时用 PLC 中的锂电池保持它们映像寄存器中的内容。其中 M500～M1023 可由软件将其设定为通用辅助继电器。

【例 4-2】 图 4-8 的梯形图，Y0 控制一盏灯，试分析：当系统上电后合上按钮 X0 和系统断电后接着系统又上电，灯的明暗情况。

【解】 当系统上电后接通 X0，M600 线圈带电，并自锁，灯亮；系统断电后，Y0 线圈断电，灯不亮，但系统内的电池仍然使线圈 M600 带电；接着系统又上电，即使 X0 不接通，Y0 线圈也会因为 M600 的闭合而上电，所以灯亮。

一旦 M600 上电，要 M600 断电，应使用复位指令，关于这点将在后续课程中讲解。

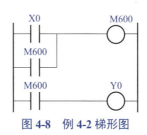

图 4-8 例 4-2 梯形图

将以上两个例题对比，不难区分通用辅助继电器和断电保持辅助继电器。

3）特殊辅助继电器　PLC 内有大量的特殊辅助继电器，它们都有各自的特殊功能。FX3U 系列中有 512 个特殊辅助继电器，可分成触点型和线圈型两大类。

① 触点型　其线圈由 PLC 自动驱动，用户只可使用其触点。例如：

a. M8000：运行监视器（在 PLC 运行中接通），M8001 与 M8000 相反逻辑。

b. M8002：初始脉冲（仅在运行开始时瞬间接通），M8003 与 M8002 相反逻辑。

c. M8011、M8012、M8013 和 M8014 分别是产生 10ms、100ms、1s 和 1min 时钟脉冲的特殊辅助继电器。

d. M8000、M8002 和 M8012 的时序图如图 4-9 所示。

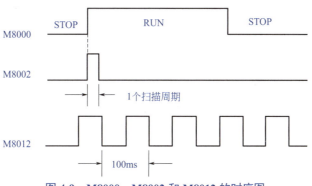

图 4-9　M8000、M8002 和 M8012 的时序图

【例 4-3】　图 4-10 的梯形图，Y0 控制一盏灯，试分析：当系统上电后灯的明暗情况。

【解】　因为 M8013 是周期为 1s 的脉冲信号，所以灯亮 0.5s，然后暗 0.5s，以 1s 为周期闪烁。

图 4-10　例 4-3 的梯形图

M8013 常用于报警灯的闪烁。

② 线圈型　由用户程序驱动线圈后 PLC 执行特定的动作。例如：

a. M8033：若使其线圈得电，则 PLC 停止时保持输出映像存储器和数据寄存器内容。

b. M8034：若使其线圈得电，则将 PLC 的输出全部禁止。

c. M8039：若使其线圈得电，则 PLC 按 D8039 中指定的扫描时间工作。

（4）状态继电器（S）

状态继电器用来记录系统运行中的状态，是编制顺序控制程序的重要编程元件，它与后述的步进顺控指令 STL 配合应用。

状态继电器有五种类型：初始状态器 S0～S9，共 10 点；回零状态器 S10～S19，共 10 点；通用状态器 S1000～S4095，共 3096 点；具有状态断电保持的状态器 S10～S899，共 890 点；供报警用的状态器（可用作外部故障诊断输出）S900～S999，共 100 点。

在使用状态继电器时应注意：

① 状态继电器与辅助继电器一样有无数的常开和常闭触点；

② 状态继电器不与步进顺控指令 STL 配合使用时，可作为辅助继电器 M 使用；

③ FX3U 系列 PLC 可通过程序设定将 S1000～S4095 设置为有断电保持功能的状态继电器。

（5）定时器（T）

PLC 中的定时器 T 相当于继电器控制系统中的通电型时间继电器。它可以提供无限对常开常闭延时触点，这点有别于中间继电器，中间继电器的触点通常少于 8 对。定时器中有一个设定值寄存器（一个字长），一个当前值寄存器（一个字长）和一个用来存储其输出触点的映像寄存器（一个二进制位），这三个量使用同一地址编号。但使用场合不一样，意义也不同。

FX3U 系列中定时器可分为通用定时器、累积型定时器两种。它们是通过对一定周期的时钟脉冲进行累计而实现定时的，时钟脉冲有周期为 1ms、10ms 和 100ms 三种，当所计数达到设定值时触点动作。设定值可用常数 K 或数据寄存器 D 的内容来设置。

1）通用定时器　通用定时器的特点是不具备断电的保持功能，即当输入电路断开或停电时定时器复位。通用定时器有 100ms 和 10ms 通用定时器两种。

① 100ms 通用定时器（T0～T199）共 200 点。其中，T192～T199 为子程序和中断服务程序专用定时器。这类定时器是对 100ms 时钟累积计数，设定值为 1～32767，所以其定时范围为 0.1～3276.7s。

② 10ms 通用定时器（T200～T245）共 46 点。这类定时器是对 10ms 时钟累积计数，设定值为 1～32767，所以其定时范围为 0.01～327.67s。

【例 4-4】　如图 4-11 所示的梯形图，Y0 控制一盏灯，当输入 X0 接通时，试分析灯的明暗状况。若当输入 X0 接通 5s 时，输入 X0 突然断开，接着又接通，灯的明暗状况如何？

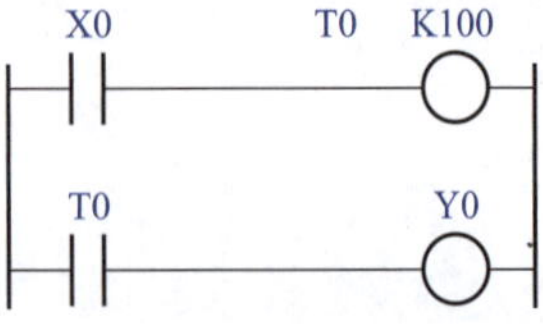

【解】　当输入 X0 接通后，T0 线圈上电，延时开始，此时灯并不亮，10s（100×0.1s=10s）后 T0 的常开触点闭合，灯亮。

图 4-11　例 4-4 梯形图

当输入 X0 接通 5s 时，输入 X0 突然断开，接着再接通 10s 后灯亮。

【例 4-5】 当压下启动按钮 SB1 后电动机 1 启动，2s 后电动机 1 停止，电动机 2 启动，任何时候压下按钮 SB2 时，电动机 1 和 2 都停止运行。

【解】 原理图如图 4-12 所示，梯形图如图 4-12 所示。压下 SB1 按钮，M0 线圈得电自锁，定时器 T0 定时开始，2s 后电动机 1 停止，电动机 2 启动。注意原理图中 SB2 接常闭触点，对应梯形图中 X001 为常开触点。

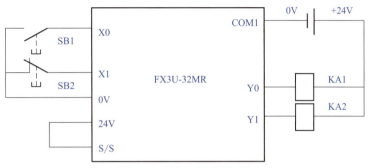

图 4-12　例 4-5 原理图（1）

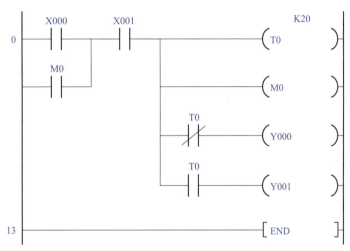

图 4-13　例 4-5 梯形图（1）

特别说明： 由于原理图中 SB2 按钮接的是常闭触点，因此不压下 SB2 按钮时，梯形图中的 X001 的常开触点是导通的，当压下 SB1 按钮时，X000 的常开触点导通，线圈 M0 得电自锁。说明梯形图和原理图是匹配的。而且在工程实践中，设计规范的原理图中的停止和急停按钮都应该接常闭触点。这样设计的好处当 SB2 按钮意外断线时，会使得设备不能非正常启动，确保设备的安全。

有初学者认为图 4-12 原理图应修改为图 4-14，图 4-13 梯形图应修改为图 4-15，其实图 4-14 原理图和图 4-15 梯形图是匹配的，可以实现功能。但这个设计的问题在于：当 SB2 按钮意外断线时，设备仍然能非正常启动，但压下 SB2 按钮时，设备不能停机，存在很大的安全隐患。这种设计显然是不符合工程规范的。

在后续章节中，如不作特别说明，本书的停止和急停按钮将接常闭触点。

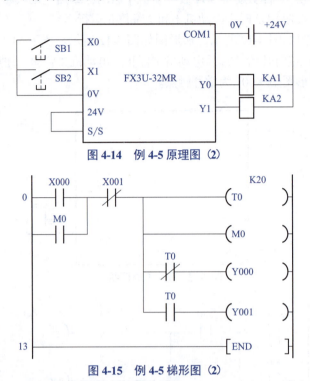

图 4-14　例 4-5 原理图（2）

图 4-15　例 4-5 梯形图（2）

【例 4-6】　当按钮 SA1 闭合时灯亮，断电后，过一段时间灯灭。

【解】　原理图如图 4-16 所示，梯形图如图 4-17 所示。

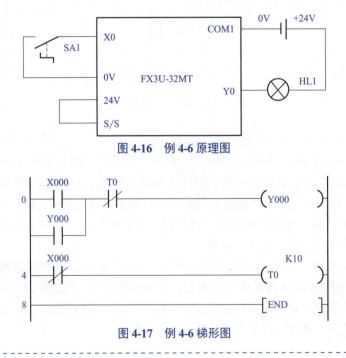

图 4-16　例 4-6 原理图

图 4-17　例 4-6 梯形图

2）累积型定时器　累积型定时器具有计数累积的功能。在定时过程中如果断电或定时器线圈OFF，累积型定时器将保持当前的计数值（当前值），通电或定时器线圈ON后继续累积，即其当前值具有保持功能，只有将累积型定时器复位，当前值才变为0。

① 1ms累积型定时器（T246～T249）共4点，是对1ms时钟脉冲进行累积计数的，定时的时间范围为0.001～32.767s。

② 100ms累积型定时器（T250～T255）共6点，是对100ms时钟脉冲进行累积计数的，定时的时间范围为0.1～3276.7s。

> **关键点**　初学者经常会提出这样的问题：定时器如何接线？PLC中的定时器是不需要接线的，这点不同于J-C系统中的时间继电器。

【例4-7】　如图4-18所示的梯形图，Y0控制一盏灯，当输入X0接通时，试分析灯的明暗状况。若当输入X0接通5s时，输入X0突然断开，接着又接通，灯的明暗状况如何？

【解】　当输入X0接通后，T250线圈上电，延时开始，此时灯并不亮，10s（100×0.1s= 10s）后T250的常开触点闭合，灯亮。

当输入X0接通5s时，输入X0突然断开，接着再接通5s后灯亮。

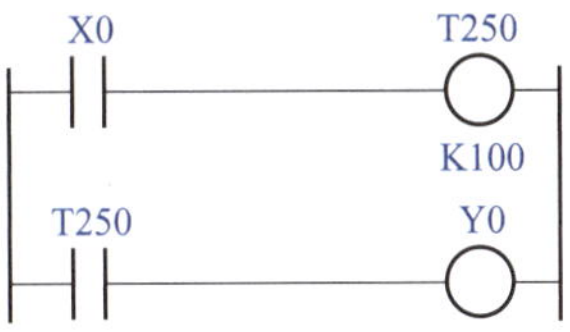

图4-18　例4-7梯形图

通用定时器和累积型定时器的区分从例4-4和例4-7很容易看出。

（6）计数器（C）

FX3U系列计数器分为内部计数器和高速计数器两类。

1）内部计数器

① 16位增计数器（C0～C199）共200点。其中C0～C15（共16点）为通用型，C16～C199（共184点）为断电保持型（断电保持型即断电后能保持当前值待通电后继续计数）。这类计数器为递加计数，应用前先对其设置设定值，当输入信号（上升沿）个数累加到设定值时，计数器动作，其常开触点闭合、常闭触点断开。计数器的设定值为1～32767（16位二进制），设定值除了用常数K设定外，还可间接通过指定数据寄存器设定。

【例4-8】　如图4-19所示的梯形图，Y0控制一盏灯，试分析：当输入X11接通10次时，灯的明暗状况？若当输入X11接通10次后，再将X11接通，灯的明暗状况如何？

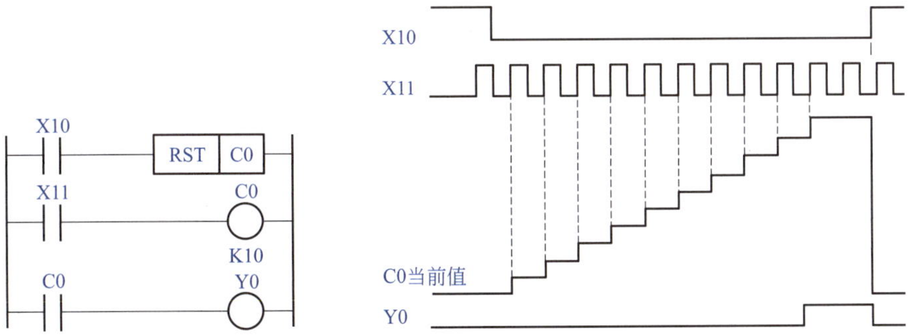

图4-19　例4-8的梯形图和时序图

【解】 当输入 X11 接通 10 次时，C0 的常开触点闭合，灯亮。若当输入 X11 接通 10 次后，灯先亮，再将 X11 接通，灯灭。

② 32 位增、减计数器（C200～C234） 共有 35 点 32 位增、减计数器，其中，C200～C219（共 20 点）为通用型，C220～C234（共 15 点）为断电保持型。这类计数器与 16 位增计数器除了位数不同外，还在于它能通过控制实现加、减双向计数。设定值范围均为 −214783648～+214783647（32 位）。

C200～C234 是增计数还是减计数，分别由特殊辅助继电器 M8200～M8234 设定。对应的特殊辅助继电器被置为 ON 时为减计数，置为 OFF 时为增计数。

计数器的设定值与 16 位计数器一样，可直接用常数 K 的值或间接用数据寄存器 D 的内容作为设定值。在间接设定时，要用编号紧连在一起的两个数据计数器。

▶▶ 关键点 初学者经常会提出这样的问题：计数器如何接线？PLC 中的计数器是不需要接线的，这点不同于 J-C 系统中的计数器。

【例 4-9】 指出如图 4-20 所示的梯形图有什么功能。

【解】 如图 4-20 所示的梯形图实际是一个乘法电路，表示当 100×10=1000 时，Y000 得电。

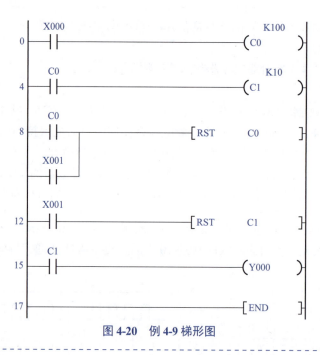

图 4-20 例 4-9 梯形图

2）高速计数器（C235～C255） 高速计数器与内部计数器相比除了允许输入频率高之外，应用也更为灵活，高速计数器均有断电保持功能，通过参数设定也可变成非断电保持。FX3U 有 C235～C255 共 21 点高速计数器。适合用来作为高速计数器输入的 PLC 输入端口有 X0～X7。X0～X7 不能重复使用，即某一个输入端已被某个高速计数器占用，它就不能再用于其他高速计数器，也不能另作他用。

(7) 数据寄存器（D）

PLC 在进行输入输出处理、模拟量控制、位置控制时，需要许多数据寄存器存储数据和参数。数据寄存器为 16 位，最高位为符号位。可用两个数据寄存器来存储 32 位数据，最高位仍为符号位。PLC 内部常用继电器见表 4-5。

表 4-5　PLC 内部常用继电器

软元件名		内容
数据寄存器（成对使用时 32 位）		
一般用（16 位）[可变]	D0～D199	200 点	通过参数可以更改保持/非保持的设定
保持用（16 位）[可变]	D200～D511	312 点	
保持用（16 位）[固定] ＜文件寄存器＞	D512～D7999 ＜D1000～D7999＞	7488 点 ＜7000 点＞	通过参数可以将寄存器 7488 点中 D1000 以后的软元件以每 500 点为单位设定为文件寄存器
特殊用（16 位）	D8000～D8511	512 点	
变址用（16 位）	V0～V7，Z0～Z7	16 点	
扩展寄存器·扩展文件寄存器		
扩展寄存器（16 位）	R0～R32767	32768 点	通过电池进行停电保持
扩展文件寄存器（16 位）	ER0～ER32767	32768 点	仅在安装存储器盒时可用
指针		
JUMP、CALL 分支用	P0～P4095	4096 点	CJ 指令、CALL 指令用
输入中断 输入延迟中断	I0□□～I5□□	6 点	
定时器中断	I6□□～I8□□	3 点	
计数器中断	I010～I060	6 点	HSCS 指令用
嵌套		
主控用	N0～N7	8 点	MC 指令用
常数		
十进制数（K）	16 位	−32768～+32767	
	32 位	−2147483648～+2147483647	
十六进制数（H）	16 位	0～FFFF	
	32 位	0～FFFFFFFF	
实数（E）	32 位	-1.0×2^{128}～-1.0×2^{-126}，0，1.0×2^{-126}～1.0×2^{128} 可以用小数点和指数形式表示	
字符串（" "）	字符串	用 " " 框起来的字符进行指定 指令上的常数中，最多可以使用到半角的 32 个字符	

① 通用数据寄存器（D0～D199） 通用数据寄存器（D0～D199）共200点。当M8033为ON时，D0～D199有断电保护功能；当M8033为OFF时则它们无断电保护，这种情况PLC由RUN变为STOP或停电时，数据全部清零。数据寄存器是16位的，最高位是符号位，数据范围-32768～+32767。2个数据寄存器合并使用可达32位，数据范围是-2147483648～+2147483647。数据寄存器通常作为输入输出处理、模拟量控制和位置控制的情况下使用。数据寄存器的内容将在后面章节中讲到。

② 断电保持数据寄存器（D200～D7999） 断电保持数据寄存器（D200～D7999）共7800点，其中D200～D511（共312点）有断电保持功能，可以利用外部设备的参数设定改变通用数据寄存器与有断电保持功能数据寄存器的分配；D490～D509供通信用；D512～D7999的断电保持功能不能用软件改变，但可用指令清除它们的内容。根据参数设定可以将D1000以上作为文件寄存器。

③ 特殊数据寄存器（D8000～D8511） 特殊数据寄存器（D8000～D8255）共512点。特殊数据寄存器的作用是用来监控PLC的运行状态。例如扫描时间、电池电压等。未加定义的特殊数据寄存器，用户不能使用。具体可参见用户手册。

④ 变址寄存器（V、Z） FX3系列PLC有V0～V7和Z0～Z7共16个变址寄存器，它们都是16位的寄存器。变址寄存器V、Z实际上是一种特殊用途的数据寄存器，其作用相当于计算机中的变址寄存器，用于改变元件的编号（变址）。例如V0=5，则执行D20V0时，被执行的编号为D25（D20+5）。变址寄存器可以像其他数据寄存器一样进行读/写，需要进行32位操作时，可将V、Z串联使用（Z为低位，V为高位）。如图4-21所示，就是变址寄存器的应用实例。

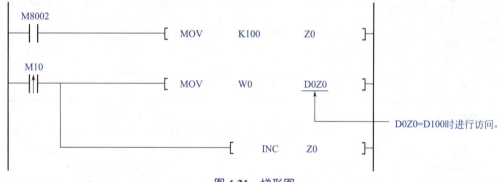

图4-21 梯形图

(8) 指针（P、I）

在FX3系列PLC中，指针用来指示分支指令的跳转目标和中断程序的入口标号，分为分支用指针、输入中断指针及定时器中断指针和计数器中断指针。

① 分支用指针 FX3U有P0～P4095共4096点分支用指针。分支用指针用来指示跳转指令（CJ）的跳转目标或子程序调用指令（CALL）调用子程序的入口地址。

中断指针用来指示某一中断程序的入口位置。执行中断后遇到IRET（中断返回）指令，则返回主程序。

② 输入中断指针（I00□～I50□） 输入中断指针（I00□～I50□）共6点，它是用来指示由特定输入端的输入信号而产生中断的中断服务程序的入口位置，这类中断不受PLC

扫描周期的影响，可以及时处理外界信息。

例如：I101 为当输入 X1 从 OFF 到 ON 变化时，执行以 I101 为标号后面的中断程序，并根据 IRET 指令返回。

③ 定时器中断指针（I6□□～I8□□） 定时器中断指针（I6□□～I8□□）共 3 点，用来指示周期定时中断的中断服务程序的入口位置，这类中断的作用是 PLC 以指定的周期定时执行中断服务程序，定时循环处理某些任务。处理的时间也不受 PLC 扫描周期的限制。□□表示定时范围，可在 10～99ms 中选取。

④ 计数器中断指针（I010～I060） 计数器中断指针（I010～I060）共 6 点，它们用在 PLC 内置的高速计数器中。根据高速计数器的计数当前值与计数设定值的关系确定是否执行中断服务程序。它常用于利用高速计数器优先处理计数结果的场合。

(9) 常数（K、H、E）

K 是表示十进制整数的符号，主要用来指定定时器或计数器的设定值及应用功能指令操作数中的数值；H 是表示十六进制数，主要用来表示应用功能指令的操作数值。例如，20 用十进制表示为 K20，用十六进制则表示为 H14。E123 表示实数用于 FX3 系列 PLC，也可以用 E1.23+2 表示。

(10) 模块访问软元件

模块访问软元件是从 CPU 模块直接访问连接在 CPU 模块上的智能功能模块的缓冲存储器的软元件。

① 指定方法　通过 U[智能功能模块的模块编号][缓冲存储器地址] 指定。例如：U5\G11。

② 处理速度　通过模块访问软元件进行的读取/写入比通过 FROM/TO 指令进行的读取/写入的处理速度高（例：MOV U2\G11 D0）。从模块访问软元件的缓冲存储器中的读取与通过 1 个指令执行其他的处理时，应以 FROM/TO 指令下的处理速度与指令的处理速度的合计值作为参考值（例：+U2\G11 D0 D10）。

【例 4-10】 PLC 的示意图如图 4-22 所示，要求编写读取第 1 个模块的 4 号缓冲区的数据。

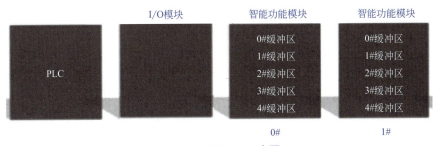

图 4-22　例 4-10 示意图

【解】 有两种方法，梯形图如图 4-23 所示。两个梯形图是等价的，但图 4-23（a）速度更加快。

注意：I/O 模块不占模块号，且模块从 0 开始编号，而 FX5 系列从 1 开始编号。

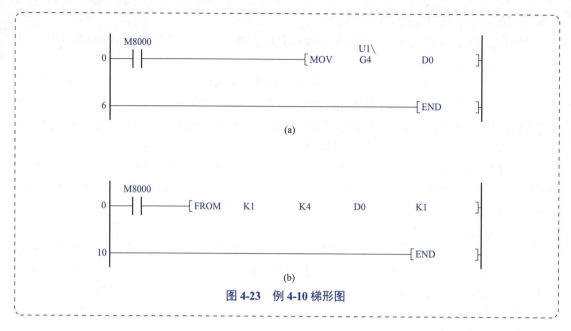

图 4-23 例 4-10 梯形图

（11）文件寄存器（R/ER）

文件寄存器是可存储数值数据的软元件，可分为文件寄存器（R）及扩展文件寄存器（ER）。主要用于数据采集和统计数据。

SD 存储卡插入 CPU 模块时才可使用扩展文件寄存器（ER）。存储在扩展文件寄存器（ER）的数据掉电后可以保持。

文件寄存器 R/ER 是十六进制的，可以部分代替数据寄存器 D 使用。

4.1.3　存储区的寻址方式

PLC 将数据存放在不同的存储单元，每个存储单元都有唯一确定地址编号，要想根据地址编号找到相应的存储单元，这就需要 PLC 的寻址。根据存储单元在 PLC 中数据存储方式的不同，FX3 系列 PLC 存储器常见的寻址方式有直接寻址和间接寻址，具体如下。

（1）直接寻址

直接寻址可分为位寻址、字寻址和位组合寻址。

① 位寻址　位寻址是针对逻辑变量存储的寻址方式。FX3 系列 PLC 中输入继电器、输出继电器、辅助继电器、状态继电器、定时器和计数器在一般情况下都采用位寻址。位寻址方式地址中含存储器的类型和编号，如 X001、Y006、T0 和 M600 等。

D0.1 和 D6.F 等这些表达方式也是位寻址，在 FX3 和 FX5 系列中可以使用，而 FX2 系列无此功能。

② 字寻址　字寻址在数字数据存储时用。FX3 系列 PLC 中的字长一般为 16 位，地址可表示成存储区类别的字母加地址编号组成。如 D0 和 D200 等。FX3 系列 PLC 可以双字寻址。在双字寻址的指令中，操作数地址的编号（低位）一般用偶数表示，地址加 1（高位）的存储单元同时被占用，双字寻址时存储单元为 32 位。

③ 位组合寻址　FX3 系列 PLC 中，为了编程方便，使位元件联合起来存储数据，提供

了位组合寻址方式，位组合寻址是以 4 个位软元件为一组组合单元，其通用的表示方法是 Kn 加起始元件的软元件号组成，起始软元件有输入继电器、输出继电器和辅助继电器等，n 为单元数，16 位数为 K1～K4，32 位数为 K1～K8。例如 K2M10 表示有 M10～M17 组成的两个位元件组，它是一个 8 位的数据，M10 是最低位。K4X0 表示有 X0～X17 组成的 4 个位元件组，它是一个 16 位数据，X0 是最低位。

当一个 16 位的数据传送到 K1M0、K2M0、K3M0 时，只传送相应的低位数据，较高位的数据不传送，32 位数据也一样。在进行 16 位操作时，参与操作的位元件由 K1～K4 指定。若仅由 K1～K3 指定，不足部分的高位均作 0 处理。

（2）间接寻址

间接寻址是指数据存放在变址寄存器（V、Z）中，在指令中只出现所需数据的存储单元内存地址即可。关于间接寻址在功能指令章节再介绍。

4.2 基本指令

FX2N 共有 27 条基本逻辑指令，FX2N 的指令在 FX3U 中都可使用，FX3 系列 PLC 有丰富的指令集，共有 510 条之多。

4.2.1 输入指令与输出指令（LD、LDI、OUT）

输入与输出指令的含义见表 4-6。

表 4-6 输入指令与输出指令含义

助记符	名称	软元件	功能
LD	取	X、Y、M、S、T、C	常开触点的逻辑开始
LDI	取反	X、Y、M、S、T、C	常闭触点的逻辑开始
OUT	输出	Y、M、S、T、C	线圈驱动

LD 是取指令，LDI 是取反指令，LD 和 LDI 指令主要用于将触点连接到母线上。在分支点也可以使用。其目标元件是 X、Y、M、S、T 和 C。

OUT 指令是对输出继电器、辅助继电器、状态继电器、定时器、计数器的线圈驱动的指令，对于输入继电器不能使用。其目标软件是 Y、M、S、T 和 C。并列的 OUT 指令能多次使用。对于定时器的计时线圈或计数器的计数线圈，使用 OUT 指令后，必须设定常数 K。此外，也可以用数据寄存器编号间接指定。

用如图 4-24 所示的例子来解释输入与输出指令，当常开触点 X0 闭合时（如果与 X0 相连的按钮是常开触点，则需要压下按钮），中间继电器 M0 线圈得电。当常闭触点 X1 闭合时（如果与 X1 相连的按钮是常开触点，则不需要压下按钮），输出继电器 Y0 线圈得电。

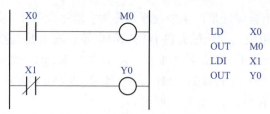

图 4-24 输入输出指令的示例

关键点 PLC 中的中间继电器并不需要接线,它通常只参与中间运算,而输入输出继电器关联的端子(如 X000 和 Y000)要接线,这一点请读者注意。

4.2.2 触点的串联指令(AND、ANI)

触点的串联指令的含义见表 4-7。

表 4-7 触点的串联指令含义

助记符	名称	软元件	功能
AND	与	X、Y、M、S、T、C	与常开触点串联
ANI	与非		与常闭触点串联

AND 是与指令,用于单个常开触点串联连接指令,完成逻辑"与"运算。
ANI 是与非指令,用于单个常闭触点串联连接指令,完成逻辑"与非"运算。
触点串联指令的使用说明:
① AND、ANI 都是指单个触点串联连接的指令,串联次数没有限制,可反复使用。
② AND、ANI 的目标元件为 X、Y、M、T、C 和 S。
用如图 4-25 所示的例子来解释触点串联指令。当常开触点 X0 和 X1 同时闭合时,线圈 Y0 得电;当常开触点 X0 和 X1 都断开或其中一个断开时,线圈 Y0 断电。其典型应用是压力机的启动控制,为了安全需要两只手同时压下两个启动按钮,X0、X1 是相关联启动按钮的常开触点,那么两个按钮同时压下时,常开触点 X0 和 X1 闭合,压力机启动。

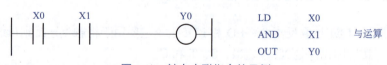

图 4-25 触点串联指令的示例

4.2.3 触点的并联指令(OR、ORI)

触点的并联指令的含义见表 4-8。
OR 是或指令,用于单个常开触点的并联,实现逻辑"或"运算。
ORI 是或非指令,用于单个常闭触点的并联,实现逻辑"或非"运算。

表 4-8 触点的并联指令含义

助记符	名称	软元件	功能
OR	或	X、Y、M、S、T、C	与常开触点并联
ORI	或非		与常闭触点并联

触点并联指令的使用说明：

① OR、ORI 指令都是指单个触点的并联，并联触点的左端接到 LD、LDI，右端与前一条指令对应触点的右端相连。触点并联指令连续使用的次数不限。

② OR、ORI 指令的目标元件为 X、Y、M、T、C、S。

用如图 4-26 所示的例子来解释触点并联指令。当常开触点 X0 和 X1 有一个或者两个闭合时，线圈 Y0 得电。当常闭触点 X2 和 X3 有一个或两个断开，线圈 Y0 断电。常开触点的并联（如 X0 和 X1）可用于多地启动控制，常闭（或常开）触点的串联可用于多地停止控制。

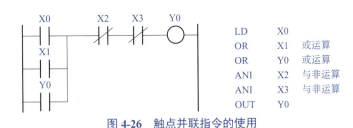

图 4-26 触点并联指令的使用

4.2.4 脉冲式触点指令（LDP、LDF、ANDP、ANDF、ORP、ORF）

脉冲式触点指令（LDP、LDF、ANDP、ANDF、ORP、ORF）的含义见表 4-9。

表 4-9 脉冲式触点指令的含义

助记符	名称	软元件	功能
LDP	取脉冲上升沿	X、Y、M、S、T、C	上升沿检出运算开始
LDF	取脉冲下降	X、Y、M、S、T、C	下降沿检出运算开始
ANDP	与脉冲上升沿	X、Y、M、S、T、C	上升沿检出串联连接
ANDF	与脉冲下降沿	X、Y、M、S、T、C	下降沿检出串联连接
ORP	或脉冲上升沿	X、Y、M、S、T、C	上升沿检出并联连接
ORF	或脉冲下降沿	X、Y、M、S、T、C	下降沿检出并联连接

用一个例子来解释 LDP、ANDP、ORP 操作指令，梯形图（左侧）和时序图（右侧）如图 4-27 所示，当 X0 或者 X1 的上升沿时，线圈 M0 得电；当 X2 上升沿时，线圈 Y0 得电。

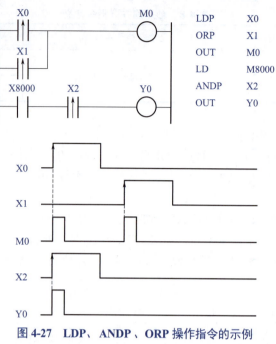

图 4-27 LDP、ANDP、ORP 操作指令的示例

LDP、LDF、ANDP、ANDF、ORP、ORF 指令使用注意事项：

① LDP、ANDP、ORP 是上升沿检出的触点指令，仅在指定的软元件的上升沿（OFF → ON 变化时）接通一个扫描周期。

② LDF、ANDF、ORF 是下降沿检出的触点指令，仅在指定的软元件的下降沿（ON → OFF 变化时）接通一个扫描周期。

4.2.5 脉冲输出指令（PLS、PLF）

脉冲输出指令（PLS、PLF）的含义见表 4-10。

表 4-10 脉冲输出指令含义

助记符	名称	软元件	功能
PLS	上升沿脉冲输出	Y、M（特殊 M 除外）	产生脉冲
PLF	下降沿脉冲输出	Y、M（特殊 M 除外）	产生脉冲

PLS 是上升沿脉冲输出指令，在输入信号上升沿产生一个扫描周期的脉冲输出。PLF 是下降沿脉冲输出指令，在输入信号下降沿产生一个扫描周期的脉冲输出。

PLS、PLF 指令的使用说明：

① PLS、PLF 指令的目标元件为 Y 和 M。

② 使用 PLS 时，仅在驱动输入为 ON 后的一个扫描周期内目标元件 ON，如图 4-28 所示，M0 仅在 X0 的常开触点由断到通时的一个扫描周期内为 ON；使用 PLF 指令时只是利用输入信号的下降沿驱动，其他与 PLS 相同。

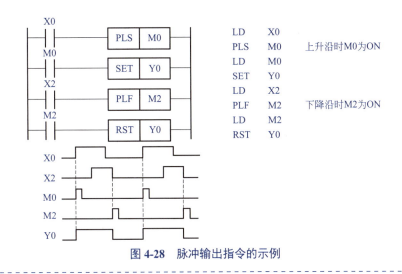

图 4-28 脉冲输出指令的示例

【例 4-11】 已知两个梯形图及 X0 的时序图如图 4-29 所示，要求绘制 Y0 的输出时序图。

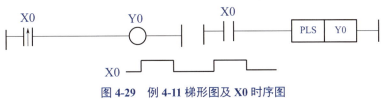

图 4-29 例 4-11 梯形图及 X0 时序图

【解】 图 4-29 中的两个梯形图的回路的动作相同，Y0 的时序图如图 4-30 所示。

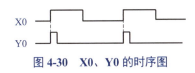

图 4-30 X0、Y0 的时序图

【例 4-12】 一个按钮控制一盏灯，当压下按钮灯立即亮，按钮弹起 1s 后灯熄灭，要求编写程序实现此功能。

【解】 梯形图如图 4-31 所示。当压下按钮，X000 闭合，M0 产生一个上升沿，Y000 得电自锁，灯亮。当按钮断开，X000 的常闭触点接通，定时器 T0 定时开始，1s 后 T0 的常闭触点断开，灯灭。

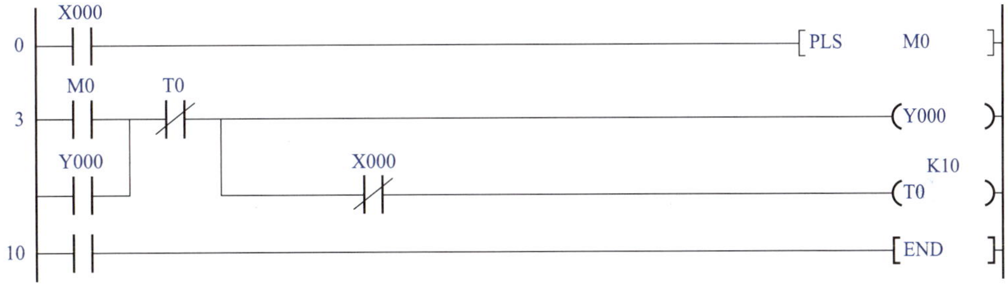

```
       X000
 0     ─┤├──────────────────────────[PLS    M0 ]

       M0    T0
 3     ─┤├───┤/├──────────────────────────(Y000)
       │                        │
       Y000                     X000              K10
       ─┤├─────────────────────┤/├────────────(T0 )

 10                                              [END]
```

图 4-31 例 4-12 梯形图

4.2.6 置位与复位指令（SET、RST）

SET 是置位指令，它的作用是使被操作的目标元件置位并保持。RST 是复位指令，使被操作的目标元件复位，并保持清零状态。用 RST 指令可以对定时器、计数器、数据寄存器和变址寄存器的内容清零。对同一软元件的 SET、RST 可以使用多次，并不是双线圈输出，但有效的是最后一次。置位与复位指令（SET、RST）的含义见表 4-11。

表 4-11 置位与复位指令含义

助记符	名称	软元件	功能
SET	置位	Y、M、S	动作保持
RST	复位	Y、M、S、D、V、Z、T、C	清除动作保持，当前值及寄存器清零

置位指令与复位指令的使用如图 4-32 所示。当 X0 的常开触点接通时，Y0 变为 ON 状态并一直保持该状态，即使 X0 断开，Y0 的 ON 状态仍维持不变；只有当 X1 的常开触点闭合时，Y0 才变为 OFF 状态并保持，即使 X1 的常开触点断开，Y0 也仍为 OFF 状态。

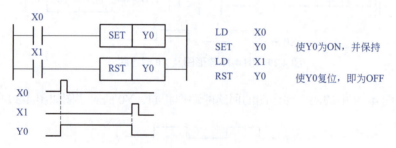

图 4-32 置位指令与复位指令的使用

【例 4-13】 梯形图如图 4-33 所示，试指出此梯形图的含义。

【解】 当 X000 关联的按钮下压时，M0 产生一个上升沿，Y000 置位得电，而当 X000 关联的按钮松开时，M1 产生一个下降沿，Y000 复位断电，其功能就是点动。

图 4-33 例 4-13 梯形图

4.2.7 逻辑反、空操作与结束指令（INV、NOP、END）

① INV 是反指令，执行该指令后将原来的运算结果取反。反指令没有软元件，因此使用时不需要指定软元件，也不能单独使用，反指令不能与母线相连。图 4-34 中，当 X0 断开，则 Y0 为 ON，当 X0 接通，则 Y0 断开。

图 4-34　反指令的使用

② NOP 是空操作指令，不执行操作，但占一个程序步。执行 NOP 时并不做任何事，有时可用 NOP 指令短接某些触点或用 NOP 指令将不要的指令覆盖。空操作指令有两个作用：一个作用是当 PLC 执行清除用户存储器操作后，用户存储器的内容全部变为空操作指令；另一个作用是用于修改程序。

③ END 是结束指令，表示程序结束。若程序的最后不写 END 指令，则 PLC 不管实际用户程序多长，都从用户程序存储器的第一步执行到最后一步。

4.3 基本指令应用

至此，读者对 FX3 系列 PLC 的基本指令有了一定的了解，以下举几个例子供读者模仿学习，以巩固前面所学的知识。

基本指令应用——
单键启停控制

4.3.1 单键启停控制（乒乓控制）

【例 4-14】　编写程序，实现当压下 SB1 按钮奇数次，灯亮，当压下 SB1 按钮偶数次，灯灭，即单键启停控制，原理图如图 4-35 所示。

图 4-35　例 4-14 原理图

【解】
（1）方法 1

梯形图如图 4-36 所示。当与 X000 关联的 SB1 压下第一次，M0 产生一个上升沿，M0 常开触点接通，Y000 得电自锁，灯亮。当 SB1 压下第二次，M0 产生一个上升沿，M0 常闭触点断开，Y000 断电，灯灭。

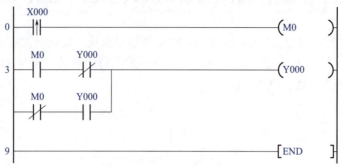

图 4-36 例 4-14 方法 1 梯形图

(2) 方法 2

梯形图如图 4-37 所示。当 SB1 压下第一次时，X000 闭合 M0 线圈得电一个扫描周期，M0 常开触点接通，Y000 得电自锁，灯亮。当 SB1 压下第二次，X000 闭合 M0 线圈得电一个扫描周期，M0 常闭触点断开，Y000 断电，灯灭。

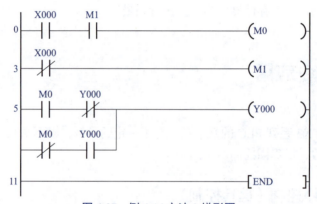

图 4-37 例 4-14 方法 2 梯形图

(3) 方法 3

这种方法相对容易想到，但梯形图相对复杂。主要思想是用计数器计数，当计数为 1 时，灯亮，当计数为 2 时，灯灭，同时复位计数器。梯形图如图 4-38 所示。

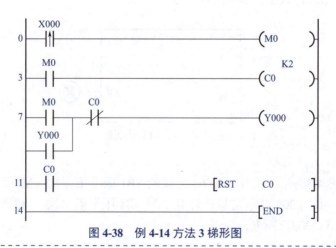

图 4-38 例 4-14 方法 3 梯形图

这个题目还有其他的解法，在后续章节会介绍。

4.3.2 定时器和计数器应用

定时器和计数器在工程中十分常用，特别是定时器，更是常用，以下用几个例子介绍定时器和计数器应用。

【例 4-15】 设计一个可以定时 12h 的程序。

【解】 FX 上的定时器最大定时时间是 3276.7s，所以要长时间定时不能只简单用一个定时器。本例的方案是用一个定时器定时 1800s（半小时），要定时 12h，实际就是要定时 24 个半小时即可，梯形图如图 4-39 所示。

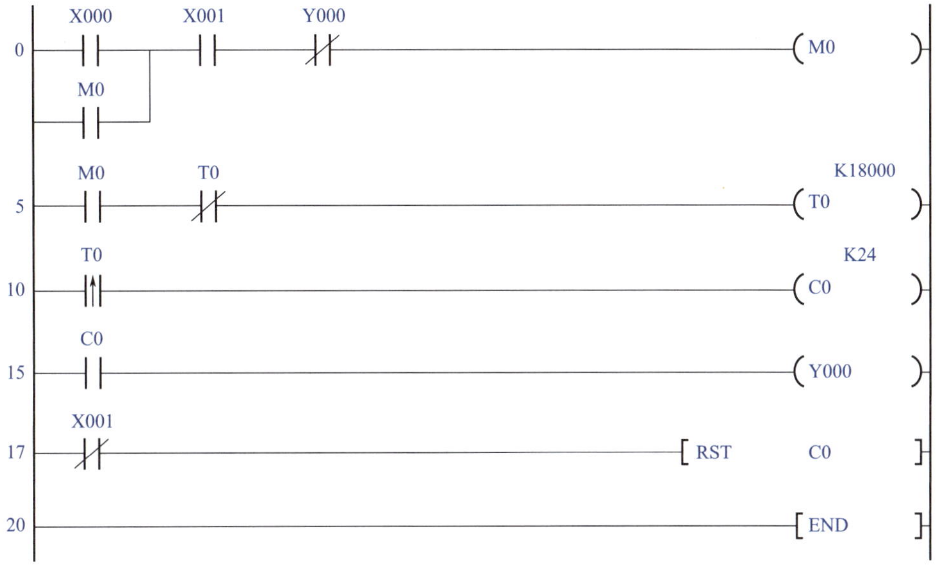

```
     X000   X001   Y000
0    ─┤├────┤├─────┤/├────────────────────────(M0)
     M0
     ─┤├──┘

     M0     T0                                 K18000
5    ─┤├────┤/├────────────────────────────────(T0)

     T0                                        K24
10   ─┤├────────────────────────────────────────(C0)

     C0
15   ─┤├────────────────────────────────────(Y000)

     X001
17   ─┤/├─────────────────────────[RST   C0]

20   ──────────────────────────────────────[END]
```

图 4-39 例 4-15 梯形图

【例 4-16】 设计一个可以定时 32767min 的程序。

【解】 这是长时间定时的典型例子，用上面的方法也可以解题，现利用特殊继电器 M8014，当特殊开关 32767 次时，定时 32767min，梯形图如图 4-40 所示。

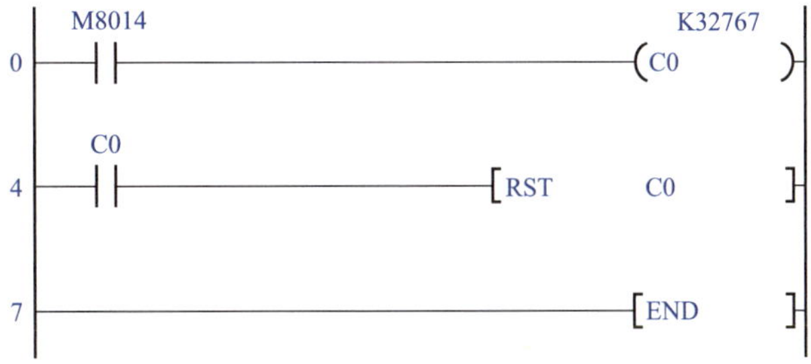

```
     M8014                                   K32767
0    ─┤├────────────────────────────────────(C0)

     C0
4    ─┤├──────────────────────────[RST   C0]

7    ──────────────────────────────────────[END]
```

图 4-40 例 4-16 梯形图

【例 4-17】 设计一个可以定时 2147483647min 的程序。

【解】 这是超长延时程序。X001 控制定时方向。梯形图如图 4-41 所示。

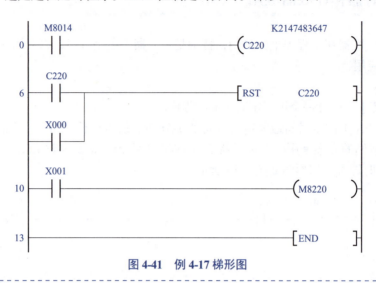

图 4-41 例 4-17 梯形图

【例 4-18】 十字路口的交通灯控制,当合上启动按钮,南北方向绿灯亮 4s,闪烁 2s 后灭;黄灯亮 2s 后灭;红灯亮 8s 后灭;绿灯亮 4s,如此循环。而对应南北方向绿灯、红灯、黄灯亮时,东西方向红灯亮 8s 后灭;接着绿灯亮 4s,闪烁 2s 后灭;黄灯又亮 2s,如此循环。

【解】 首先根据题意画出东西南北方向三种颜色灯的亮灭的时序图,再进行 I/O 分配。

输入:启动—X0;停止—X1。

输出(东西方向):红灯—Y4,黄灯—Y5;绿灯—Y6。

输出(南北方向):红灯—Y0,黄灯—Y1;绿灯—Y2。

东西方向和南北方向各有 3 盏,从时序图容易看出,共有 6 个连续的时间段,因此要用到 6 个定时器,这是解题的关键,用这 6 个定时器控制两个方向 6 盏灯的亮或灭,不难设计梯形图。交通灯时序图、原理图和交通灯梯形图如图 4-42、图 4-43 所示。注意原理图中 SB2 接常闭触点,对应梯形图中 X1 为常开触点。

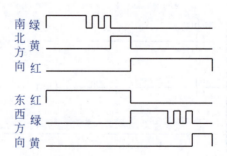

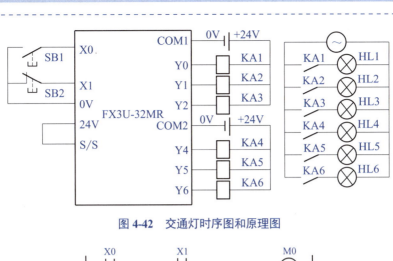

图 4-42 交通灯时序图和原理图

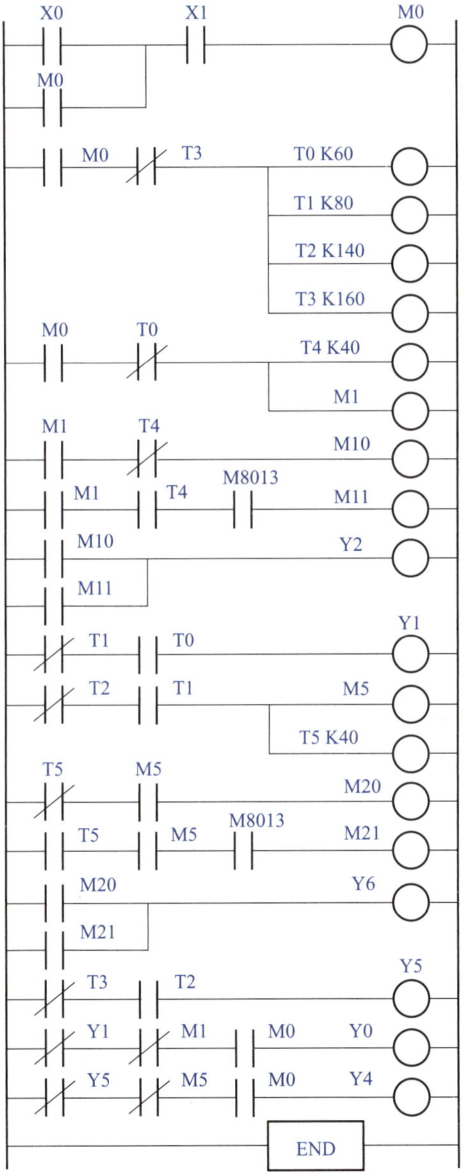

图 4-43 交通灯梯形图

【例 4-19】 编写一段程序，实现分脉冲功能。

【解】 先用定时器产生秒脉冲，再用 30 个秒脉冲作为高电平，30 个脉冲作为低电平，梯形图如图 4-44 所示。

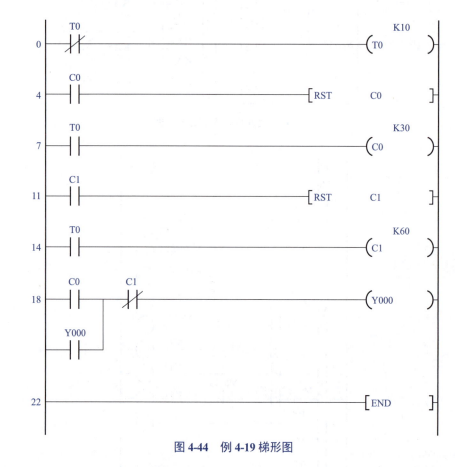

图 4-44　例 4-19 梯形图

4.3.3　取代特殊继电器的梯形图

特殊继电器如 M8000、M8002 等在编写程序时非常有用，那么如果有的 PLC 没有特殊继电器，将怎样编写程序呢？以下介绍几个例子，可以取代几个常用的特殊继电器。

基本指令应用——
取代特殊继电器

（1）取代 M8002 的例子

【例 4-20】 编写一段程序，实现上电后 M0 清零，但不能使用 M8002。

【解】 梯形图如图 4-45 所示。首次扫描时，M10 的常闭触点接通，M0 清零，之后 M10 线圈得电自锁，第二个扫描周期后，M10 的常闭触点断开。

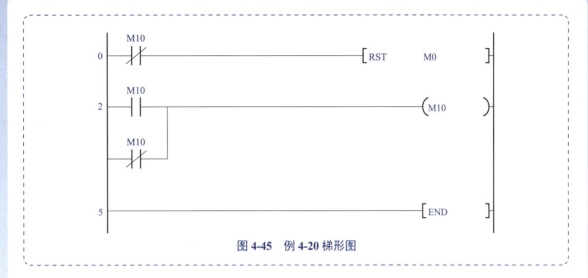

图 4-45　例 4-20 梯形图

(2) 取代 M8000 的例子

【例 4-21】　编写一段程序，实现上电后一直使 M0 清零，但不能使用 M8000。

【解】　梯形图如图 4-46 所示。首次扫描时，M10 的常闭触点接通，M10 线圈得电自锁，此后，M10 的常开触点一直闭合，M0 清零。

图 4-46　例 4-21 梯形图

(3) 取代 M8013 的例子

【例 4-22】　编写一段程序，实现上电后，使 Y000 以 1s 为周期闪烁，但不能使用 M8013。

【解】　梯形图如图 4-47 所示。X000 闭合，M0 线圈得电自锁，定时器 T0 开始定时，Y000 得电，灯亮，0.5s 后，T1 定时器得电，0.5s 后，T1 常闭触点断开→T0、T1、Y000 的线圈都断电，灯灭→T1 常闭触点断开→第二个循环开始。注意原理图中 X001 对应的按钮接常闭触点，对应梯形图中 X001 为常开触点。

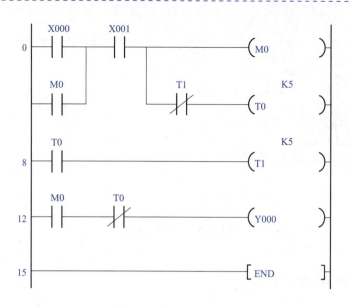

图 4-47 例 4-22 梯形图

4.3.4 电动机的控制

【例 4-23】 设计两地控制电动机的启停的梯形图和原理图。
【解】 （1）方法 1
最容易想到的原理图和梯形图如图 4-48 和 4-49 所示。但这种解法是正确的解法，但不是最优方案，因为这种解法占用了较多的 I/O 点。注意原理图中停止按钮 SB3 和 SB4 接常闭触点，对应梯形图中 X002、X003 为常开触点。

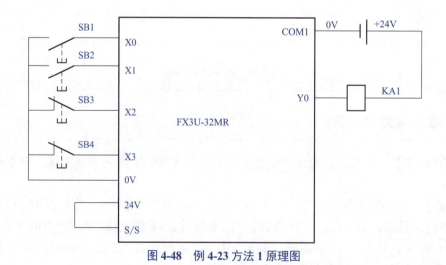

图 4-48 例 4-23 方法 1 原理图

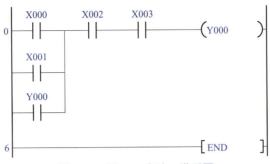

图 4-49 例 4-23 方法 1 梯形图

（2）方法 2

梯形图如图 4-50 所示。

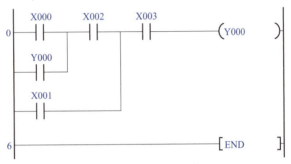

图 4-50 例 4-23 方法 2 梯形图

（3）方法 3

优化后的方案的原理图如图 4-51 所示，梯形图如图 4-52 所示。可见节省了 2 个输入点，但功能完全相同。

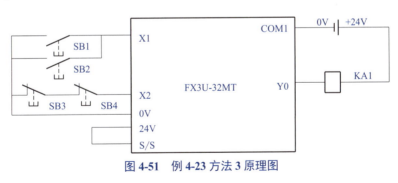

图 4-51 例 4-23 方法 3 原理图

图 4-52 例 4-23 方法 3 梯形图

【例 4-24】 电动机的正反转控制，要求设计梯形图和原理图。

【解】

输入点：正转—X0，反转—X1，停止—X2。

输出点：正转—Y0，反转—Y1。

原理图如图 4-53 所示，梯形图如图 4-54 所示，梯形图中虽然有 Y0 和 Y1 常闭触点互锁，但由于 PLC 的扫描速度极快，Y0 的断开和 Y1 的接通几乎是同时发生的，若 PLC 的外围电路无互锁触点，就会使正转接触器断开，其触点间电弧未灭时，反转接触器已经接通，可能导致电源瞬时短路。为了避免这种情况的发生，外部电路需要互锁，图 4-53 用 KM1 和 KM2 实现这一功能。注意原理图中停止按钮 SB3 接常闭触点，对应梯形图中 X2 为常开触点。

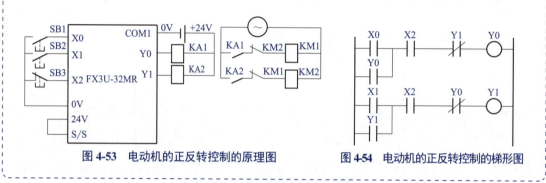

图 4-53 电动机的正反转控制的原理图　　图 4-54 电动机的正反转控制的梯形图

【例 4-25】 编写电动机的启动优先的控制程序。

【解】 X000 对应的启动按钮接常开触点，X001 对应停止按钮接常闭触点。启动优先于停止的程序如图 4-55 所示。优化后的程序如图 4-56 所示。

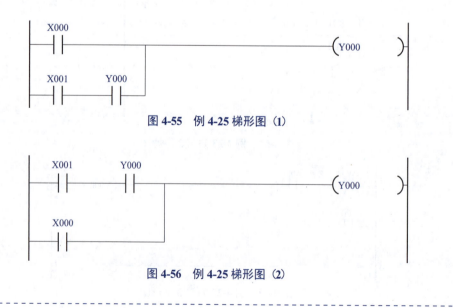

图 4-55 例 4-25 梯形图（1）

图 4-56 例 4-25 梯形图（2）

【例 4-26】 编写程序,实现电动机的启/停控制和点动控制,要求设计出梯形图和原理图。

【解】

输入点:启动—X1,停止—X2,点动—X3,手自转换—X4。

输出点:正转—Y0。

原理图如图 4-57 所示,梯形图如图 4-58 所示,这种编程方法在工程实践中非常常用。注意原理图中停止按钮 SB2 接常闭触点,对应梯形图中 X002 为常开触点。手动和自动模式不能同时进行。

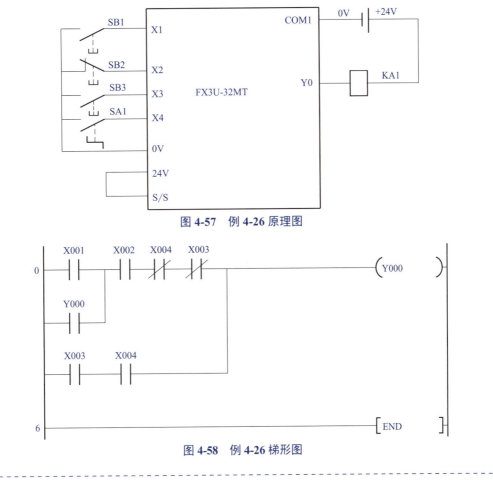

图 4-57 例 4-26 原理图

图 4-58 例 4-26 梯形图

最后用一个例子,展示一个完整的三菱 PLC 应用过程。

【例 4-27】 编写三相异步电动机的 Y-△(星-三角)启动控制程序。

【解】 为了让读者对用 FX3 系列 PLC 的工程有一个完整的了解,本例比较详细地描述整个控制过程。

(1) 软硬件的配置

① 1 套 GX Works2；

② 1 台 FX3U-32MR；

③ 1 根编程电缆；

④ 电动机、接触器和继电器等。

(2) 硬件接线

电动机 Y- △降压启动原理图如图 4-59 所示。FX3U-32MR 虽然是继电器输出形式，但 PLC 要控制接触器，应加一级中间继电器。

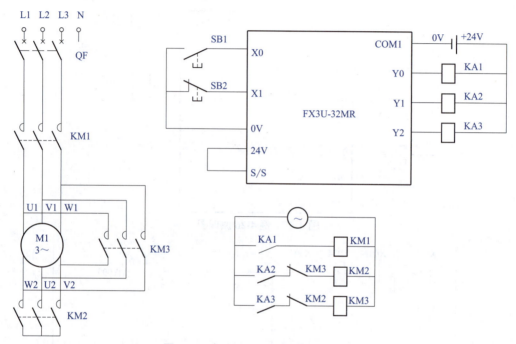

图 4-59　电动机 Y- △降压启动原理图

关键点　停止和急停按钮一般使用常闭触点，若使用常开触点，单从逻辑上是可行的，但在某些极端情况下，当接线意外断开时，急停按钮是不能起停机作用的，容易发生事故。这一点请读者务必注意。

(3) 编写程序

① 新建工程　先打开 GX Works 编程软件，如图 4-60 所示。单击"工程"→"新建"菜单，如图 4-61 所示，弹出"新建"对话框，如图 4-62 所示，在系列中选择所选用的 PLC 系列，本例为"FXCPU"；机型中输入具体类型，本例为"FX3U/ FX3UC"；工程类型选择"简单工程"；程序语言选择"梯形图"，单击"确定"按钮，完成创建一个新的工程。

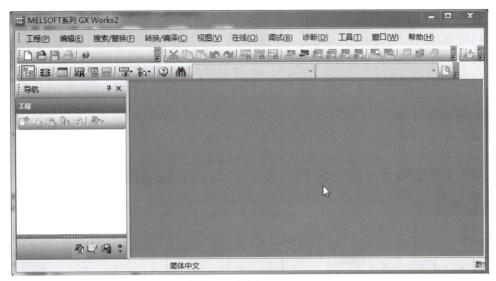

图 4-60 打开 GX Works

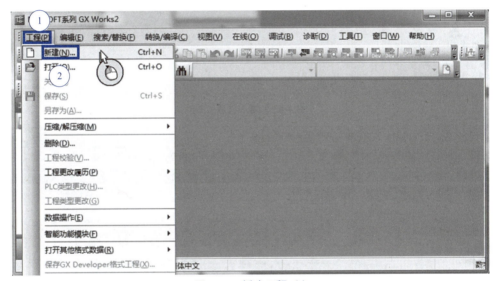

图 4-61 新建工程（1）

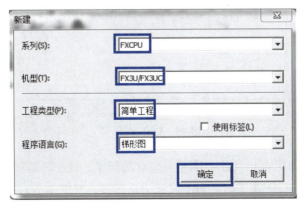

图 4-62 新建工程（2）

② 输入梯形图　如图 4-63 所示，将光标移到"①"处，单击工具栏中的常开触点按钮（或者单击功能键 F5），弹出"梯形图输入"，在中间输入"X0"，单击"确定"按钮。如图 4-64 所示，将光标移到"①"处，单击工具栏中的线圈按钮（或者单击功能键 F7），弹出"梯形图输入"，在中间输入"y0"，单击"确定"按钮，梯形图输入完成。

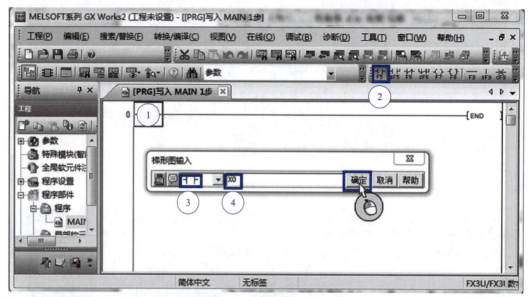

图 4-63　输入程序（1）

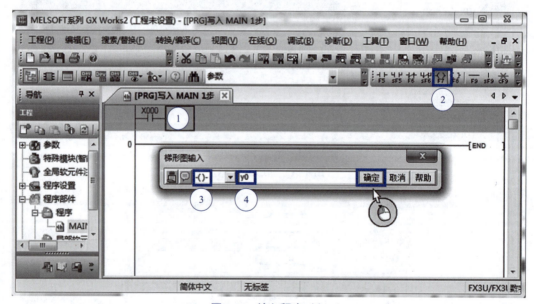

图 4-64　输入程序（2）

③ 程序转换　如图 4-65 所示，刚输入完成的程序，程序区是灰色的，是不能下载到 PLC 中去的，必须进行转换。如果程序没有语法错误，只要单击转换按钮，即可完成转换，转换成功后，程序区变成白色，如图 4-66 所示。

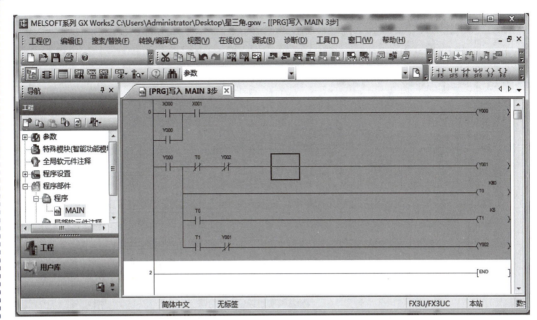

图 4-65 程序转换

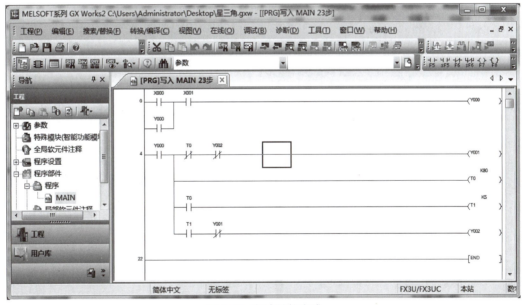

图 4-66 程序转换完成

④ 下载程序 先单击工具栏中的"PLC 写入"按钮，弹出如图 4-67 所示的界面，单击"全选"按钮，选择下载所有的选项，单击"执行"按钮，弹出是否停止 PLC 运行界面，如图 4-68 所示，单击"是"按钮，PLC 停止运行；程序、参数开始向 PLC 中下载，下载过程如图 4-69 所示；当下载完成后，弹出如图 4-70 所示的界面，最后单击"是"按钮，运行 PLC。

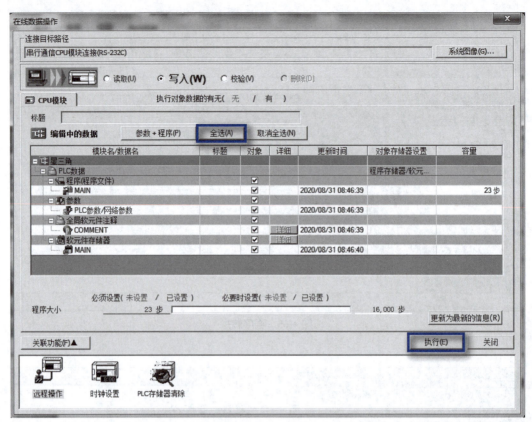

图 4-67 PLC 写入

图 4-68 是否停止 PLC 运行

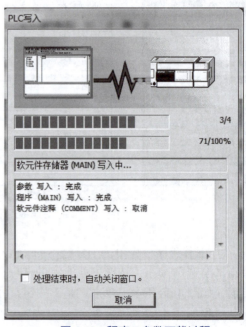

图 4-69 程序、参数下载过程

图 4-70　程序、参数下载过程

⑤ 监视　单击工具栏中的"监视"按钮，如图 4-71 所示，界面可监视 PLC 的软元件和参数。当外部的常开触点"X000"闭合时，GX Works2 编程软件界面中的"X000"闭合，随后产生一系列动作都可以在 GX Works2 编程软件界面中监控到。

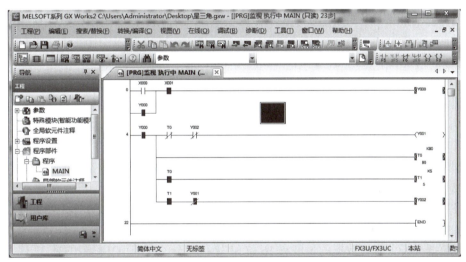

图 4-71　监视

梯形图如图 4-72 所示。

```
       X000    X001                                          (Y000)
    0──┤├──────┤├──────────────────────────────────────────(    )─
       │Y000
       ├──┤├──┤
       Y000    T0      Y002                                  (Y001)
    4──┤├──────┤/├─────┤/├────────────────────────────────(    )─
                                                             K80
                                                            (T0  )
                        T0                                   K5
                       ─┤├─────────────────────────────────(T1  )
                        T1      Y001                         
                       ─┤├──────┤/├────────────────────────(Y002)
   22────────────────────────────────────────────────────[END   ]
```

图 4-72　电动机 Y-△降压启动梯形图

4.4 功能指令

功能指令主要可分为传送指令与比较指令、程序流指令、四则逻辑运算指令、循环指令、数据处理指令、高速处理指令、方便指令、浮点数运算指令、定位指令、触点比较、外部设备 I/O 指令和外部设备 SER 指令等。本章仅介绍常用的功能指令，其余可以参考三菱公司的应用指令说明书。

4.4.1 功能指令的格式

（1）指令与操作数

FX3 系列 PLC 的功能指令为 FNC0～FNC299（不同型号，数量不同），每条功能指令应该用助记符或功能编号（FNC No.）表示，有些助记符后有 1～4 个操作数，这些操作数的形式如下。

① 位元件 X、Y、M 和 S，它们只处理 ON/OFF 状态。
② 常数 T、C、D、V、Z，它们可以处理数字数据。
③ 常数 K、H 或指针 P。
④ 由位软元件 X、Y、M 和 S 的位指定组成的字软元件。
K1X000：表示 X000～X004 的 4 位数，X000 是最低位。
K4M10：表示 M10～M25 的 16 位数，M10 是最低位。
K8M100：表示 M100～M131 的 32 位数，M100 是最低位。
⑤ [S] 表示源操作数，[D] 表示目标操作数，若使用变址功能，则用 [S·] 和 [D·] 表示。

（2）数据的长度和指令执行方式

处理数据类指令时，数据的长度有 16 位和 32 位之分，带有 [D] 标号的是 32 位，否则为 16 位数据。但高速计数器 C235～C254 本身就是 32 位的，因此不能使用 16 位指令操作数。有的指令要脉冲驱动获得，其操作符后要有 [P] 标记，如图 4-73 所示。

图 4-73　数据的长度和指令执行方式举例

（3）变址寄存器的处理

V 和 Z 都是 16 位寄存器，变址寄存器在传送、比较中用来修改操作对象的元件号。变址寄存器的应用如图 4-74 所示。

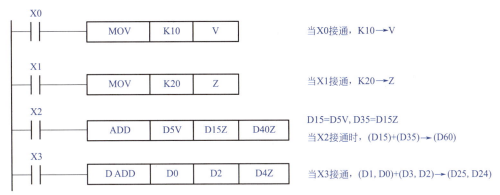

图 4-74 变址寄存器的应用

4.4.2 传送指令

(1) 传送指令 (MOV)

传送指令的功能是把传送源 [S·] 中的数据传送（复制）到目标软元件 [D·] 中，传送源中的数据不变。传送指令（MOV）格式如图 4-75 所示，其对象软元件及含义见表 4-12。

图 4-75 传送指令的格式

表 4-12 传送指令（MOV）的对象软元件及含义

助记符/功能编码	[S·]	[D·]
MOV / FNC12	KnX、KnY、KnM、KnS、T、C、D、V、Z、R、U□\G□、K、H	KnY、KnM、KnS、T、C、D、V、Z、R、U□\G□
	传送源的数据，或保存数据的软元件编号	传送目标的软元件编号

用一个例子说明传送指令的使用方法，如图 4-76 所示，当 X0 闭合后，将源操作数 K10 传送到目标元件 D10 中，一旦执行传送指令，即使 X0 断开，D10 中的数据仍然不变，有的资料称这个指令是复制指令。

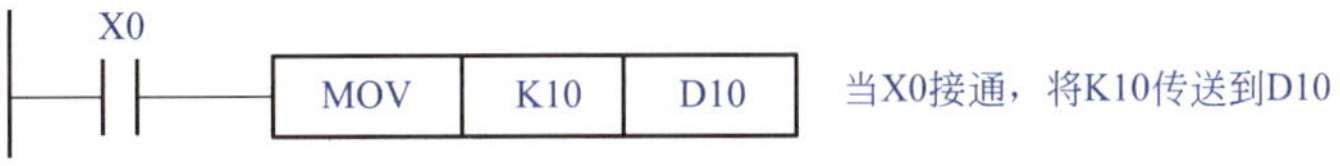

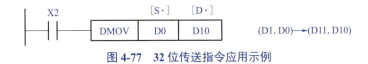

图 4-76 传送指令应用示例

以上介绍的是 16 位数据传送指令，还有 32 位数据传送指令 DMOV，格式与 16 位传送指令类似，以下用一个例子说明其应用。如图 4-77 所示，当 X2 闭合，源数据 D1 和 D0 分别传送到目标地址 D11 和 D10 中去。

图 4-77 32 位传送指令应用示例

【例 4-28】 将如图 4-78 所示的梯形图简化成一条指令的梯形图。

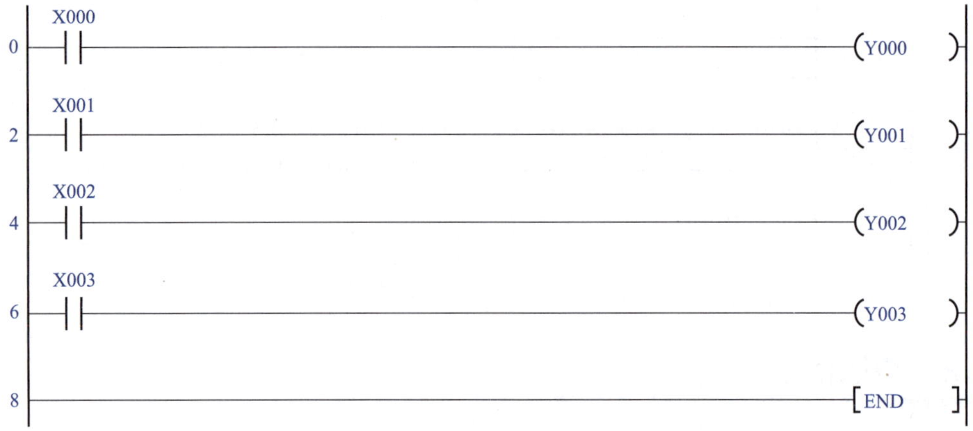

0
X000
Y000
2
X001
Y001
4
X002
Y002
6
X003
Y003
8
END

图 4-78 例 4-28 梯形图（1）

【解】 简化后的梯形图如图 4-79 所示，其执行效果完全相同。

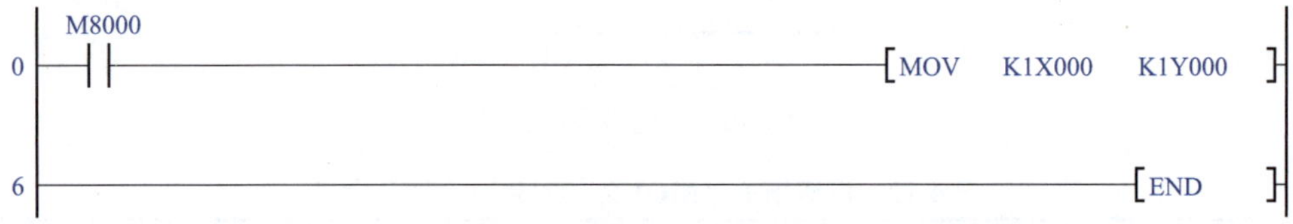

0
M8000
MOV K1X000 K1Y000
6
END

图 4-79 例 4-28 梯形图（2）

（2）块传送指令（BMOV）

块传送指令（BMOV）是把从传送源 [S·] 指定的元件开始的 n 个数组成的数据块批量传送（复制）到目标指定的软元件 [D·] 为开始的 n 个软元件中，实际上是批量传送（复制）。块传送指令（BMOV）的对象软元件及含义见表 4-13。

表 4-13 块传送指令（BMOV）的对象软元件及含义

助记符 / 功能编码	[S·]	[D·]	n
BMOV /FNC15	KnX、KnY、KnM、KnS、T、C、D、V、Z、R、U□\G□	KnY、KnM、KnS、T、C、D、V、Z、R、U□\G□	K、H
	传送源的数据，或保存数据的起始软元件编号	传送目标的起始软元件编号	传送点数，n≤512

用一个例子来说明块传送指令的应用，如图 4-80 所示，当 X2 闭合执行块传送指令后，D0 开始的 3 个数（即 D0、D1、D2），分别传送到 D10 开始的 3 个数（即 D10、D11、D12）中去。

X2
[S·]
[D·]
n
BMOV
D0
D10
K3
(D0)→(D10)
(D1)→(D11)
(D2)→(D12)

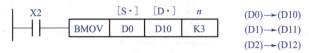

图 4-80 块传送指令应用示例

(3) 多点传送指令（FMOV）

多点传送指令（FMOV）是将传送源 [S·] 中的数据传送（复制）到指定目标软元件 [D·] 开始的 n 个目标单元中，这 n 个目标单元中的数据完全相同。此指令用于初始化时清零较方便。多点传送指令（FMOV）的对象软元件及含义见表 4-14。

表 4-14 多点传送指令（FMOV）的对象软元件及含义

助记符/功能编码	[S·]	[D·]	n
FMOV/FNC16	KnX、KnY、KnM、KnS、T、C、D、V、Z、R、U□\G□	KnY、KnM、KnS、T、C、D、V、Z、R、U□\G□	K、H
	传送源的数据，或保存数据的软元件编号	传送目标的起始软元件编号	传送点数，n≤512

用一个例子来说明多点传送指令的应用，如图 4-81 所示，当 X2 闭合执行多点传送指令后，K0 传送到 D10 开始的 3 个数（D10、D11、D12）中，D10、D11、D12 中的数为 K0，当然就相等。

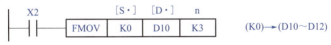

图 4-81 多点传送指令应用示例

(4) BCD 与 BIN 指令

BCD 指令的功能是将转换源 [S·] 中的二进制数转换成 BCD 数据，并传送到目标软元件中 [D·] 中。转换成的 BCD 码可以驱动 7 段码显示。BCD 指令的格式如图 4-82 所示。

BIN 的功能是将转换源 [S·] 中的 BCD 码转换成二进制数数据，送到目标软元件中 [D·] 中。BCD 与 BIN 指令的对象软元件及含义见表 4-15。

表 4-15 BCD 与 BIN 指令的对象软元件及含义

助记符/功能编码	[S·]	[D·]
BCD/FNC18	KnX、KnY、KnM、KnS、T、C、D、V、Z、R、U□\G□	KnY、KnM、KnS、T、C、D、V、Z、R、U□\G□
	保存转换源（二进制数）数据的软元件编号	转换目标（十进制数）的软元件编号
BIN/FNC19	KnX、KnY、KnM、KnS、T、C、D、V、Z、R、U□\G□	KnY、KnM、KnS、T、C、D、V、Z、R、U□\G□
	保存转换源（十进制数）数据的软元件编号	转换目标（二进制数）的软元件编号

BCD 与 BIN 指令应用示例如图 4-83 所示。当 X0 闭合执行 BCD 指令，假设 D10= K11，转换成 BCD 后变为 H11（2^4+2^0=K17），点亮 Y4 和 Y0。当 X10 闭合执行 BIN 指令，假设 X0 和 X4 闭合（即 2^0+2^4=K17=H11），转换成 BIN 后变为 D13=K11。注意要理解这两条指令，必须先弄清 BCD 码的转换，请读者参考第 1 章内容。

图 4-82 BCD 指令的格式

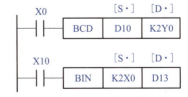

图 4-83 BCD 与 BIN 指令的应用示例

4.4.3 四则运算

(1) 加法/减法运算指令

加法运算指令的功能是将 [S1·] 和 [S2·] 的内容进行二进制加法运算后,结果传送到目标软元件 [D·] 中。其指令格式如图 4-84 所示。

加法运算和减法运算指令(ADD、SUB)对象软元件及含义见表 4-16。

表 4-16 加法运算和减法运算指令(ADD、SUB)对象软元件及含义

助记符/功能编码	[S1·]	[S2·]	[D·]
ADD/FNC20	KnX、KnY、KnM、KnS、T、C、D、V、Z、R、U□\G□、K、H	KnX、KnY、KnM、KnS、T、C、D、V、Z、R、U□\G□、K、H	KnY、KnM、KnS、T、C、D、V、Z、R、U□\G□
	被加数	加数	和,[D·]=[S1·]+[S2·]
SUB/FNC21	KnX、KnY、KnM、KnS、T、C、D、V、Z、R、U□\G□、K、H	KnX、KnY、KnM、KnS、T、C、D、V、Z、R、U□\G□、K、H	D、U□\G□、R
	被减数	减数	差,[D·]=[S1·]−[S2·]

减法运算指令与加法运算指令类似,仅用例子说明,如图 4-85 所示,当 X1 接通将 D5 与 D15 的内容相加结果送入 D40 中。

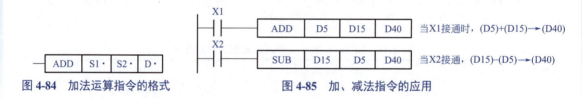

图 4-84 加法运算指令的格式　　图 4-85 加、减法指令的应用

ADDP 的使用与 ADD 类似,为脉冲加法,用一个例子说明其使用方法,如图 4-86(a)所示,当 X2 从 OFF 到 ON,执行一次加法运算,此后即使 X2 一直闭合也不执行加法运算。图 4-86(a)和图 4-86(b)等价。

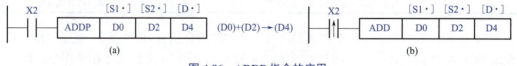

图 4-86 ADDP 指令的应用

32 位加法运算的使用方法,用一个例子进行说明,如图 4-87 所示,当 X2 接通将(D1,D0)与(D3,D2)的内容相加,结果送入(D5,D4)中。

图 4-87 DADD 指令的应用

(2) 加 1 指令 / 减 1 指令

加 1 指令的功能代码是 FNC24，减 1 指令的功能代码是 FNC25，其功能是使目标软元件 [D.]（保存被加（减）1 数据的软元件编号，指令的操作数可为 KnY、KnM、KnS、T、C、D、V、Z、R、U □ \G □）中的内容加（减）1，其指令格式如图 4-88 所示。

加、减 1 指令的应用如图 4-89 所示，每次 X0 接通产生一个 M0 接通的脉冲，从而使 D10 的内容加 1，同时 D12 的内容减 1。加（减）1 指令可以用加（减）法指令代替。有的 PLC 没有此指令。

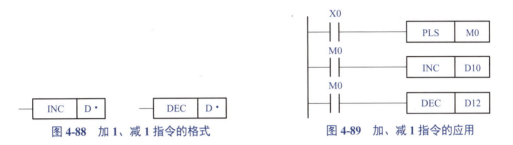

INC
D·
DEC
D·

图 4-88　加 1、减 1 指令的格式

X0
PLS
M0
M0
INC
D10
M0
DEC
D12

图 4-89　加、减 1 指令的应用

【例 4-29】　有一个电炉，加热功率有 1000W、2000W 和 3000W 三个挡，电炉有 1000W 和 2000W 两种电加热丝。要求用一个按钮选择三个加热挡，当按一次按钮时，1000W 电阻丝加热，即第一挡；当按两次按钮时，2000W 电阻丝加热，即第二挡；当按三次按钮时，1000W 和 2000W 电阻丝同时加热，即第三挡；当按四次按钮时停止加热，请编写程序。

【解】　梯形图如图 4-90 所示。当 X000 闭合 1 次时，D0.0=1，所以 Y000=1 即第一挡；当 X000 闭合 2 次时，D0.1=1，所以 Y001=1 即第二挡；当 X000 闭合 3 次时，D0.0 和 D0.1 都为 1，所以 Y000 和 Y001 为 1 即第三挡；当 X000 闭合 4 次时，D0=4，停止加热。此题的 INCP D0 换成 ADDP D0 K1，梯形图也是正确的。

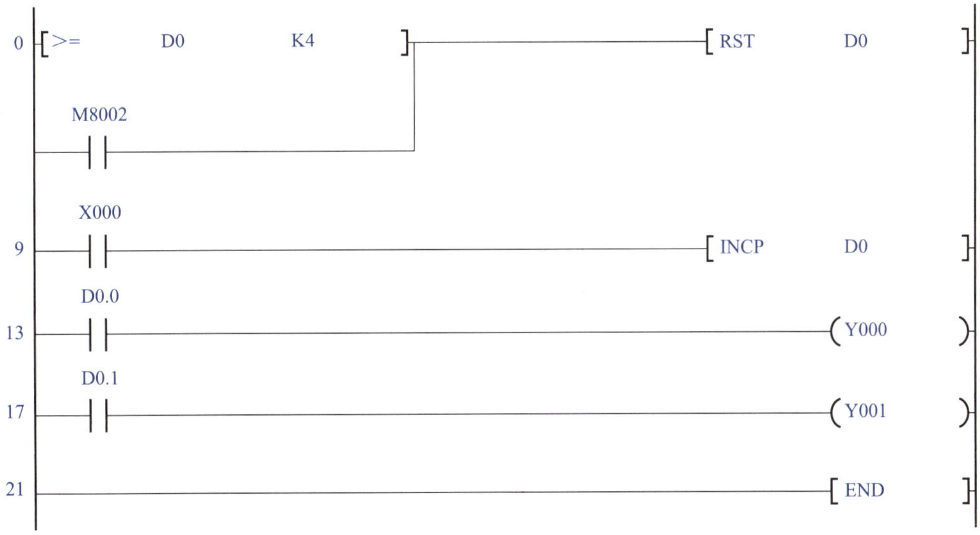

0
>=
D0
K4
RST
D0
M8002
X000
9
INCP
D0
D0.0
13
Y000
D0.1
17
Y001
21
END

图 4-90　例 4-29 梯形图

(3) 乘法和除法指令（MUL、DIV）

① 乘法指令　乘法指令是将 [S1．] 和 [S2．] 的内容进行二进制乘法运算后，结果传送到 [D．+1，D．] 的 32 位（双字）中。如果是 32 位的乘法，乘积是 64 位，数据的最高位是符号位。乘法运算指令（MUL）对象软元件及含义见表 4-17。

表 4-17　乘法运算指令（MUL）对象软元件及含义

助记符/功能编码	[S1·]	[S2·]	[D·]
FNC22/MUL	KnX、KnY、KnM、KnS、T、C、D、V、Z、R、U□\G□、K、H	KnX、KnY、KnM、KnS、T、C、D、V、Z、R、U□\G□、K、H	KnY、KnM、KnS、T、C、D、V、Z、R、U□\G□
	被乘数	乘数	积，[D·]=[S1·]×[S2·]

用两个例子说明讲解乘法指令的应用方法。如图 4-91 所示，是 16 位乘法，若 D0=2、D2=3，执行乘法指令后，乘积为 32 位占用 D5 和 D4，结果是 6。如图 4-92 所示，是 32 位乘法，若（D1，D0）=2、（D3，D2）=3，执行乘法指令后，乘积为 64 位占用 D7、D6、D5 和 D4，结果是 6。

图 4-91　16 位乘法指令的应用示例

图 4-92　32 位乘法指令的应用示例

② 除法指令　除法也有 16 位和 32 位除法，得到商和余数。[S1·] 的内容作为被除数，[S2·] 的内容作为除数，商传送到 [D·] 中，余数传到 [D·+1] 中。如果是 16 位除法，商和余数都是 16 位，商在低位，而余数在高位。

除法运算指令（DIV）对象软元件及含义见表 4-18。

表 4-18　除法运算指令（DIV）对象软元件及含义

助记符/功能编码	[S1·]	[S2·]	[D·]
FNC23/DIV	KnX、KnY、KnM、KnS、T、C、D、V、Z、R、U□\G□、K、H	KnX、KnY、KnM、KnS、T、C、D、V、Z、R、U□\G□、K、H	KnY、KnM、KnS、T、C、D、V、Z、R、U□\G□
	被除数	除数	商，[D·]=[S1·]/[S2·]

用两个例子说明讲解除法指令的应用方法。如图 4-93 所示，是 16 位除法，若 D0=7、D2=3，执行除法指令后，商为 2，在 D4 中，余数为 1，在 D5 中。如图 4-94 所示，是 32 位除法，若（D1，D0）=7、（D3，D2）=3，执行除法指令后，商为 32 位在（D5、D4），余数为 1，在（D7，D6）中。

图 4-93 16 位除法指令的应用示例

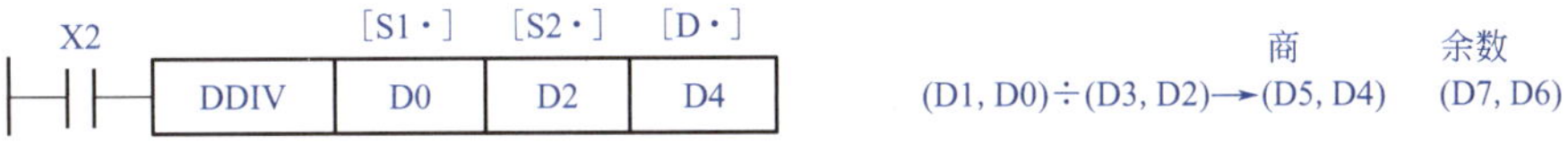

图 4-94 32 位除法指令的应用示例

(4) 字逻辑运算指令（WAND、WOR、WXOR）

字逻辑运算指令（WAND、WOR、WXOR）是以位为单位作相应运算的指令，其逻辑运算关系见表 4-19。

表 4-19 字逻辑运算关系

与（WAND）			或（WOR）			异或（WXOR）		
C=A·B			C=A+B			C=A⊕B		
A	B	C	A	B	C	A	B	C
0	0	0	0	0	0	0	0	0
0	1	0	0	1	1	0	1	1
1	0	0	1	0	1	1	0	1
1	1	1	1	1	1	1	1	0

① 与（WAND）指令　用一个例子解释逻辑字与指令的使用方法，如图 4-95 所示，若 D0=B0000，0000，0000，0101、D2=B0000，0000，0000，0100，D0 与 D2 对应的每个二进制位进行逻辑与运算（本例中 D0.0 和 D2.0 与运算逻辑结果为 0，D0.2 和 D2.2 与运算结果为 1，其余的 D0 和 D2 对应位与运算结果为 0），结果为 B0000，0000，0000，0100（即 4），送入 D4 中。

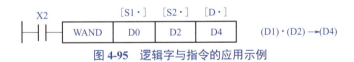

图 4-95 逻辑字与指令的应用示例

② 或（WOR）指令　用一个例子解释逻辑字或指令的使用方法，如图 4-96 所示，若 D0=B0000，0000，0000，0101、D2=B0000，0000，0000，0100，D0 和 D2 对应的每个二进制位进行逻辑或运算（本例中 D0.0 和 D2.0 或运算结果为 1，D0.1 和 D2.1 或运算结果为 0，D0.2 和 D2.2 或运算结果为 1，其余的 D0 和 D2 对应位或运算结果为 0），结果为 B0000，0000，0000，0101（即 5），送入 D4 中。

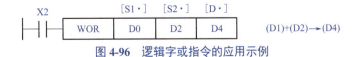

图 4-96 逻辑字或指令的应用示例

③ 异或（WXOR）指令　用一个例子解释逻辑字异或指令的使用方法，如图 4-97 所示，若 D0=B0000，0000，0000，0101、D2=B0000，0000，0000，0100，D0 和 D2 对应的每个二进制位进行逻辑异或运算（本例中 D0.0 和 D2.0 异或运算结果为 1，D0.1 和 D2.1 异或运算结果为 0，D0.2 和 D2.2 异或运算结果为 0，其余的 D0 和 D2 对应位异或运算结果为 0），结果为 B0000，0000，0000，0001（即 1）。

图 4-97　逻辑字异或指令的应用示例

4.4.4　移位和循环指令

（1）左移位和右移位指令（SFTL、SFTR）

左移位指令的功能是将以 [D·] 为起始的 n1 位（移位寄存器的长度）数据，左移 n2 位。移位后，将 [S1·] 开始的 n2 位数据传送到从 [D·] 开始的 n2 位中。左移位指令（SFTL）对象软元件及含义见表 4-20。

表 4-20　左移位指令（SFTL）对象软元件及含义

助记符 / 功能编码	[S·]	[D·]	[n1]	[n2]
FNC35/ SFTL	X、Y、M、S 和 D.b	Y、M、S	K、H	K、H
	左移的起始位软元件编号	左移后在移位数据中保存的起始位软元件编号	移位数据的位数据长度	左移的位点数，n2 ≤ n1 ≤ 1024

一般驱动输入为沿脉冲。若连续执行移位指令，则在每个运算周期都要移位 1 次，其指令格式如图 4-98 所示。左移位指令的应用如图 4-99 所示，当 X6（注意使用上升沿）接通后，M15～M12 移出，M11～M8 的内容送入 M15～M12，M7～M4 的内容送入 M11～M8，M3～M0 的内容送入 M7～M4，X3～X0 的内容送入 M3～M0。其功能示意图如图 4-100 所示。

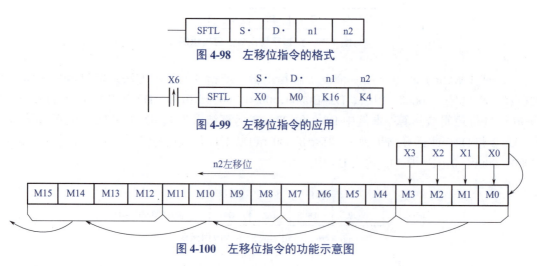

图 4-98　左移位指令的格式

图 4-99　左移位指令的应用

图 4-100　左移位指令的功能示意图

右移位指令除了移动方向与左移位指令相反外，其他的使用规则与左移位指令相同。

(2) 循环左移和循环右移指令（ROL、ROR）

循环左移指令 ROL 和左移位指令 SFTL 类似，只不过 SFTL 高位数据会溢出，而循环左移指令则不会。用一个例子说明 ROL 的使用方法，如图 4-101 所示，当 X2 闭合一次，D0 中的数据向左移动 4 位，最高 4 位移到最低 4 位。

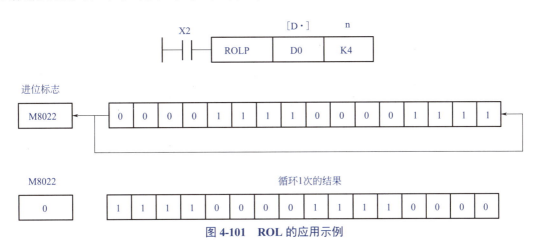

图 4-101 ROL 的应用示例

4.4.5 数据处理指令

数据处理指令（FNC40 ~ FNC49、FNC147）用于处理复杂数据或作为满足特殊功能的指令。

(1) 区间复位指令（ZRST）

区间复位指令（ZRST）的功能是使 [D1·] 到 [D2·] 区间的元件复位，[D1·] 到 [D2·] 指定的应该是同类元件，一般 [D1·] 的软元件号小于 [D2·] 的软元件号，若 [D1·] 的软元件号大于 [D2·] 的软元件号，则只对 [D1·] 复位。区间复位指令（ZRST）对象软元件及含义见表 4-21。

表 4-21 区间复位指令（ZRST）对象软元件及含义

助记符 / 功能编码	[D1·]	[D2·]
FNC40/ZRST	Y、M、S、T、C、D（D1 ≤ D2）、R、U □ \G □	Y、M、S、T、C、D（D1 ≤ D2）、R、U □ \G □
	成批复位的最前端的位 / 字软元件编号	成批复位的末尾的位 / 字软元件编号

用一个例子解释区间复位指令（ZRST）的使用方法，如图 4-102 所示，PLC 上电后，将 M0 ~ M10 共 11 点继电器整体复位。

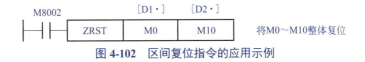

图 4-102 区间复位指令的应用示例

（2）译码和编码指令（DECO、ENCO）

① 译码指令（DECO）　译码指令也称为解码指令，把 [S·] 的值相对应的 [D·] ～ [D·]+2^n-1 中的 1 个位置 ON。译码（DECO）指令对象软元件及含义见表 4-22。

表 4-22　译码指令（DECO）对象软元件及含义

助记符/功能编码	[S·]	[D·]	n
FNC41/DECO	K、H、X、Y、M、S、T、C、D、V、Z、R、U□\G□	Y、M、S、T、C、D、R、U□\G□	K、H n 为 1~8
	保存要译码的数据，或是数据的字软元件编号	保存译码结果的位/字软元件编号	保存译码结果的软元件的位点数

用一个例子解释译码指令的使用方法，如图 4-103 所示，源操作数（X2，X1，X0）有 3 个位点，X0 和 X1 置位，即 1+2=3，从 M0 开始的第 3 个软元件置位，即 M3 置位，注意 M0 是第 0 个元件。

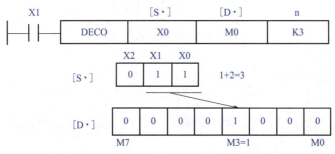

图 4-103　译码指令的应用示例

【例 4-30】　当压下按钮 SB1 第 1 次，电动机正转，按第 2 次电动机停转，按第 3 次电动机反转，按第 4 次电动机停转，如此循环，要求设计梯形图程序。

【解】　原理图如图 4-104 所示，梯形图如图 4-105 所示，本例用解码指令编写。当压下 SB1 按钮 1 次，M0 为 1，电动机正转，Z0 为 1；压 SB1 按钮 2 次，M1 为 1，电动机停转，Z0 为 1；压 SB1 按钮 3 次，M2 为 1，电动机反转，Z0 为 3；压 SB1 按钮 4 次，M3 为 1，电动机停转，Z0 为 4。注意原理图中 X001 对应的按钮接常闭触点，对应梯形图中 X001 为常闭触点。

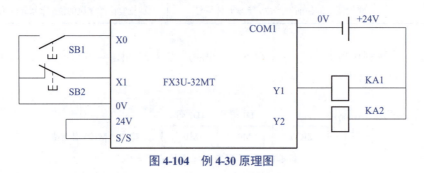

图 4-104　例 4-30 原理图

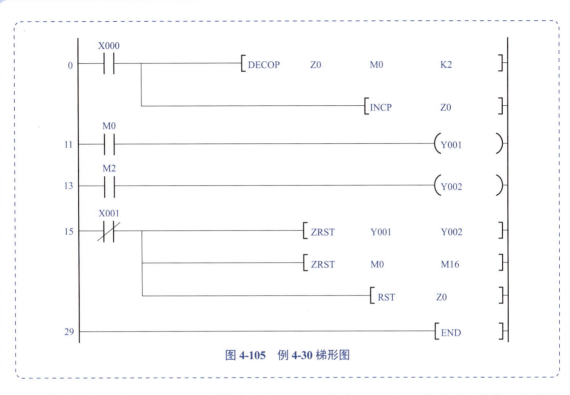

图 4-105 例 4-30 梯形图

② 编码指令（ENCO）　编码指令是在 [D·] 中保存 [S·] 的 2^n 位编码后的值。编码就是将 ON 位的位置转换成 BIN 数据。编码指令（ENCO）对象软元件及含义见表 4-23。

表 4-23　编码指令（ENCO）对象软元件及含义

助记符/功能编码	[S·]	[D·]	n
FNC42/ENCO	X、Y、M、S、T、C、D、V、Z、R、U□\G□	T、C、D、V、Z、R、U□\G□	K、H n 为 1~8
	保存要编码的数据，或是数据的字软元件编号	保存编码结果的位/字软元件编号	保存编码结果的软元件的位点数

用一个例子解释编码指令的使用方法，如图 4-106 所示，当源操作数的第三位为 1（从第 0 位算起），经过编码后，将 3 存放在 D0 中，所以 D0 的最低两位（即 D0.0 和 D0.1）都为 1，即为 3。

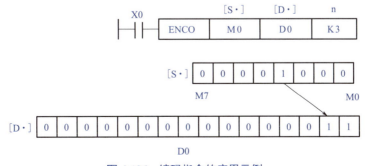

图 4-106　编码指令的应用示例

【例 4-31】 电梯共有 8 层，1～8 层对应的接近开关是 X0～X7，当轿厢运行到该层时，要求显示该层的层数，编写程序实现此功能。

【解】 梯形图如图 4-107 所示。X0 对应楼层 1，X0 编码后为 0，加 1 后为 1，即第 1 层；X1 对应楼层 2，X1 编码后为 1，加 1 后为 2，即第 2 层。其他的楼层类似。

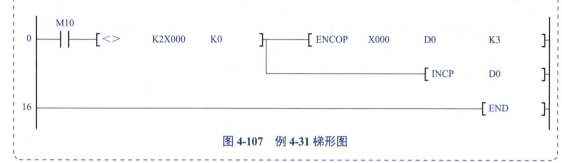

图 4-107　例 4-31 梯形图

(3) 7 段解码指令（SEGD）

7 段解码指令（SEGD）数码译码后，点亮 7 段数码管（1 位数）的指令。具体为将源地址 S 的低 4 位（1 位数）的 0～F（十六进制数）译码成 7 段码显示用的数据，并保存到目标地址 D 的低 8 位中。7 段码译码对应关系见表 4-24。h 是小数点，不参与译码。

表 4-24　7 段码译码对应关系

十六进制数	S·				7 段码构成	D·							显示数据
	b3	b2	b1	b0		g	f	e	d	c	b	a	
0	0	0	0	0		0	1	1	1	1	1	1	0
1	0	0	0	1		0	0	0	0	1	1	0	1
2	0	0	1	0		1	0	1	1	0	1	1	2
3	0	0	1	1		1	0	0	1	1	1	1	3
4	0	1	0	0		1	1	0	0	1	1	0	4
5	0	1	0	1		1	1	0	1	1	0	1	5
6	0	1	1	0		1	1	1	1	1	0	1	6
7	0	1	1	1		0	1	0	0	1	1	1	7
8	1	0	0	0		1	1	1	1	1	1	1	8
9	1	0	0	1		1	1	0	1	1	1	1	9
A	1	0	1	0		1	1	1	0	1	1	1	A
B	1	0	1	1		1	1	1	1	1	0	0	b
C	1	1	0	0		0	1	1	1	0	0	1	C
D	1	1	0	1		1	0	1	1	1	1	0	d
E	1	1	1	0		1	1	1	1	0	0	1	E
F	1	1	1	1		1	1	1	0	0	0	1	F

7 段解码指令的应用示例如图 4-108 所示。例如要显示数字 "1"（保存在 S· 中），则要点亮 7 段码译码管的 "b" 和 "c"，对应 D· 中二进制为 2#0000_0110，PLC 使 Y1 和 Y2 输出低电平，即点亮数码管的 "b" 和 "c"，显示为 "1"。

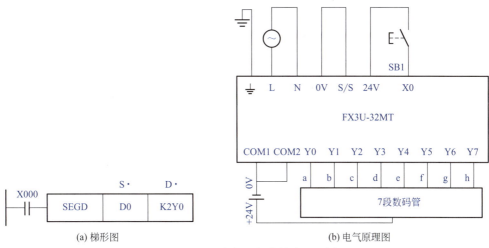

图 4-108　7 段解码指令的应用示例

（4）浮点数转换指令（FLT）

浮点数转换指令（FLT）就是将 [S·] 中 BIN 整数转换成二进制浮点数，保存在 [D·] 中。浮点数转换指令（FLT）对象软元件及含义见表 4-25。

表 4-25　浮点数转换指令（FLT）对象软元件及含义

助记符/功能编码	[S·]	[D·]
FNC49/FLT	D、R、U□\G□	D、R、U□\G□
	保存 BIN 整数值的数据寄存器编号	保存 2 进制浮点数（实数）的数据寄存器编号

用一个例子解释浮点数转换指令的使用方法，如图 4-109 所示，当 X0 闭合时，把 D0 中的数转化成浮点数存入（D3，D2）。而为双整数时，把（D11，D10）中的数转化成浮点数存入（D13，D12）。

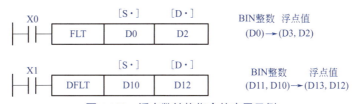

图 4-109　浮点数转换指令的应用示例

4.4.6　高速处理指令

高速处理指令（FNC50～FNC59）用于利用最新的输入输出信息进行顺序控制，还能有效利用 PLC 的高速处理能力进行中断处理。

（1）脉冲输出指令（PLSY）

脉冲输出指令的功能是以 [S1·] 指定的频率产生 [S·] 指定的定量的脉冲，其指令格式如图 4-110 所示。脉冲输出指令（PLSY）对象软元件及含义见表 4-26。

表 4-26　脉冲输出指令（PLSY）对象软元件及含义

助记符 / 功能编码	[S1・]	[S2・]	[D・]
FNC57/PLSY	KnX、KnY、KnM、KnS、T、C、D、V、Z、R、U□\G□、K、H	KnX、KnY、KnM、KnS、T、C、D、V、Z、R、U□\G□、K、H	Y0 和 Y1
	指定脉冲频率	指定定量脉冲个数	指定输出的 Y 地址

FX3U 系列有 Y0、Y1、Y2 三个高速输出，但 PLSY 只能用 Y0、Y1，并且为晶体管输出形式。当定量输出执行完成后，标志 M8029 置 ON。如图 4-111 所示，当 X0 接通，在 Y0 上输出频率为 1000Hz 的脉冲 D0 个。这个指令用于控制步进电动机很方便。

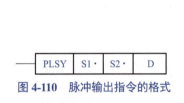

图 4-110　脉冲输出指令的格式

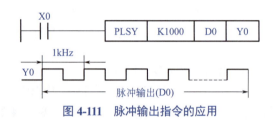

图 4-111　脉冲输出指令的应用

使用脉冲输出指令时应注意：指令在程序中只能使用一次。

（2）脉宽调制指令（PWM）

脉宽调制指令就是按照指定要求（脉冲宽度由 [S1・] 决定、脉冲周期由 [S2・] 决定），产生脉宽可调的脉冲，由 Y0～Y3 输出。脉宽调制输出波形如图 4-112 所示，t 是脉冲宽度，T 是周期。

图 4-112　脉宽调制输出波形

脉宽调制指令（PWM）对象软元件及含义见表 4-27。

表 4-27　脉宽调制指令（PWM）对象软元件及含义

助记符 / 功能编码	[S1・]	[S2・]	[D・]
FNC58/PWM	K、H、KnX、KnY、KnM、KnS、T、C、D、V、Z、R、U□\G□	K、H、KnX、KnY、KnM、KnS、T、C、D、V、Z、R、U□\G□	Y0、Y1、Y2、Y3
	脉宽（ms）数据或是保存数据的软元件编号	周期（ms）数据或是保存数据的软元件编号	输出脉冲的软元件（Y）编号

用一个例子解释脉宽调制指令（PWM）的使用方法，如图 4-113 所示，当 X10 闭合时，D0 中是脉冲宽度，本例小于 100ms，K100 是周期为 100ms，时序图如图 4-112 所示，由 Y0 输出。

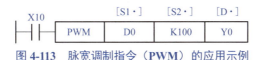

图 4-113 脉宽调制指令（PWM）的应用示例

4.4.7 方便指令

方便指令（FNC60～FNC69）用于将复杂的控制程序简单化。该类指令有状态初始化、数据查找、示教、旋转工作台和列表等十几种，以下仅介绍交替输出指令。

交替输出指令的功能代码是 FNC66，其功能以图 4-114 说明，每次 X0 由 OFF 到 ON 时，M0 就翻转动作一次。每次 M0 由 OFF 到 ON 时，M1 就翻转动作一次。

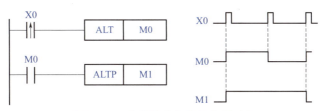

图 4-114 交替输出指令的应用（1）

如图 4-115 所示，可实现周期是 2s 闪烁功能，如将 K10 改为 K15、K20、K25，则可以实现 3s、4s、5s 闪烁功能。

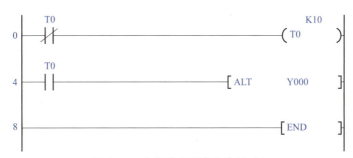

图 4-115 交替输出指令的应用（2）

4.4.8 外部 I/O 设备指令

外部 I/O 设备指令（FNC70～FNC79）用于 PLC 输入输出与外部设备进行数据交换。该类指令可简化处理复杂的控制，以下仅介绍最常用的 2 个。

（1）读特殊模块指令（FROM）

读特殊模块指令（FROM）可以将指定的特殊模块号（如模拟量模块和通信模块）中指定的缓冲存储器的（BFM）的内容读到可编程控制器的指定目标软元件 [D·] 中。FX3 系列 PLC 最多可以连接 8 台特殊模块，并且赋予模块号，编号从靠近基本单元开始，编号顺序为 0~7。有的模块内有 16 位 RAM（如四通道的 FX2N-4DA、FX2N-4AD），称为缓冲存储器

(BFM)，缓冲存储器的编号范围是 0~31，其内容根据各模块的控制目的而设定。读特殊模块指令（FROM）对象软元件及含义见表 4-28。

表 4-28　读特殊模块指令（FROM）对象软元件及含义

助记符 / 功能编码	m1	m2	[D·]	n
FNC78/FROM	K、H	K、H	KnX、KnY、KnM、KnS、T、C、D、V、Z、R、U□\G□	K、H
	特殊功能单元 / 模块的单元号	传送源缓冲存储区（BFM）编号	传送目标的软元件编号	传送字数

用一个例子解释读特殊模块指令（FROM）的使用方法，如图 4-116 所示。当 X10 为 ON 时，将模块号为 1 的特殊模块，29 号缓冲存储器（BFM）内的 16 位数据，传送到可编程序控制器的 K4M0 存储单元中，每次传送一个字长（传送的点数）。注意模块的单元号不包含 I/O 模块，只包含特殊功能模块（如模拟量和通信模块）。

图 4-116　读特殊模块指令（FROM）的应用示例

（2）写特殊模块指令（TO）

写特殊模块指令（TO）是从可编程控制器中的传送源数据 [S·] 写入到特殊功能单元 / 模块的缓冲存储区（BFM）中的指令。写特殊模块指令（TO）对象软元件及含义见表 4-29。

表 4-29　写特殊模块指令（TO）对象软元件及含义

助记符 / 功能编码	m1	m2	[S·]	n
FNC79/TO	K、H	K、H	K、H、KnX、KnY、KnM、KnS、T、C、D、V、Z、R、U□\G□	K、H、D
	特殊功能单元 / 模块的单元号	传送源缓冲存储区（BFM）编号	传送目标的软元件编号	传送字数

用一个例子解释写特殊模块指令（TO）的使用方法，如图 4-117 所示。当 X10 为 ON 时，将可编程控制器的 D0 存储单元中的数据，传送到模块号为 1 的特殊模块，12 号缓冲存储器（BFM）中，每次传送一个字长（传送的点数）。

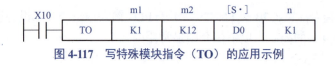

图 4-117　写特殊模块指令（TO）的应用示例

4.4.9　外部串口设备指令

外部串口设备指令（FNC80 ~ FNC89）用于对连接串口的特殊附件进行的控制指令。使用 RS-232、RS-422/RS-485 接口，可以很容易配置一个与外部计算机进行通信的局域网系统，PLC 接受各种控制信息，处理后转化为 PLC 中软元件的状态和数据；PLC 又将处理后的软元件的数据送到计算机，计算机对这些数据进行分析和监控。以下介绍 PID 运算指令。

PID 运算指令（即比例、积分、微分运算），该指令的功能是进行 PID 运算，指令在达到采样时间后的扫描时进行 PID 运算。PID 运算指令对象软元件见表 4-30。

表 4-30　PID 运算指令对象软元件

助记符 / 功能编码	[S1・]	[S2・]	[S3・]	[D・]
PID/FNC88	D、R、U□\G□	D、R、U□\G□	D、R	D、R、U□\G□
	目标值 SV	测定值 PV	参数	输出值 MV

用一个例子解释 PID 运算指令的使用方法，如图 4-118 所示。

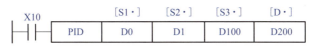

图 4-118　PID 运算指令的应用示例

[S3・] 中的参数表的各参数的含义见表 4-31。

表 4-31　[S3・] 中的参数表的各参数的含义

参数	名称	设定范围和说明
[S3・]+0	采样时间	1～32767ms
[S3・]+1	动作方向（ACT）	Bit0：0—正动作，1—反动作 Bit1：0—无输入变化量报警，1—输入变化量报警有效 Bit2：0—无输出变化量报警，1—输出变化量报警有效 Bit3：不可使用 Bit4：0—不执行自动调节，1—执行自动调节 Bit5：0—不设定输出值上下限，1—设定输出值上下限 Bit6～Bit15：不使用
[S3・]+2	输入滤波常数	0～99%
[S3・]+3	比例增益（Kp）	1～32767
[S3・]+4	积分时间（TI）	0～32767，单位是 100ms
[S3・]+5	微分增益（KD）	0～100%
[S3・]+6	微分时间（KI）	0～32767，单位是 10ms
[S3・]+7 ・・・ [S3・]+19	PID 内部使用	
[S3・]+20	输入变化量（增加方向）报警值设定	0～32767，动作方向的 Bit1=1

续表

参数	名称	设定范围和说明
[S3・]+21	输入变化量（减小方向）报警值设定	−32768 ～ 32767，动作方向的 Bit1=1
[S3・]+22	输出变化量（增加方向）报警值设定 输出下限设定	0 ～ 32767，动作方向的 Bit2=1，Bit5=0 −32768 ～ 32767，动作方向的 Bit2=0，Bit5=1
[S3・]+23	输出变化量（减小方向）报警值设定 输出下限设定	0 ～ 32767，动作方向的 Bit2=1，Bit5=0 −32768 ～ 32767，动作方向的 Bit2=0，Bit5=1
[S3・]+24	报警输出	输入变化量（增加方向）溢出 输入变化量（减小方向）溢出 输出变化量（增加方向）溢出 输出变化量（减小方向）溢出 （动作方向的 Bit1=1 或者 Bit2=1）

4.4.10 浮点数运算指令

FX3 系列 PLC 不仅可以进行整数运算，还可以进行二进制比较运算、四则运算、开方运算、三角运算，而且还能将浮点数转换成整数。以下介绍几个常用的指令。

（1）二进制浮点数加法和二进制浮点数减法指令（DEADD、DESUB）

二进制浮点数加法（DEADD）将两个源操作数 [S1・] 和 [S2・] 的二进制浮点数进行加法运算，再将结果存入 [D・]。二进制浮点数减法（DESUB）将两个源操作数 [S1・] 和 [S2・] 的二进制浮点数进行减法运算，再将结果存入 [D・]。二进制浮点数加法和二进制浮点数减法转换指令（DEADD、DESUB）对象软元件及含义见表 4-32。

表 4-32　二进制浮点数加法和二进制浮点数减法转换指令（DEADD、DESUB）对象软元件及含义

助记符/功能编码	[S1・]	[S2・]	[D・]
DEADD /FNC120	K、H、D、U□\G□、R	K、H、D、U□\G□、R	D、U□\G□、R
	被加数	加数	和，[D・]=[S1・]+[S2・]
DESUB /FNC121	K、H、D、U□\G□、R	K、H、D、U□\G□、R	D、U□\G□、R
	被减数	减数	差，[D・]=[S1・]−[S2・]

用一个例子解释二进制浮点数加法和二进制浮点数减法（DEADD、DESUB）的使用方法，如图 4-119 所示。当 X10 闭合时，把二进制浮点数（D1，D0）和（D3，D2）相加，和存入（D5，D4）中。当 X11 闭合时，把二进制浮点数（D7，D6）和（D9，D8）相减，差存入（D11，D10）中。

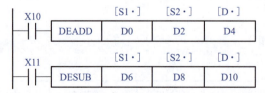

图 4-119　二进制浮点数加法和二进制浮点数减法（DEADD、DESUB）的应用示例

（2）二进制浮点数和十进制浮点数转换指令（DEBCD、DEBIN）

二进制浮点数转换成十进制浮点数指令（DEBCD）可以将源操作数 [S·] 的二进制浮点数转换成十进制浮点数，存入 [D·]。十进制浮点数转换成二进制浮点数指令（DEBIN）可以对源操作数 [S·] 的十进制转换成二进制浮点数，存入 [D·]。二进制浮点数和十进制浮点数转换指令（DEBCD、DEBIN）对象软元件，见表4-33。

表4-33　二进制浮点数和十进制浮点数转换指令（DEBCD、DEBIN）对象软元件表

助记符/功能编码	[S·]	[D·]
DEBCD /FNC118	D、R、U□\G□	D、R、U□\G□
	保存二进制浮点数数据的数据寄存器编号	保存被转换的十进制浮点数数据的数据寄存器编号
DEBIN /FNC119	D、R、U□\G□	D、R、U□\G□
	保存十进制浮点数数据的数据寄存器编号	保存被转换的二进制浮点数数据的数据寄存器编号

用一个例子解释二进制浮点数和十进制浮点数转换指令（DEBCD、DEBIN）的使用方法，如图4-120所示。当X10闭合时，把（D1，D0）的二进制数浮点数转换成十进制浮点数存入（D3，D2）中。当X11闭合时，把（D7，D6）的十进制浮点数转换成二进制浮点数存入（D9，D8）中。

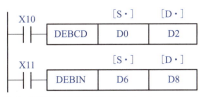

图4-120　二进制浮点数和十进制浮点数转换指令（DEBCD、DEBIN）的应用示例

（3）二进制浮点数乘法和二进制浮点数除法指令（DEMUL、DEDIV）

二进制浮点数乘法指令（DEMUL）将两个源操作数 [S1·] 和 [S2·] 的二进制浮点数进行乘法运算，再将结果存入 [D·]。二进制浮点数除法（DEDIV）将两个源操作数 [S·] 的二进制浮点数进行除法运算，再将结果存入 [D·]。二进制浮点数乘法和二进制浮点数除法指令（DEMUL、DEDIV）对象软元件和含义见表4-34。

表4-34　二进制浮点数乘法和二进制浮点数除法指令（DEMUL、DEDIV）对象软元件和含义

助记符/功能编码	[S1·]	[S2·]	[D·]
DEMUL/FNC122	K、H、D、U□\G□、R	K、H、D、U□\G□、R	D、U□\G□、R
	被乘数	乘数	积，[D·]=[S1·]×[S2·]
DEDIV/FNC123	K、H、D、U□\G□、R	K、H、D、U□\G□、R	D、U□\G□、R
	被除数	除数	商，[D·]=[S1·]/[S2·]

用一个例子解释二进制浮点数乘法和二进制浮点数除法指令（DEDIV、DEMUL）的使用方法，如图 4-121 所示。当 X10 闭合时，把二进制浮点数（D1，D0）和（D3，D2）相除，商数存入（D5，D4）中。当 X11 闭合时，把二进制浮点数（D7，D6）和（D9，D8) 相乘，积存入（D11，D10) 中。

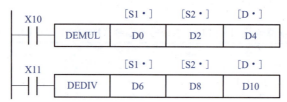

图 4-121　二进制浮点数乘法和二进制浮点数除法指令（DEMUL、DEDIV）的应用示例

（4）二进制浮点数转换成 BIN 整数指令

二进制浮点数转换成 BIN 整数指令将源操作数 [S1·] 二进制浮点数转换成 BIN 数，舍去小数点后的值，取其 BIN 整数存入目标数据 [D·]。二进制浮点数转换成 BIN 整数指令对象软元件和含义见表 4-35。

表 4-35　二进制浮点数转换成 BIN 整数指令对象软元件和含义

助记符/功能编码	[S·]	[D·]
INT/FNC129	D、R、U□\G□	D、R、U□\G□
	保存要转换成 BIN 整数的二进制浮点数据的数据寄存器编号	保存转换后的 BIN 整数的数据寄存器编号

用一个例子解释二进制浮点数转换成 BIN 整数指令的使用方法，如图 4-122 所示。当 X10 闭合时，把 (D1,D0) 的二进制数浮点数转换成 32 位整数数存入 (D3,D2) 中。当 X11 闭合时，把 (D1,D0) 的二进制数浮点数转换成 16 位整数数存入 D2 中。

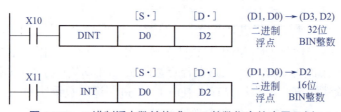

图 4-122　二进制浮点数转换成 BIN 整数指令的应用示例

【例 4-32】　将 53 英寸（in）转换成以毫米（mm）为单位的整数，要求设计梯形图。

【解】　1in=25.4mm，涉及浮点数乘法，先要将整数转换成浮点数，用实数乘法指令将 in 为单位的长度变为以 mm 为单位的浮点数，最后浮点数取整即可，梯形图如图 4-123 所示。

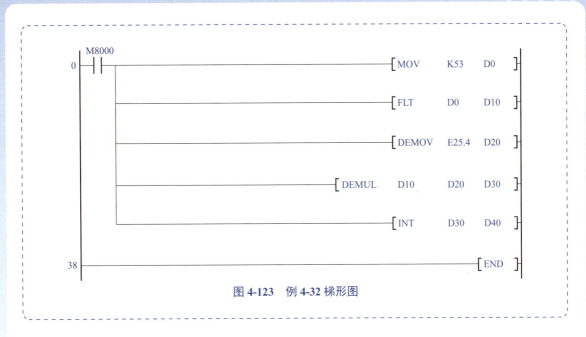

图 4-123　例 4-32 梯形图

4.4.11　触点比较指令

FX3 系列 PLC 触点比较指令相当于一个有比较功能的触点，执行比较两个源操作数 [S1•] 和 [S2•]，满足条件则触点闭合。以下介绍触点比较指令。

（1）触点比较指令（LD）

触点比较指令（LD）可以对源操作数 [S1•] 和 [S2•] 进行比较，满足条件则触点闭合。触点比较指令（LD）对象软元件见表 4-36。

表 4-36　触点比较指令（LD）对象软元件表

助记符		比较条件	[S1•]	[S2•]	功能
16 位	32 位				
LD=	DLD=	[S1•]=[S2•]	K、H、KnX、KnY、KnM、KnS、T、C、D、V、Z、R、U□\G□	K、H、KnX、KnY、KnM、KnS、T、C、D、V、Z、R、U□\G□	触点比较指令运算开始 [S1•]=[S2•] 时导通
LD>	DLD>	[S1•]>[S2•]			触点比较指令运算开始 [S1•]>[S2•] 时导通
LD<	DLD<	[S1•]<[S2•]			触点比较指令运算开始 [S1•]<[S2•] 时导通
LD<>	DLD<>	[S1•]≠[S2•]			触点比较指令运算开始 [S1•]≠[S2•] 时导通
LD<=	DLD<=	[S1•]≤[S2•]			触点比较指令运算开始 [S1•]≤[S2•] 时导通
LD>=	DLD>=	[S1•]≥[S2•]			触点比较指令运算开始 [S1•]≥[S2•] 时导通

用一个例子解释触点比较指令（LD）的使用方法，如图 4-124 所示。当 D2>K200 时，触点比较导通，Y000 得电，否则 Y000 断电。

图 4-124　触点比较指令（LD）的应用示例

（2）触点比较指令（OR）

触点比较指令（OR）与其他的触点或者回路并联。触点比较指令（OR）参数见表 4-37。

表 4-37　触点比较指令（OR）参数表

助记符		比较条件	[S1•]	[S2•]	功能
16 位	32 位				
OR=	DOR=	[S1•]=[S2•]	K、H、KnX、KnY、KnM、KnS、T、C、D、V、Z、R、U□\G□	K、H、KnX、KnY、KnM、KnS、T、C、D、V、Z、R、U□\G□	触点比较指令并联连接 [S1•]=[S2•] 时导通
OR>	DOR>	[S1•]>[S2•]			触点比较指令并联连接 [S1•]>[S2•] 时导通
OR<	DOR<	[S1•]<[S2•]			触点比较指令并联连接 [S1•]<[S2•] 时导通
OR<>	DOR<>	[S1•]≠[S2•]			触点比较指令并联连接 [S1•]≠[S2•] 时导通
OR<=	DOR<=	[S1•]≤[S2•]			触点比较指令并联连接 [S1•]≤[S2•] 时导通
OR>=	DOR>=	[S1•]≥[S2•]			触点比较指令并联连接 [S1•]≥[S2•] 时导通

用一个例子解释触点比较指令（OR）的使用方法，如图 4-125 所示。当（D1，D0）=K200 或者 X010 闭合时，Y000 得电。

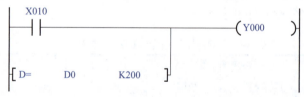

图 4-125　触点比较指令（OR）的应用示例

（3）触点比较指令（AND）

触点比较指令（AND）与其他触点或者回路串联。触点比较指令（AND）参数见表 4-38。

表 4-38　触点比较指令（AND）参数表

助记符		比较条件	[S1•]	[S2•]	功能
16 位	32 位				
AND=	DAND=	[S1•]=[S2•]	K、H、KnX、KnY、KnM、KnS、T、C、D、V、Z、R、U□\G□	K、H、KnX、KnY、KnM、KnS、T、C、D、V、Z	触点比较指令串联连接 [S1•]=[S2•] 时导通
AND>	DAND>	[S1•]>[S2•]			触点比较指令串联连接 [S1•]>[S2•] 时导通
AND<	DAND<	[S1•]<[S2•]			触点比较指令串联连接 [S1•]<[S2•] 时导通
AND<>	DAND<>	[S1•]≠[S2•]			触点比较指令串联连接 [S1•]≠[S2•] 时导通
AND<=	DAND<=	[S1•]≤[S2•]			触点比较指令串联连接 [S1•]≤[S2•] 时导通
AND>=	DAND>=	[S1•]≥[S2•]			触点比较指令串联连接 [S1•]≥[S2•] 时导通

用一个例子解释触点比较指令（AND）的使用方法，如图 4-126 所示。当 X010 接通、D2<K200 时，触点比较导通时，Y000 得电，否则 Y000 断电。

```
──┤X010├──[< D2 K200]──(Y000)──
```

图 4-126 触点比较指令（AND）的应用示例

4.5 功能指令应用实例

步进电动机控制——
高速输出指令
（PLSY）的应用

（1）步进电动机控制 – 高速输出指令的应用

高速输出指令在运动控制中要用到，以下用一个简单的例子介绍。

【例 4-33】 有一台步进电动机，其脉冲当量是 3°/脉冲，问此步进电动机转速为 250r/min 时，转 10 圈，若用 FX3U–32MT PLC 控制，要求设计原理图，并编写梯形图程序。

【解】 ① 设计原理图。用 FX3U–32MT PLC 控制步进电动机，只能用 Y0 或 Y1 高速输出，本例用 Y0。原理图和梯形图如图 4-127 和图 4-128 所示。

图 4-127 例 4-33 原理图

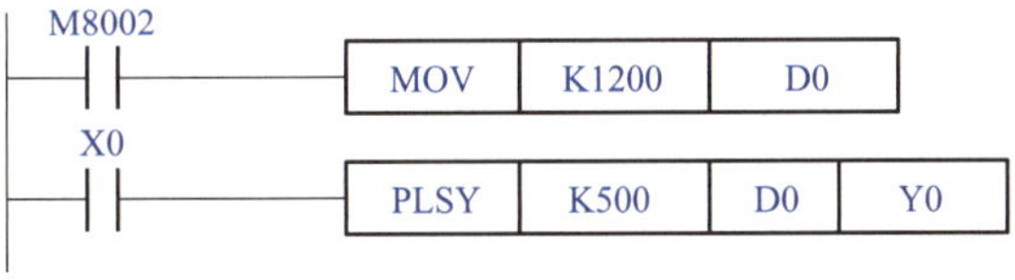

图 4-128 例 4-33 梯形图

② 求脉冲频率和脉冲数。FX3U–32MT PLC 控制步进电动机，首先要确定脉冲频率和脉冲数。步进电动机脉冲当量就是步进电动机每收到一个脉冲时，步进电动机转过的角度。步进电动机的转速为：

$$n = \frac{250 \times 360}{60} = 1500°/s$$

所以电动机的脉冲频率为：

$$f = \frac{1500°/s}{3°/\text{脉冲}} = 500 \text{脉冲}/s$$

10 圈就是 10×360°=3600°，因此步进电动机要转动 10 圈，步进电动机需要收到 $\frac{3600°}{3°}$ =1200 个脉冲。

注意：当 Y2 有输出时步进电动机反转，如何控制请读者思考。

（2）交通灯控制 - 比较指令的应用

比较指令虽然不像基本指令那么常用，但在以下的"交通控制"实例中，使用比较指令解题就显得非常容易。

【例 4-34】 十字路口的交通灯控制，当合上启动按钮，东西方向绿灯亮 4s，闪烁 2s 后灭；黄灯亮 2s 后灭；红灯亮 8s 后灭；绿灯亮 4s，如此循环，而对应东西方向绿灯、黄灯、红灯亮时，南北方向红灯亮 8s 后灭；接着绿灯亮 4s，闪烁 2s 后灭，黄灯亮 2s；红灯又亮，如此循环。

【解】 首先根据题意画出东西南北方向三种颜色灯的亮灭的时序图，再进行 I/O 分配。

输入：启动—X0；停止—X1。

输出（东西方向）：红灯—Y4，黄灯—Y5；绿灯—Y6。

输出（南北方向）：红灯—Y0，黄灯—Y1；绿灯—Y2。

交通灯时序图、原理图和交通灯梯形图如图 4-129、图 4-130 所示。注意原理图中 SB2 按钮接常闭触点，对应梯形图中 X001 为常开触点。对照时序图，阅读梯形图时，会更加容易理解。

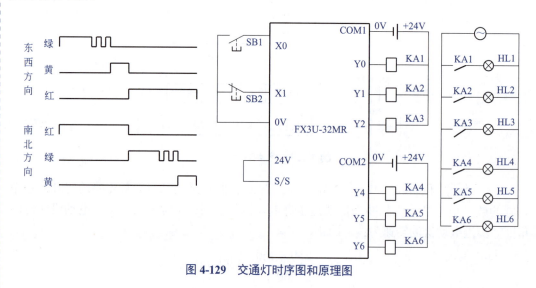

图 4-129 交通灯时序图和原理图

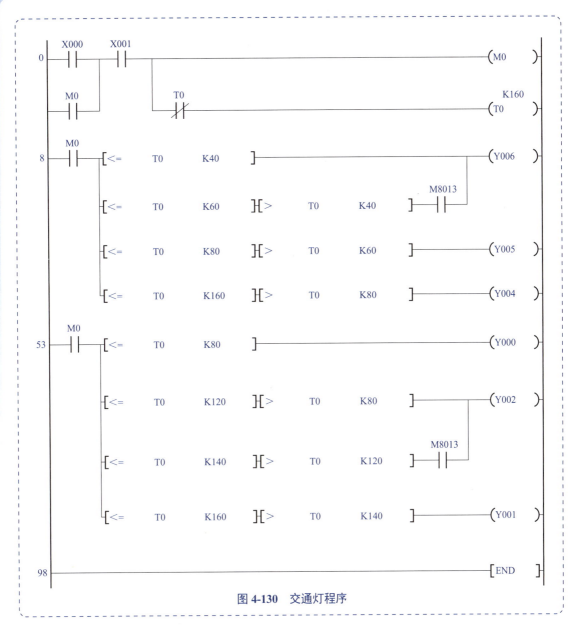

图 4-130 交通灯程序

(3) 彩灯的控制 - 编码指令和移位指令的应用

在前面的例子中，已经介绍了移位指令在逻辑控制中的妙用，以下再举一个例子，介绍其在逻辑控制中的应用，用好移位指令，程序会变得很简洁。

【例 4-35】 有 4 盏灯，有两种模式运行，模式 1，按照 Y020 → Y020、Y021 → Y021、Y022 → Y022、Y023 → Y020、Y023，循环闪亮，亮的时间为 1s；模式 2，按照 Y020 → Y020、Y021 → Y020、Y021、Y022 → Y020、Y021、Y022、Y023 → Y021、Y022、Y023 → Y022、Y023 → Y023，循环闪亮，亮的时间为 1s；要求编写控制程序。

【解】 彩灯控制梯形图如图 4-131 所示，本例用移位指令编写。

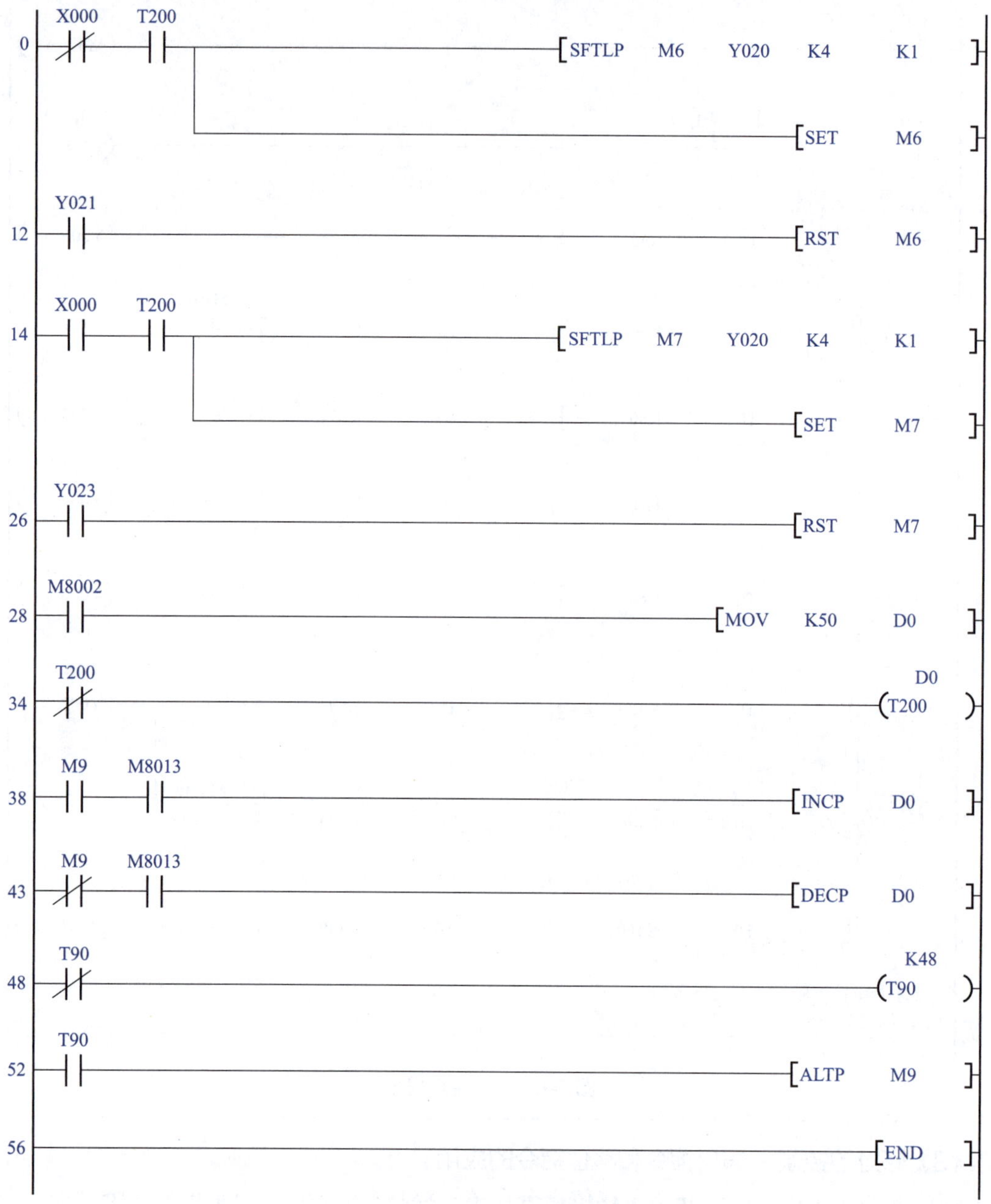

```
  0  ─┤/├──┤ ├────────────────────────────[SFTLP  M6   Y020  K4   K1]
      X000  T200
                    ────────────────────────────────────[SET   M6]

 12  ─┤ ├──────────────────────────────────────────────[RST   M6]
      Y021

 14  ─┤/├──┤ ├────────────────────────────[SFTLP  M7   Y020  K4   K1]
      X000  T200
                    ────────────────────────────────────[SET   M7]

 26  ─┤ ├──────────────────────────────────────────────[RST   M7]
      Y023

 28  ─┤ ├──────────────────────────────────────[MOV   K50   D0]
      M8002

 34  ─┤/├──────────────────────────────────────────────(T200  D0)
      T200

 38  ─┤ ├──┤ ├──────────────────────────────────────[INCP   D0]
      M9   M8013

 43  ─┤/├──┤ ├──────────────────────────────────────[DECP   D0]
      M9   M8013

 48  ─┤/├──────────────────────────────────────────────(T90   K48)
      T90

 52  ─┤ ├──────────────────────────────────────────[ALTP   M9]
      T90

 56  ─────────────────────────────────────────────────────[END]
```

图 4-131 例 4-35 梯形图

【例 4-36】 按钮 SB1 是手动/自动按钮，SB2 是交替按钮，自动挡时，灯的状态是：Y004、Y005 亮 3s 之后灭 2s → Y005、Y006 亮 3s 之后灭 2s → Y004、Y006 亮 3s 之后灭 2s，如此循环。而在手动挡时，灯亮灭的顺序按照以上执行，但时间完全人为掌握。设计此程序。

【解】 彩灯控制原理图如图 4-132 所示，梯形图如图 4-133 所示，本例用编码指令编写。

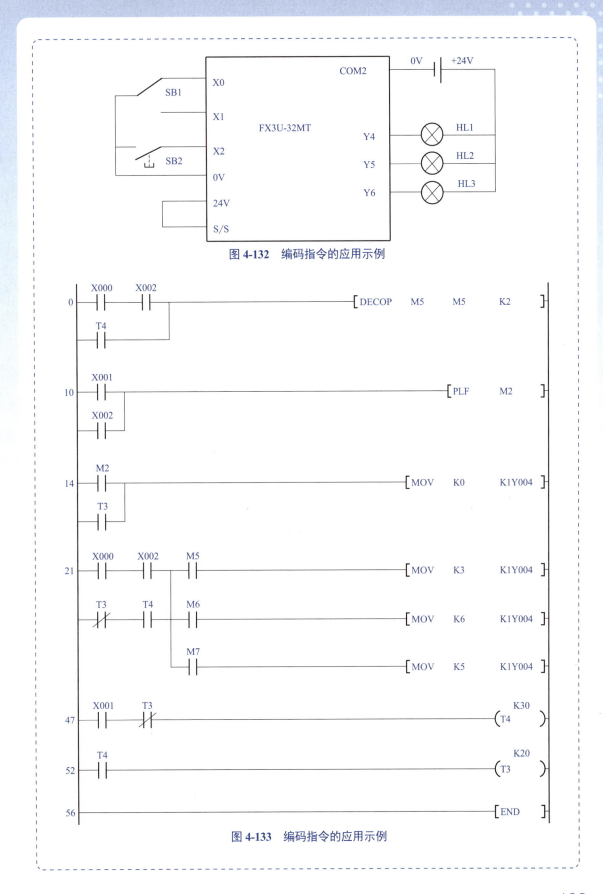

图 4-132 编码指令的应用示例

图 4-133 编码指令的应用示例

（4）单键启停控制 – 译码指令和翻转指令的应用

单键启停控制的梯形图，在前面的章节已经介绍过多种方法，以下再用 3 种方法介绍，但译码指令编写，一般的人想不到，后两种方法是最简单的方法。

翻转指令（ALT）及其应用

【例 4-37】 编写程序，实现当压下 SB1 按钮奇数次，灯亮，当压下 SB1 按钮偶数次，灯灭，即单键启停控制。

【解】 单键启停原理图如图 4-134 所示，梯形图如图 4-135 所示，此梯形图的另一种表达方式如图 4-136 所示。每次 X000 断开后闭合，M0 产生一个上升沿，Y000 翻转一次，即实现单键启停功能。

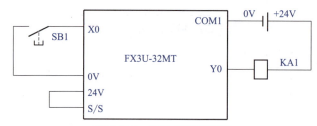

图 4-134 单键启停原理图

图 4-135 交替输出指令的应用（1）

图 4-136 交替输出指令的应用（2）

（5）自动往复运动控制 – 多个功能指令的综合应用

用一种方法编写小车的自动往复运行梯形图程序，对多数入门者来说并不是难事，但如果需要用 3 种以上的方法编写梯形图程序，恐怕就不那么容易了，以下介绍 4 种方法实现自动往复运动。

小车自动往复运行控制——使用 ALT 指令

【例 4-38】 压下 SB1 按钮，小车自动往复运行，正转 3s，停 1.5s，反转 3s，停 1.5s，压下 SB2 按钮，停止运行。

【解】 自动往复运行的解题方法很多，以下用 ALT 解题，原理图如图 4-137 所示，梯形图如图 4-138 所示。

压下启动按钮 SB1，M3 置位，T4 开始定时，电动机正转，3s 后，

T4 常闭触点断开，电动机停转，第 4.5s，T3 常开触点闭合，M6 翻转，M6 触点闭合，T3 常闭触点断开，T4 线圈断电，T4 常闭触点闭合，电动机反转。

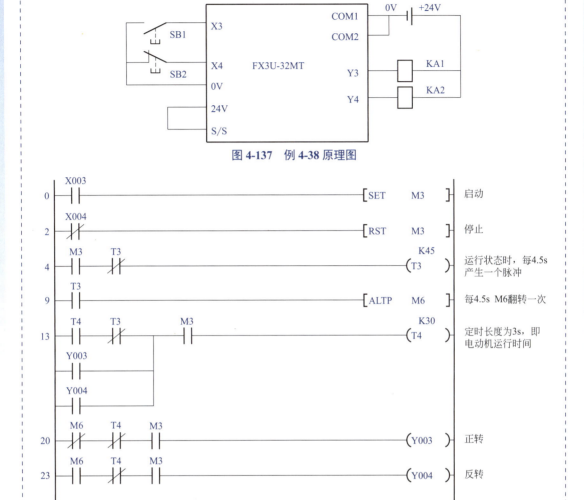

图 4-137　例 4-38 原理图

图 4-138　例 4-38 梯形图

【例 4-39】　当压下 SB1 按钮，2s 后电动机正转，停 2s，再反转 2s，如此往复运行，当压下 SB2 按钮，电动机停止运行，要求编写程序。

【解】　这个题目的解法很多，有超过十种解法。其原理图如图 4-139 所示，用 MOV 指令，梯形图如图 4-140 所示。压下启动按钮 SB1，X0 常开触点闭合，M10 线圈得电自锁，T0 定时开始，2s 后 M0 翻转为 1，Y4 线圈得电，电动机正转，T0 线圈断电，T1 定时器得电，2s 后，Y004 为 0 电动机停转，T1 线圈断电，2s 后，M0 翻转为 0，Y7 线圈得电，电动机反转，T1 定时器得电，再 2s 后，Y007 为 0 电动机停转，如此周而复始运行。注意：原理图中 SB2 按钮接常闭触点，对应梯形图中 X001 为常开触点。

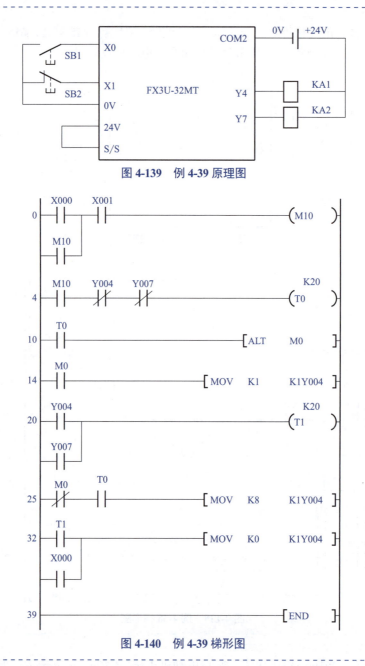

图 4-139　例 4-39 原理图

图 4-140　例 4-39 梯形图

小车自动往复运行控制——使用 SFTL 指令

【例 4-40】　压下 SB1 按钮，小车自动往复运行，正转 3.3s，停 3.3s，反转 3.3s，停 3.3s，如此循环运行。

【解】　自动往复运行的解题方法很多，以下用 SFTL 和 ZRST 指令解题，其原理图如图 4-141 所示，梯形图如图 4-142 所示。压下启动按钮 SB1，X000 常开触点闭合，M10 线圈得电自锁，M5 线圈得电，T3 定时开始，3.3s 后运行 STFLP 指令，M0=1，即 M0 的常开触点闭合，电动机正转，同时 T3 断电并再次得电，定时器开始定时，

3.3s 后 M1=1 和 M0=0，即 M0 的常开触点断开，电动机停转，同时 T3 断电并再次得电，定时器开始定时，3.3s 后 M2=1 和 M1=0，即 M2 的常开触点闭合，电动机反转，同时 T3 断电并再次得电，定时器开始定时，3.3s 后 M1=0 和 M0=0，即 M0 和 M2 的常开触点断开，电动机停转，完成一个周期。之后如此往复循环。注意原理图中 X1 对应的按钮接常闭触点，对应梯形图中 X001 为常闭触点。

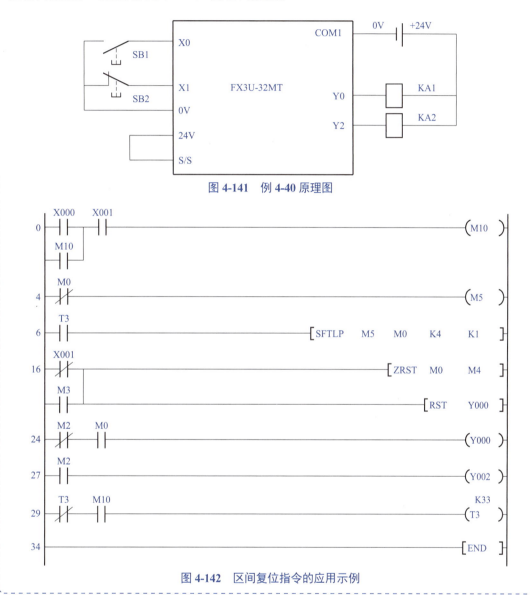

图 4-141　例 4-40 原理图

图 4-142　区间复位指令的应用示例

【例 4-41】　压下 SB1 按钮，小车自动往复运行，正转 3s，停 3s，反转 3s，停 3s，如此循环，压下 SB2 按钮，停止运行。

【解】　自动往复运行的解题方法很多，以下用 SFTL 解题，其梯形图程序如图 4-143 所示。

当X000常开触点闭合，M5置位，而T3每3s产生一个脉冲，第1个脉冲到来时，M5的数值1移位到M0，从而使得Y0=1，电动机正转；第2个脉冲到来时，M0的数值1移位到M1，从而使电动机停转；第3个脉冲到来时，M1的数值1移位到M2，从而使电动机反转；第4个脉冲到来时，M2的数值1移位到M3，从而使电动机停转，如此往复。

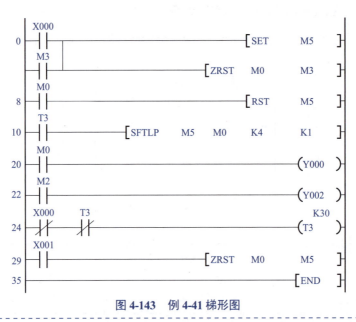

图4-143 例4-41 梯形图

（6）数码管显示控制——多个功能指令的综合应用

数码管的显示对于初学者并不容易，以下给出了几个数码管显示的例子。

数码管的显示控制

【例4-42】 设计一段梯形图程序，实现在一个数码管上循环显示0～F。

【解】 用Y000～Y007驱动数码管，程序如图4-144所示。第0步产生秒脉冲，每一秒的计数值存储在C0（0～F）中，由SEGD指令显示在数码管上。

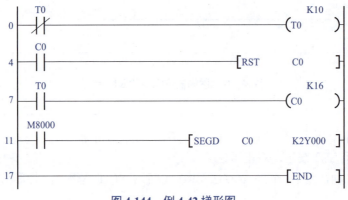

图4-144 例4-42 梯形图

【例4-43】 设计一段梯形图程序,实现在1个数码管上循环显示0～9s,采用倒计时模式。

【解】 用Y000～Y007驱动数码管,程序如图4-145所示。第0步产生秒脉冲,每一秒的计数值存储在C0(0～9)中,K9-C0的数值就是倒计时的数值,由SEGD指令显示在数码管上。

图4-145 例4-43 梯形图

【例4-44】 设计一段梯形图程序,实现在2个数码管上循环显示0～59s,采用倒计时模式。

【解】 用Y000～Y007显示个位、Y010～Y017显示十位,梯形图程序如图4-146所示。第0步产生秒脉冲,每一秒的计数值存储在C0(0～59)中,K59-C0的数值就是倒计时的数值。个位数在D4中,由SEGD指令显示在个位数码管上。十位数在D8中,由SEGD指令显示在十位数码管上。除以K16的目的是数值左移4位,方便显示。

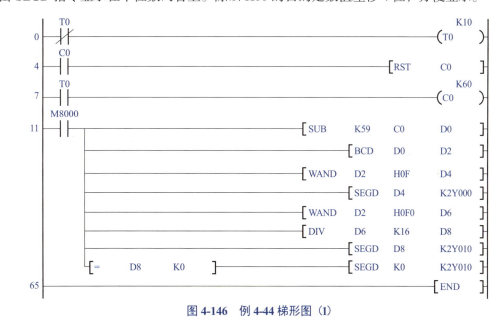

图4-146 例4-44 梯形图(1)

还有另外一种解法，如图 4-147 所示。

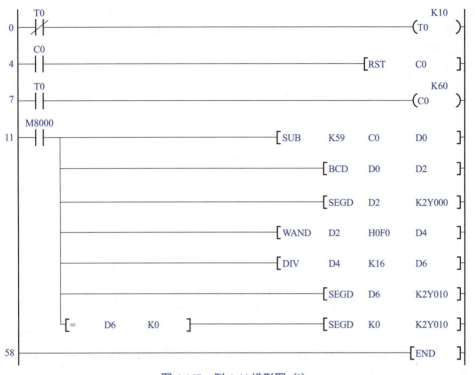

图 4-147　例 4-44 梯形图（2）

【例 4-45】 有一组霓虹灯，由 FX3U-48MR 控制，Y000 和 Y001 每隔 1s 交替闪亮，Y004～Y007 依次循环亮，亮的时间为 1s，Y020～027 依次循环亮，亮的时间为 1s。

霓虹灯花样控制

【解】 梯形图如图 4-148 所示。第 1s 执行第 1 个 DECO 指令，Y000 灯亮，D0 加 1，第 2s 执行第 1 个 DECO 指令，Y000 灯灭，如此交替。

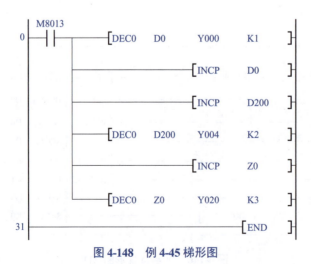

图 4-148　例 4-45 梯形图

第1s D200 为1，执行第2个 DECO 指令，第1盏灯亮（Y004 得电），第2s D200 为2，执行第2个 DECO 指令，第2盏灯亮（Y005 得电），第3s D200 为3，执行第2个 DECO 指令，第3盏灯亮（Y006 得电），第4s D200 为4，执行第2个 DECO 指令，第4盏灯亮（Y007 得电），如此交替。

4.6 模拟量模块相关指令应用实例

4.6.1 FX2N-4AD 模块

FX2N-4AD 模块有4个通道，也就是说最多只能和四路模拟量信号连接，其转换精度为12位。与 FX2N-2AD 模块不同的是：FX2N-4AD 模块需要外接电源供电，FX2N-4AD 模块的外接信号可以是双极性信号（信号可以是正信号也可以是负信号）。此模块可以与 FX2 和 FX3 系列 PLC 配套使用。

如果读者是第一次使用 FX2N-4AD 模块，很可能会以为此模块的编程和 FX2N-2AD 模块是一样的，如果这样想那就错了，两者的编程是有区别的。FX2N-4AD 模块的 A/D 转换的输出特性见表 4-39。

表 4-39 A/D 转换的输出特性

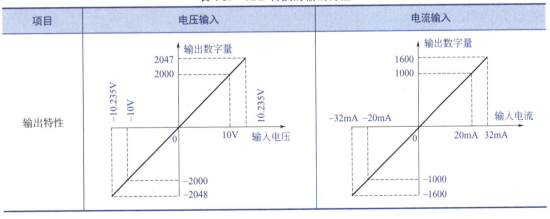

从前面的学习知道，使用特殊模块时，搞清楚缓冲存储器的分配特别重要，FX2N-4AD 模块的缓冲存储器的分配如下：

① BFM#0：通道初始化，缺省值 H0000，低位对应通道1，依此对应 1～4 通道。

"0" 表示通道模拟量输入为 -10～10V；

"1" 表示通道模拟量输入为 4～20mA；

"2" 表示通道模拟量输入为 -20～20mA；

"3" 表示通道关闭。

例如：H1111 表示 1～4 每个通道的模拟量输入为 4～20mA。

② BFM#1～BFM#4：对应通道 1～4 的采样次数设定，用于平均值时。

③ BFM#5：通道 1 的转换结果（采样平均数）。

④ BFM#6：通道 2 的转换结果（采样平均数）。

⑤ BFM#7：通道 3 的转换结果（采样平均数）。

⑥ BFM#8：通道 4 的转换结果（采样平均数）。

⑦ BFM#9～BFM#12：对应通道 1～4 的当前采样值。

⑧ BFM#15：采样速度的设置。

"0" 表示 15ms/ 通道；

"1" 表示 60ms/ 通道。

⑨ BFM#20：通道控制数据初始化。

"0" 表示正常设定；

"1" 表示恢复出厂值。

⑩ BFM#29：模块工作状态信息，以二进制形式表示。

a. BFM#29 的 bit0：为 "0" 时表示模块正常工作，为 "1" 表示模块有报警。

b. BFM#29 的 bit1：为 "0" 时表示模块偏移/增益调整正确，为 "1" 表示模块偏移/增益调整有错误。

c. BFM#29 的 bit2：为 "0" 时表示模块输入电源正确，为 "1" 表示模块输入电源有错误。

d. BFM#29 的 bit3：为 "0" 时表示模块硬件正常，为 "1" 表示模块硬件有错误。

e. BFM#29 的 bit10：为 "0" 时表示数字量输出正常，为 "1" 表示数字量超过正常范围。

f. BFM#29 的 bit11：为 "0" 时表示采样次数设定正确，为 "1" 表示模块采样次数设定超过允许范围。

g. BFM#29 的 bit12：为 "0" 时表示模块偏移/增益调整允许，为 "1" 表示模块偏移/增益调整被禁止。

【例 4-46】 特殊模块 FX2N-4AD 的通道 1 和通道 2 为电压输入，模块连接在 0 号位置，平均数设定为 4，将采集到的平均数分别存储在 PLC 的 D0 和 D1 中。

【解】 梯形图如图 4-149 所示。

在 "0" 位置的特殊功能模块的ID号由BFM#30中读出，并保存在主单元的D4中。比较该值以检查模块是否是FX2N-4AD，如是则M1变为ON。这两个程序步对完成模拟量的读入来说不是必需的，但它们确实是有用的检查，因此推荐使用。

将H3300写入FX2N-4AD的BFM#0，建立模拟输入通道(CH1, CH2)。

分别将4写入BFM#1和#2，将CH1和CH2的平均采样数设为4。

FX2N-4AD的操作状态由BFM#29中读出，并作为FX2N主单元的位设备输出。

如果操作FX2N-4AD没有错误，则读取BFM的平均数据。此例中，BFM#5和#6被读入FX2N主单元，并保存在D0到D1中。这些设备中分别包含了CH1和CH2的平均数据。

图 4-149 例 4-46 梯形图

FX2N-2AD 和 FX2N-4AD 的编程有差别的。FX2N-8AD 与 FX2N-4AD 模块类似，但前者的功能更加强大，它可以与热电偶连接，用于测量温度信号。

4.6.2 FX2N-4DA 模块

相对于其他的 PLC（如西门子 S7-200），FX2N-4DA 模块的使用相对复杂，要使用 FROM/TO 指令，如要使用 TO 指令启动 D/A 转换。此模块可以与 FX2 和 FX3 系列 PLC 配套使用。FX2N-4DA 模块的 D/A 转换的输出特性见表 4-40。

表 4-40 D/A 转换的输出特性

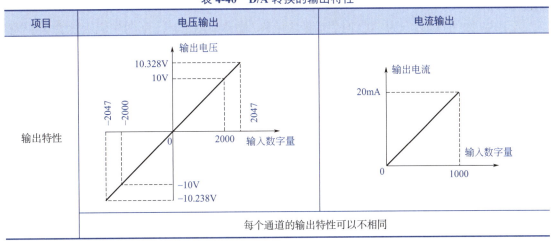

转换结果数据在模块缓冲存储器（BFM）中的存储地址如下：

① BFM#0：通道选择与启动控制字；控制字的共 4 位，每一位对应一个通道，其对应关系如图 4-150 所示。每一位中的数值的含义如下：

"0"表示通道模拟量输出为 -10 ～ 10V；

"1"表示通道模拟量输出为 4 ～ 20mA；

"2"表示通道模拟量输出为 0 ～ 20mA。

例如：H0022 表示通道 1 和 2 输出为 0 ～ 20mA；而通道 3 和 4 输出为 -10 ～ 10V。

图 4-150 控制字与通道的对应关系

② BFM#1 ～ BFM#4：通道 1 ～ 4 的转换数值。

③ BFM#5：数据保持模式设定；其对应关系如图 4-150 所示。每一位中的数值的含义如下：

"0"转换数据在 PLC 停止运行时，仍然保持不变；

"1"表示转换数据复位，成为偏移设置值。

④ BFM#8BFM/#9：偏移 / 增益设定指令。

⑤ BFM#10 ～ BFM#17：偏移 / 增益设定值。

⑥ BFM#29：模块的工作状态信息，以二进制的状态表示。

　　a. BFM#29 的 bit0：为"0"表示没有报警，为"1"表示有报警。

　　b. BFM#29 的 bit1：为"0"时表示模块偏移/增益调整正确，为"1"表示模块偏移/增益调整有错误。

　　c. BFM#29 的 bit2：为"0"时表示模块输入电源正确，为"1"表示模块输入电源有错误。

　　d. BFM#29 的 bit3：为"0"时表示模块硬件正常，为"1"表示模块硬件有错误。

　　e. BFM#29 的 bit10：为"0"时表示数字量输出正常，为"1"表示数字量超过正常范围。

　　f. BFM#29 的 bit11：为"0"时表示采样次数设定正确，为"1"表示模块采样次数设定超过允许范围。

　　g. BFM#29 的 bit12：为"0"时表示模块偏移/增益调整允许，为"1"表示模块偏移/增益调整被禁止。

4.6.3　FX3U-4AD-ADP 模块

　　三菱公司将 FX3U-4AD-ADP 模块归类在适配器中，而本书将处理模拟量的模块归并成一类讲解。

　　FX3U-4AD-ADP 模块有 4 个通道，也就是说最多只能和四路模拟量信号连接，FX3U-4AD-ADP 模块需要外接电源供电，FX3U-4AD-ADP 模块的外接信号可以是双极性信号（信号可以是正信号也可以是负信号）。

　　FX3U-4AD-ADP 安装在不同的位置，其对应的特殊软元件就不同，具体对应关系如图 4-151 所示，当 FX3U-4AD-ADP 安装在第一个位置时，其特殊辅助寄存器的范围是 M8260 ~ M8269，特殊数据寄存器的范围是 D8260 ~ D8269。注意不同规格的基本模块，特殊软元件也不同，这点非常重要。

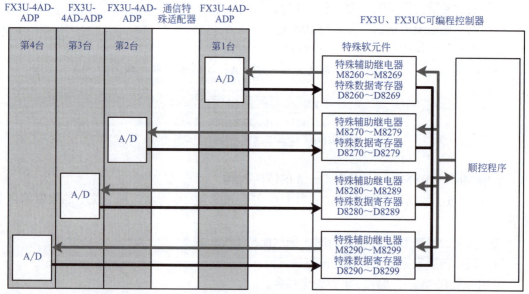

图 4-151　FX3U-4AD-ADP 安装位置与特殊软元件对应关系的示意图

FX3U-4AD-ADP 安装位置与特殊软元件对应关系，见表 4-41。例如 FX3U-4AD-ADP 安装第一个位置，其第 1 通道的特殊辅助继电器是 M8260，当输入信号为电压信号时，M8260 设置为 0。当输入信号为电流信号时，M8260 设置为 1。A/D 转换的结果直接采集在特殊寄存器 D8260 中。

表 4-41　FX3U-4AD-ADP 安装位置与特殊软元件对应关系

特殊软元件	软元件编号				内容
	第 1 台	第 2 台	第 3 台	第 4 台	
特殊辅助继电器	M8260	M8270	M8280	M8290	通道 1 输入模式切换
	M8261	M8271	M8281	M8291	通道 2 输入模式切换
	M8262	M8272	M8282	M8292	通道 3 输入模式切换
	M8263	M8273	M8283	M8293	通道 4 输入模式切换
	M8264～M8269	M8274～M8279	M8284～M8289	M8294～M8299	未使用（请不要使用）
特殊数据寄存器	D8260	D8270	D8280	D8290	通道 1 输入数据
	D8261	D8271	D8281	D8291	通道 2 输入数据
	D8262	D8272	D8282	D8292	通道 3 输入数据
	D8263	D8273	D8283	D8293	通道 4 输入数据
	D8264	D8274	D8284	D8294	通道 1 平均次数（设定范围：1～4095）
	D8265	D8275	D8285	D8295	通道 2 平均次数（设定范围：1～4095）
	D8266	D8276	D8286	D8296	通道 3 平均次数（设定范围：1～4095）
	D8267	D8277	D8287	D8297	通道 4 平均次数（设定范围：1～4095）
	D8268	D8278	D8288	D8298	错误状态
	D8269	D8279	D8289	D8299	机型代码 =1

【例 4-47】　传感器输出信号范围为 0～10V，连接在 FX3U-4AD-ADP 的第 1 个通道上，FX3U-4AD-ADP 安装在 FX3U-16MR 的左侧第 1 个槽位上，原理图如图 4-152 所示，将 A/D 转换值保存在 D100 中，要求编写此程序。

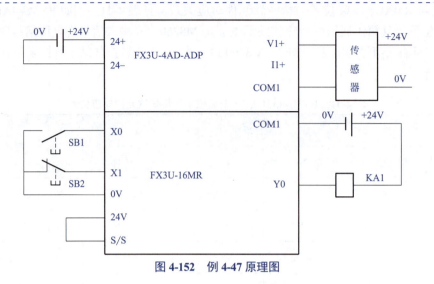

图 4-152　例 4-47 原理图

【解】 梯形图如图 4-153 所示。复位 M8260 代表模拟量通道 1 为电压信号，D8260 代表第 1 台设备的第 1 通道 AD 转换数值的特殊数据存储寄存器。转换结果转存到 D100 中。

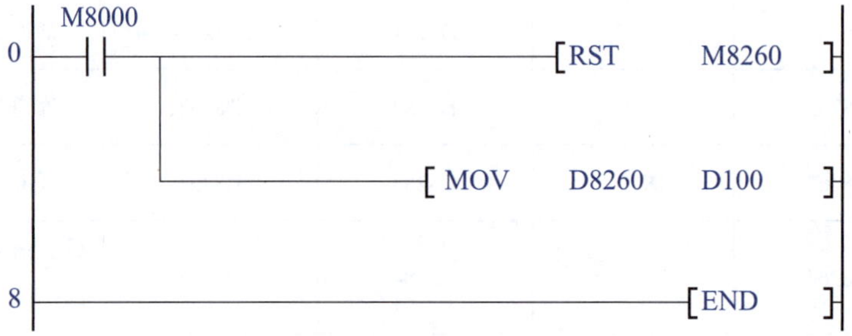

图 4-153　例 4-47 梯形图

4.6.4　FX3U-3A-ADP 模块

三菱公司将 FX3U-3A-ADP 模块归类在适配器中，而本书将处理模拟量的模块归并成一类讲解。

FX3U-3A-ADP 模块有 3 个通道，2 个模拟量输入通道和 1 个模拟量输出通道，FX3U-3A-ADP 模块需要外接电源供电，FX3U-3A-ADP 模块的外接信号可以是双极性信号（信号可以是正信号也可以是负信号）。

FX3U-3A-ADP 安装在不同的位置，其对应的特殊软元件就不同，具体对应关系如图 4-154 所示。当 FX3U-3A-ADP 安装在第一个位置时，其特殊辅助寄存器的范围是 M8260～M8269，特殊数据寄存器的范围是 D8260～D8269。注意不同规格的基本模块，特殊软元件也不同，这点非常重要。

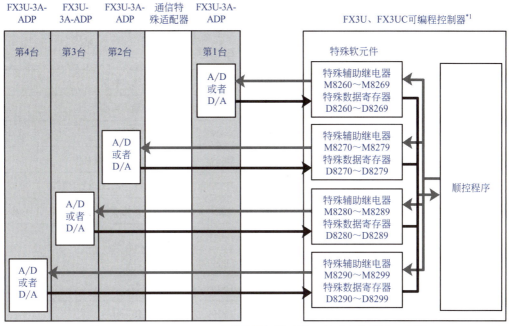

图 4-154　FX3U-3A-ADP 安装位置与特殊软元件对应关系的示意图

FX3U-3A-ADP 安装位置与特殊软元件对应关系，见表 4-42。例如 FX3U-3A-ADP 安装第一个位置，其第 1 通道的特殊辅助继电器是 M8260，当输入信号为电压信号时，M8260 设置为 0。当输入信号为电流信号时，M8260 设置为 1。A/D 转换的结果直接采集在特殊寄存器 D8260 中。第 3 通道是 D/A 转换通道，其特殊辅助继电器是 M8262，当输出信号为电压信号时，M8262 设置为 0。当输出信号为电流信号时，M8262 设置为 1。要 D/A 转换的数值保存在特殊寄存器 D8262 中。

表 4-42　FX3U-3A-ADP 安装位置与特殊软元件对应关系

特殊软元件	软元件编号				内容
	第 1 台	第 2 台	第 3 台	第 4 台	
特殊辅助继电器	M8260	M8270	M8280	M8290	通道 1 输入模式切换
	M8261	M8271	M8281	M8291	通道 2 输入模式切换
	M8262	M8272	M8282	M8292	输出模式切换
	M8263	M8273	M8283	M8293	未使用（请不要使用）
	M8264	M8274	M8284	M8294	
	M8265	M8275	M8285	M8295	
	M8266	M8276	M8286	M8296	输出保持解除设定
	M8267	M8277	M8287	M8297	设定输入通道 1 是否使用
	M8268	M8278	M8288	M8298	设定输入通道 2 是否使用
	M8269	M8279	M8289	M8299	设定输出通道是否使用

续表

特殊软元件	软元件编号				内容
	第1台	第2台	第3台	第4台	
特殊数据寄存器	D8260	D8270	D8280	D8290	通道1输入数据
	D8261	D8271	D8281	D8291	通道2输入数据
	D8262	D8272	D8282	D8292	输出设定数据
	D8263	D8273	D8283	D8293	未使用（请不要使用）
	D8264	D8274	D8284	D8294	通道1平均次数（设定范围：1～4095）
	D8265	D8275	D8285	D8295	通道2平均次数（设定范围：1～4095）
	D8266	D8276	D8286	D8296	未使用（请不要使用）
	D8267	D8277	D8287	D8297	
	D8268	D8278	D8288	D8298	错误状态
	D8269	D8279	D8289	D8299	机型代码=50

【例4-48】 传感器输出信号范围为4～20mA，连接在FX3U-3A-ADP的第1个通道上，变频器连接在FX3U-3A-ADP模拟量输出通道上，FX3U-3A-ADP安装在FX3U-16MT的左侧第1个槽位上，将A/D转换值保存在D100中，变频器的频率保存在D101中，设计原理图并编写此程序。

【解】 设计原理图如图4-155所示，二线式电流传感器接在第1通道上，电流输出信号连接上变频器的模拟量输入端子上。

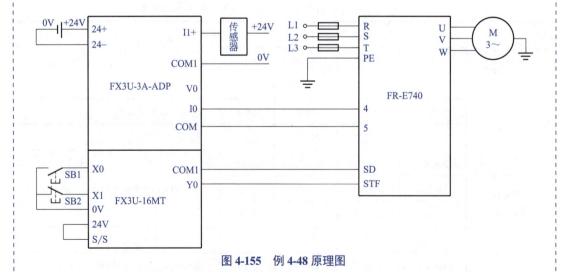

图4-155 例4-48原理图

梯形图如图4-156所示。

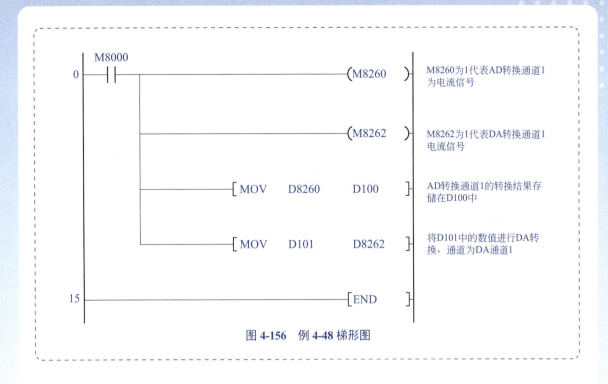

图 4-156 例 4-48 梯形图

4.7 子程序及其应用

子程序应该写在主程序之后，即子程序的标号应写在指令 FEND 之后，且子程序必须以 SRET 指令结束。子程序的格式如图 4-157 所示。把经常使用的程序段做成子程序，可以提高程序的运行效率。

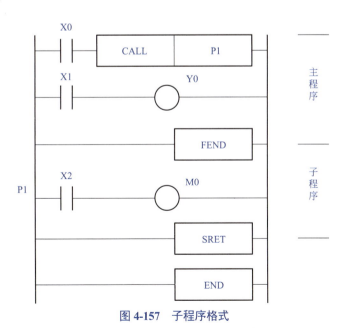

图 4-157 子程序格式

CALL、SRET 和 FEND 分别为子程序调用、返回指令和主程序结束指令。

子程序中再次使用 CALL 子程序，形成子程序嵌套。包括第一条 CALL 指令在内，子程序的嵌套最多不大于 5。

用一个例子说明子程序的应用，如图 4-158 所示，当 X0 接通时，调用子程序，K10 传送到 D0 中，然后返回主程序，D0 中的 K10 传送到 D2 中。

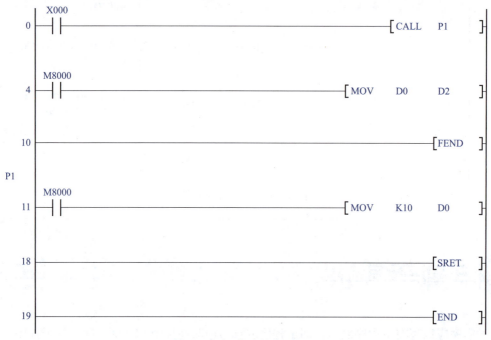

图 4-158　子程序的应用示例

4.8　中断及其应用

中断是计算机特有的工作方式，指在主程序的执行过程中，中断主程序，去执行中断子程序。中断子程序是为某些特定的控制功能而设定的。与前叙的子程序不同，中断是为随机发生的且必须立即响应的事件安排的，其响应时间应小于机器周期。引发中断的信号叫中断源。

FX3 系列 PLC 中断事件可分为三大类，即输入中断、计数器和定时中断。以下分别予以介绍。

EI、DI、IRET 分别是允许中断程序、禁止中断程序和中断返回指令。

（1）输入中断

外部输入中断通常是用来引入发生频率高于机器扫描频率的外部控制信号，或者用于处理那些需要快速响应的信号。输入中断和特殊辅助继电器（M8050～M8055）相关，M8050～M8055 的接通状态（1 或者 0）可以实现对应的中断子程序是否允许响应的选择，其对应关系见表 4-43。

表 4-43　M8050～M8055 与指针编号、输入编号的对应关系

序号	输入编号	指针编号		禁止中断指令
		上升沿	下降沿	
1	X000	I001	I000	M8050
2	X001	I101	I100	M8051
3	X002	I201	I200	M8052
4	X003	I301	I300	M8053
5	X004	I401	I400	M8054
6	X005	I501	I500	M8055

可编程控制器通常为禁止中断的状态。使用 EI 指令允许中断后，在扫描程序过程中，X000 或 X001 为 ON，执行中断子程序①或②，然后通过 IRET 指令返回到主程序。输入中断的动作如图 4-159 所示。

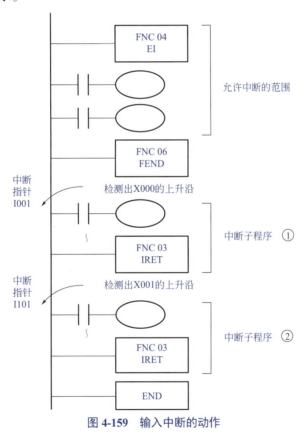

图 4-159　输入中断的动作

用一个例子来解释输入中断的应用，如图 4-160 所示，主程序在前面，而中断程序在后面。当 X010=OFF（断开）时，特殊继电器 M8050 为 OFF，所以中断程序不禁止，也就是说与之对应的标号为 I001 的中断程序允许执行，即每当 X000 接收到一次上升沿中断申请信号时，就执行中断子程序一次，使 Y001=ON；从而使 Y002 每秒接通和断开一次，中断程序执行完成后返回主程序。

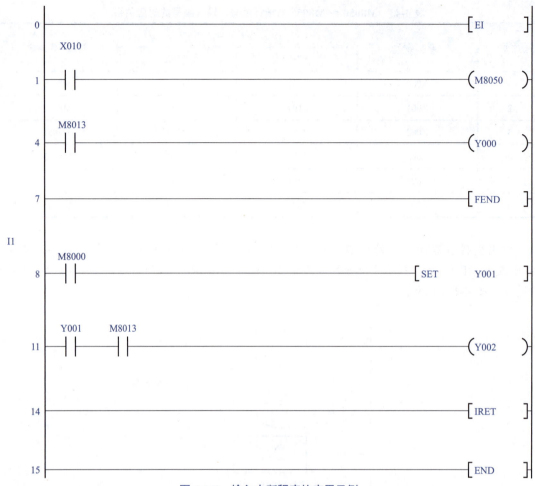

图 4-160 输入中断程序的应用示例

(2) 定时器中断

定时器中断就是每隔一段时间（10～99ms），执行一次中断程序。特殊继电器 M8056～M8058 与输入编号的对应关系见表 4-44。

表 4-44　M8056～M8058 与输入编号的对应关系

序号	输入编号	中断周期（ms）	禁止中断指令
1	I6□□	在指针名称的□□部分中，输入 10～99 的整数，I610= 每 10ms，执行一次定时器中断。	M8056
2	I7□□		M8057
3	I8□□		M8058

EI 指令以后定时器中断变为有效。此外，不需要定时器中断的禁止区间时，就不需要编写 DI（禁止中断指令）。定时中断的动作如图 4-161 所示。

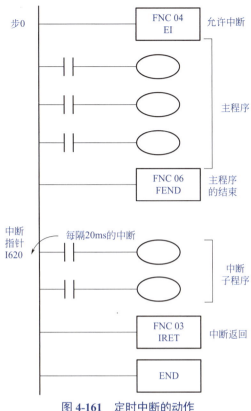

图 4-161 定时中断的动作

用一个例子来解释定时器中断的应用,如图 4-162 所示,主程序在前面,而中断程序在后面。当 X001 闭合,M0 置位,每 10ms 执行一次定时器中断程序,D0 的内容加 1,当 D0=100 时,M1=ON,M1 常闭触点断开,D0 的内容不再增加。

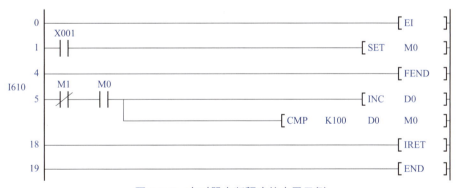

图 4-162 定时器中断程序的应用示例

(3) 计数器中断

计数器中断是用 PLC 内部的高速计数器对外部脉冲计数,若当前计数值与设定值进行比较相等时,执行子程序。计数器中断子程序常用于利用高速计数器计数进行优先控制的场合。

计数器中断指针为 I0□0 (□=1~6) 共六个,它们的执行与否会受到 PLC 内特殊继电器 M8059 状态控制，编号的对应关系见表 4-45。

表 4-45 M8059 与输入编号的对应关系

序号	输入编号	禁止中断指令	序号	输入编号	禁止中断指令
1	I10	M8059	4	I40	M8059
2	I20		5	I50	
3	I30		6	I60	

计数器中断的动作如图 4-163 所示。

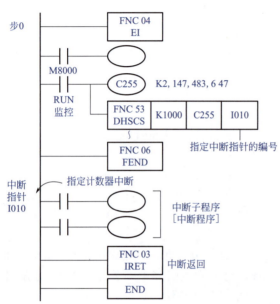

- EI 指令以后允许中断，编写主程序。

- 驱动高速计数器的线圈，在 DHSCS 指令 (FNC 53) 中指定中断指针。

- C255 的当前值在 999→1000 或 1001→1000 中变化的时候，执行中断子程序。使用中断程序的实例，请参考上述的输入中断。

图 4-163 计数器中断的动作

第 2 篇

应用精通篇

第 5 章
步进梯形图及编程方法

本章介绍顺序功能图的画法、梯形图的禁忌以及如何根据顺序功能图用基本指令、功能指令、复位/置位指令和顺控指令四种方法编写逻辑控制的梯形图，并用实例进行说明。最后讲解了程序的调试方法。

5.1 功能图

FX 系列 PLC 除了梯形图外，还有顺序功能图语言，即 SFC（Sequential Function Chart），用于复杂的顺序控制程序。步进指令是专为顺序控制而设计的指令。在工业控制领域许多的控制过程都可用顺序控制的方式来实现，使用步进指令实现顺序控制既方便实现，又便于阅读修改。

5.1.1 功能图的画法

顺序功能图又叫状态转移图，它是描述控制系统的控制过程、功能和特性的一种图形，同时也是设计 PLC 顺序控制程序的一种有力工具。它具有简单、直观等特点，不涉及控制功能的具体技术，是一种通用的语言，是 IEC（国际电工委员会）首选的编程语言，近年来在 PLC 的编程中已经得到了普及与推广。在 IEC848 中称顺序功能图，在我国国家标准 GB/T 6988—2008 中称功能表图。

功能图的基本思想是：设计者按照生产要求，将被控设备的一个工作周期划分成若干个工作阶段（简称"步"），并明确表示每一步要执行的输出，"步"与"步"之间通过制定的条件进行转换，在程序中，只要通过正确连接进行"步"与"步"之间的转换，就可以完成被控设备的全部动作。

PLC 执行 SFC 程序的基本过程是：根据转换条件选择工作"步"，进行"步"的逻辑处理。组成 SFC 程序的基本要素是步、转换条件和有向连线，如图 5-1 所示。

（1）步

一个顺序控制过程可分为若干个阶段，也称为步或状态。系统初始状态对应的步称为初始步，初始步一般用双线框表示。在每一步中施控系统要发出某些"命令"，而被控系统要完成某些"动作"，把"命令"和"动作"都称为动作。当系统处于某一工作阶段时，则该步处于激活状态，称为活动步。

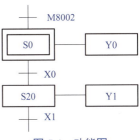

图 5-1　功能图

（2）转换条件

所谓"转换条件"，就是用于改变 PLC 状态的控制信号。不同状态的"转换条件"可以不同也可以相同，当"转换条件"各不相同时，SFC 程序每次只能选择其中一种工作状态（称为"选择分支"），当"转换条件"都相同时，SFC 程序每次可以选择多个工作状态（称为"选择并行分支"）。只有满足条件状态，才能进行逻辑处理与输出，因此，"转换条件"是 SFC 程序选择工作状态（步）的"开关"。

（3）有向连线

步与步之间的连接线就是"有向连线"，"有向连线"决定了状态的转换方向与转换途径。在有向连线上有短线，表示转换条件。当条件满足时，转换得以实现。上一步的动作结束，下一步的动作开始，因而不会出现动作重叠。步与步之间必须要有转换条件。

图 5-1 中，双框为初始步，S0 和 S20 是步名，X0、X1 为转换条件，Y0、Y1 为动作。当 S0 有效时，OUT 指令驱动 Y0。步与步之间的连线称为有向连线，它的箭头省略未画。

（4）功能图的结构分类

根据步与步之间的进展情况，功能图分为以下三种结构。

1）单一顺序　单一顺序动作是一个接一个地完成，完成每步只连接一个转移，每个转移只连接一个步。以下用"启保停电路"来讲解功能图和梯形图的对应关系。

功能图转换成梯形图

为了便于将顺序功能图转换为梯形图，采用代表各步的编程元件的地址（比如 M2）作为步的代号，并用编程元件的地址来标注转换条件和各步的动作和命令，当某步对应的编程元件置 1，代表该步处于活动状态。

① 启保停电路对应的布尔代数式。标准的启保停梯形图如图 5-2 所示，图中 X000 为 Y000 的启动条件，当 X000 置 1，Y000 得电；X001 为 Y000 的停止条件，当 X001 置 1，Y000 断电；Y000 的辅助触点为 Y000 的保持条件。该梯形图对应的布尔代数式为：

$$Y000 = (X000 + Y000) \cdot \overline{X001}$$

图 5-2　标准的启保停梯形图

② 顺序控制梯形图储存位对应的布尔代数式。如图 5-3（a）所示的功能图，M1 转换为活动步的条件是 M1 步的前一步是活动步，相应的转换条件（X000）得到满足，即 M1 的启动条件为 M0·X000。当 M2 转换为活动步后，M1 转换为不活动步，因此，M2 可以看成 M1 的停止条件。由于大部分转换条件都是瞬时信号，即信号持续的时间比它激活的后续步的时间短，因此应当使用有记忆功能的电路控制代表步的储存位。在这种情况下，注意到启动条件、停止条件和保持条件就都有了，就可以用启保停方法来设计顺序功能图的布尔代数式和梯形图。顺序控制功能图中储存位对应的布尔代数式如图 5-3（b）所示，参照图 5-2 所示的标准启保停梯形图，就可以轻松地将图 5-3 所示的顺序功能图转换为如图 5-4 所示的梯形图。图 5-3 图 5-4 所示的功能图和梯形图是一一对应的。

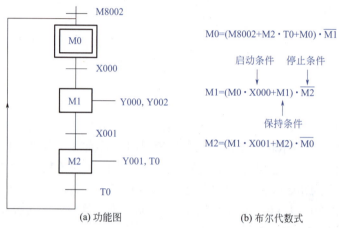

图 5-3 顺序功能图和对应的布尔代数式

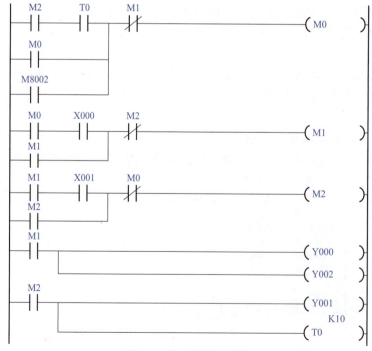

图 5-4 单一顺序梯形图

2）选择顺序　　选择顺序是指某一步后有若干个单一顺序等待选择，称为分支，一般只允许选择进入一个顺序，转换条件只能标在水平线之下。选择顺序的结束称为合并，用一条水平线表示，水平线以下不允许有转换条件跟着，如图 5-5 所示。

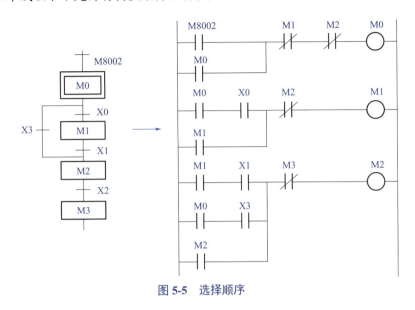

图 5-5　选择顺序

3）并行顺序　　并行顺序是指在某一转换条件下，同时启动若干个顺序，也就是说转换条件实现导致几个分支同时激活。并行顺序的开始和结束都用双水平线表示，如图 5-6 所示。

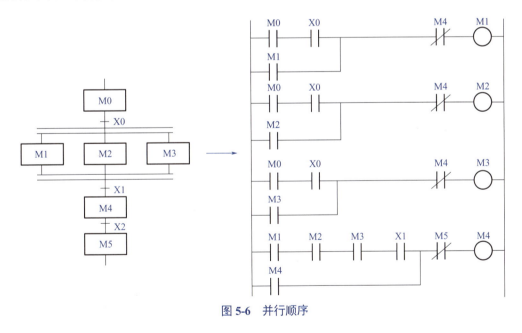

图 5-6　并行顺序

4）选择序列和并行序列的综合　　如图 5-7 所示，步 M0 之后有一个选择序列的分支，设 M0 为活动步，当它的后续步 M1 或 M2 变为活动步时，M0 变为不活动步，即 M0 为 0 状态，所以应将 M1 和 M2 的常闭触点与 M0 的线圈串联。

步 M2 之前有一个选择序列合并，当步 M1 为活动步（即 M1 为 1 状态），并且转换条件

X001 满足，或者步 M0 为活动步，并且转换条件 X002 满足，步 M2 变为活动步，所以该步的存储器 M2 的启保停电路的启动条件为 M1·X001+M0·X002，对应的启动电路由两条并联支路组成。

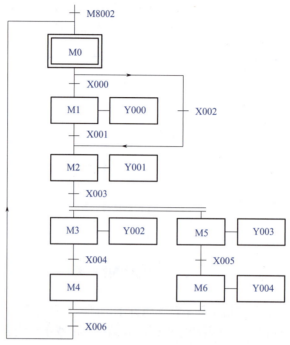

图 5-7　选择序列和并行序列功能图

步 M2 之后有一个并行序列分支，当步 M2 是活动步并且转换条件 X003 满足时，步 M3 和步 M5 同时变成活动步，这时用 M2 和 X003 常开触点组成的串联电路，分别作为 M3 和 M5 的启动电路来实现，与此同时，步 M2 变为不活动步。

步 M0 之前有一个并行序列的合并，该转换实现的条件是所有的前级步（即 M4 和 M6）都是活动步和转换条件 X006 满足。由此可知，应将 M4、M6 和 X006 的常开触点串联，作为控制 M0 的启保停电路的启动电路。图 5-7 所示的功能图对应的梯形图如图 5-8 所示。

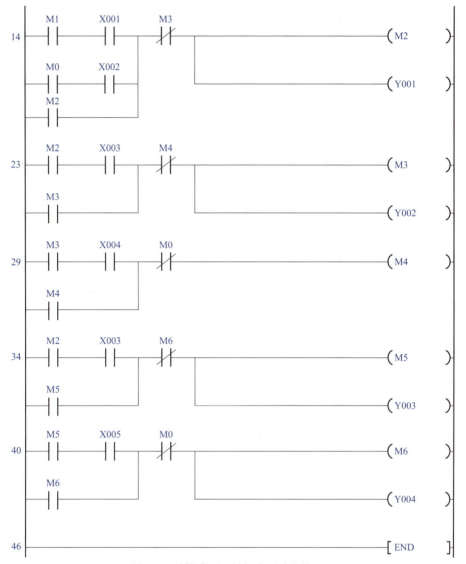

图 5-8 选择序列和并行序列综合梯形图

(5) 功能图设计的注意点

① 状态之间要有转换条件，如图 5-9，状态之间缺"转换条件"，不正确，应改成如图 5-10 所示的正确功能图。必要时转换条件可以简化，应将图 5-11 简化成图 5-12。

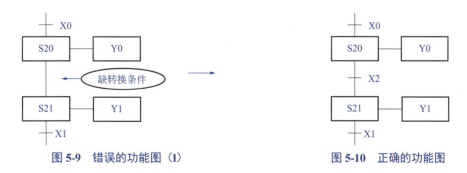

图 5-9 错误的功能图（1）　　　　　　图 5-10 正确的功能图

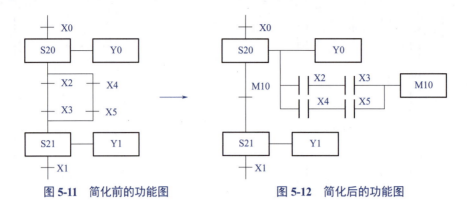

图 5-11 简化前的功能图　　　　图 5-12 简化后的功能图

② 转换条件之间不能有分支，如图 5-13 所示，应该改成如图 5-14 所示合并后的功能图，合并转换条件。

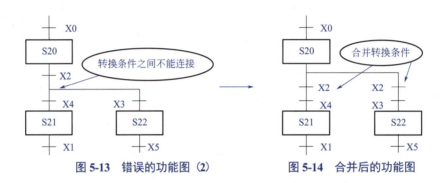

图 5-13 错误的功能图（2）　　　　图 5-14 合并后的功能图

5.1.2 梯形图的编程原则和禁忌

尽管梯形图与继电器电路图在结构形式、元件符号及逻辑控制功能等方面类似，但它们又有许多不同之处，梯形图有自己的编程规则。

① 每一逻辑行总是起于左母线，然后是触点的连接，最后终止于线圈或右母线（右母线可以不画出）。三菱 PLC 的左母线与线圈之间一定要有触点，而线圈与右母线之间则不能有任何触点，如图 5-15 所示，有的 PLC 允许触点间有线圈。

图 5-15 梯形图（1）

② 无论选用哪种机型的 PLC，所用元件的编号必须在该机型的有效范围内。例如 FX3 系列的 PLC 的特殊软元件中 M8256～M8259 不可用，M8511 以上是不存在的。

③ 梯形图中的触点可以任意串联或并联，但继电器线圈只能并联而不能串联。

④ 触点的使用次数不受限制，例如，只要需要，辅助继电器 M0 可以在梯形图中出现无限制的次数，而实物继电器的触点一般少于 8 对，只能用有限次。

⑤ 在梯形图中同一线圈只能出现一次。如果在程序中，同一线圈使用了两次或多次，称为"双线圈输出"。对于"双线圈输出"，有些 PLC 将其视为语法错误，绝对不允许；有些 PLC 则将前面的输出视为无效，只有最后一次输出有效；而有些 PLC，在含有跳转指令或步进指令的梯形图中允许双线圈输出。

⑥ 梯形图中不能出现 X 线圈。

⑦ 对于不可编程梯形图必须经过等效变换，变成可编程梯形图，如图 5-16 所示。

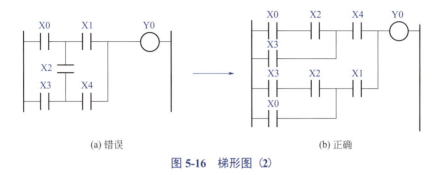

(a) 错误　　　　　　　　　　　　(b) 正确

图 5-16　梯形图（2）

⑧ 有几个串联电路相并联时，应将串联触点多的回路放在上方，归纳为"多上少下"的原则，如图 5-17 所示。在有几个并联电路相串联时，应将并联触点多的回路放在左方，归纳为"多左少右"原则，如图 5-18 所示。这样所编制的程序简洁明了，语句较少。

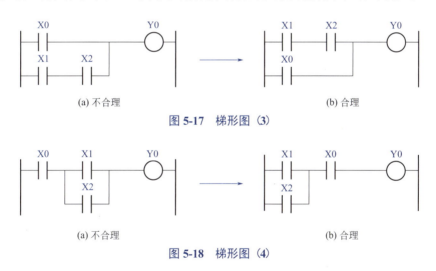

(a) 不合理　　　　　　　　　　　　(b) 合理

图 5-17　梯形图（3）

(a) 不合理　　　　　　　　　　　　(b) 合理

图 5-18　梯形图（4）

⑨ 采用流程图描述控制要求时，必须按照有关规定使用状态元件，如 S0～S9 是初始化用。

5.1.3　步进指令

步进指令又称 STL 指令。FX3U 系列 PLC 有两条步进指令，分别是 STL（步进触点指令）和 RET（步进返回指令）。步进指令只有与状态继电器 S 配合使用才有步进功能，状态继电器的参数见表 5-1。

根据 SFC 的特点，步进指令是使用内部状态元件（S），在顺控程序上进行工序步进控制。也就是说，步进顺控指令只有与状态元件配合才能有步进功能。使用 STL 指令的状态继电器的常开触点，称为 STL 触点，没有 STL 常闭触点，功能图与梯形图有对应关系，从图 5-19 可以看出。用状态继电器代表功能图的各步，每一步都有三种功能：负载驱动处理、指定转换条件和指定转换目标。且在语句表中体现了 STL 指令的用法。

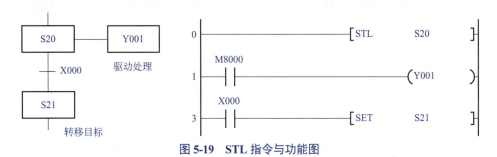

图 5-19　STL 指令与功能图

当前步 S20 为活动步时，S20 的 STL 触点导通，负载 Y001 输出，若 X000 也闭合（即转换条件满足），后续步 S21 被置位变成活动步，同时 S20 自动变成不活动步，输出 Y001 随之断开。

步进梯形图编程时应注意以下问题。

① STL 指令只有常开触点，没有常闭触点。

② 与 STL 相连的触点用 LD、LDI 指令，即产生母线右移，使用完 STL 指令后，应该用 RET 指令使 LD 点返回母线。

③ 梯形图中同一元件可以被不同的 STL 触点驱动，也就说使用 STL 指令允许双线圈输出。

④ STL 触点之后不能使用主控指令 MC/MCR。

⑤ STL 内可以使用跳转指令，但比较复杂，不建议使用。

⑥ 规定步进梯形图必须有一个初始状态（初始步），并且初始状态必须在最前面。初始状态的元件必须是 S0～S9，否则 PLC 无法进入初始状态。其他状态的元件参见表 5-1。

表 5-1　FX2N 系列 PLC 状态继电器一览表

类别	状态继电器号	点数	功能
初始状态继电器	S0～S9	10	初始化
返回状态继电器	S10～S19	10	用 ITS 指令时原点返还
普通状态继电器	S20～S499	480	用在 SFC 中间状态
掉电保护型继电器	S500～S899	400	具有停电记忆功能
诊断、保护继电器	S900～S999	100	用于故障、诊断或报警

【例 5-1】　根据图 5-20 的状态转移图，编写步进梯形图程序。

【解】　状态转移图和步进梯形图的对应关系如图 5-20 所示。

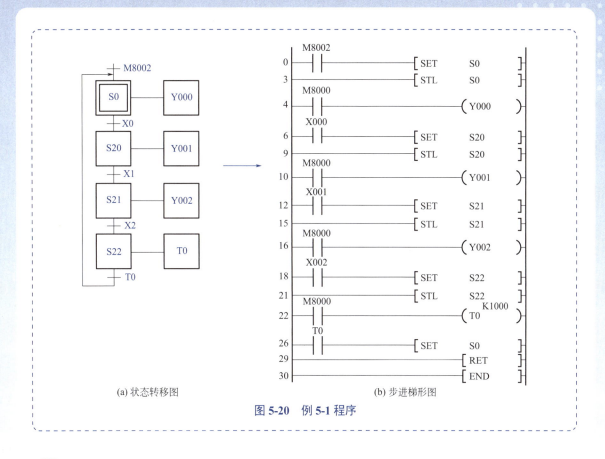

(a) 状态转移图　　　　　　　　　(b) 步进梯形图

图 5-20　例 5-1 程序

5.2　可编程控制器的编程方法

相同的硬件系统，由不同的人设计，可能设计出不同的程序，有的人设计的程序简洁而且可靠，而有的人设计的程序虽然能完成任务，但较复杂。PLC 程序设计是有规律可循的，下面将介绍两种方法：经验设计法和流程图设计法。

5.2.1　经验设计法

经验设计法就是在一些典型的梯形图的基础上，根据具体的对象对控制系统的具体要求，对原有的梯形图进行修改和完善。这种方法适合有一定工作经验的人，这些人手头有现成的资料，特别在产品更新换代时，使用这种方法比较节省时间。下面举例说明这种方法的思路。

【例 5-2】　图 5-21 为小车运输系统的示意图和 I/O 接线图，SQ1、SQ2、SQ3 和 SQ4 是限位开关，当压下 SB1 按钮，小车右行，在 SQ2 处停 10s 后左行，到 SQ1 后停 10s 后右行，如此往复循环工作；当压下 SB2 按钮，小车左行，在 SQ1 处停 10s 后右行，到 SQ2 后停 10s 后左行，如此往复循环工作；任何时候压下 SB3 按钮，小车停止运行。

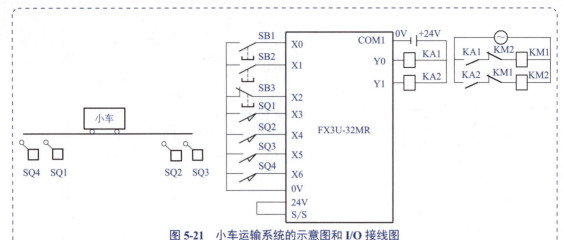

图 5-21 小车运输系统的示意图和 I/O 接线图

【解】 小车左行和右行是不能同时进行的,因此有联锁关系,与电动机的正、反转的梯形图类似,因此先设计出电动机正、反转控制的梯形图,如图 5-22 所示,再在这个梯形图的基础上进行修改,增加四个限位开关的输入,增加两个定时器,就变成了图 5-23 的梯形图。

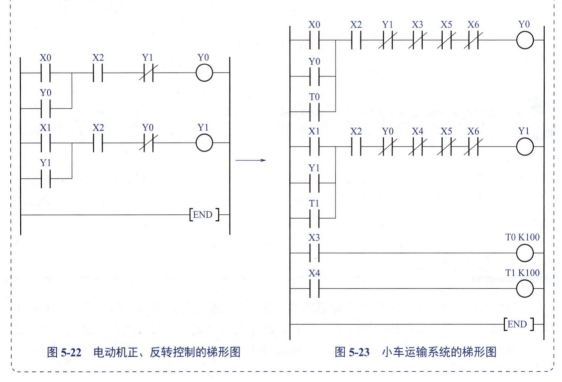

图 5-22 电动机正、反转控制的梯形图　　图 5-23 小车运输系统的梯形图

5.2.2 流程图设计法

流程图设计法也称为启保停设计法或功能图设计法。对于比较复杂的逻辑控制,用经验设计法就不合适,适合用功能图设计法。功能图设计法无疑是应用最为广泛的设计方

法。功能图就是顺序功能图，功能图设计法就是先根据系统的控制要求画出功能图，再根据功能图画梯形图，梯形图可以是基本指令梯形图，也可以是顺控指令梯形图和功能指令梯形图。因此，设计功能图是整个设计过程的关键，也是难点。启保停设计方法的基本步骤如下。

（1）绘制出顺序功能图

要使用启保停设计方法设计梯形图时，先根据控制要求绘制出顺序功能图，其中顺序功能图的绘制在前面章节中已经详细讲解，在此不再重复。

（2）写出储存器位的布尔代数式

对应于顺序功能图中的每一个储存器位都可以写出如图 5-24 所示的布尔代数式。图中，等号左边的 M_i 为第 i 个储存器位的状态；等号右边的 M_i 为第 i 个储存器位的常开触点，X_i 为第 i 个工步所对应的转换信号，M_{i-1} 为第 $i-1$ 个储存器位的常开触点，$\overline{M}_{i+1}$ 为第 $i+1$ 个储存器位的常闭触点。

$$M_i=(X_i \cdot M_{i-1}+M_i) \cdot \overline{M}_{i+1}$$

图 5-24　存储器位的布尔代数式

（3）写出执行元件的逻辑函数式

执行元件为顺序功能图中的储存器位所对应的动作。一个步通常对应一个动作，输出和对应步的储存器位的线圈并联或者在输出线圈前串接一个对应步的储存器位的常开触点。当功能图中有多个步对应同一动作时，其输出可用这几个步对应的储存器位的"或"来表示，如图 5-25 所示。

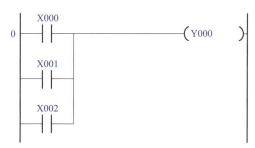

图 5-25　多个步对应同一动作时的梯形图

（4）设计梯形图

在完成前 3 个步骤的基础上，可以顺利设计出梯形图。

5.2.3　流程图设计法实例

功能图编程
应用举例

（1）利用基本指令编写梯形图程序

用基本指令编写梯形图指令是最容易被想到的方法，不需要了解较多的指令。采用这种方法编写程序的过程是：先根据控制要求设计正确的功能图，再根据功能图写出正确的布尔表达式，最后根据布尔表达式画基本指令梯形图。以下用一个例子讲解利用基本指令编写梯形图指令的方法。

【例 5-3】 步进电机是一种将电脉冲信号转换为电动机旋转角度的执行机构。当步进驱动器接收到一个脉冲，就驱动步进电动机按照设定的方向旋转一个固定的角度（称为步距角）。因此步进电机是按照固定的角度一步一步转动的。因此可以通过脉冲数量控制步进电机的运行角度，并通过相应的装置，控制运动的过程。对于四相八拍步进电动机，其控制要求为：

① 按下"启动"按钮，定子磁极 A 通电，1s 后 A、B 同时通电；再过 1s，B 通电，同时 A 失电；再过 1s，B、C 同时通电……以此类推，其通电过程如图 5-26 所示。

② 有 2 种工作模式。工作模式 1 时，按下"停止"按钮，完成一个工作循环后，停止工作；工作模式 2 时，具有锁相功能，当压下"停止"按钮后，停止在通电的绕组上，下次压下"启动"按钮时，从上次停止的线圈开始通断电工作。

③ 无论何种工作模式，只要压下"急停"按钮，系统所有线圈立即断电。

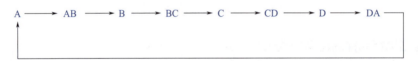

图 5-26 通电过程图

【解】 原理图如图 5-27 所示，根据题意很容易画出功能图，如图 5-28 所示。根据功能图编写梯形图程序如图 5-29 所示。

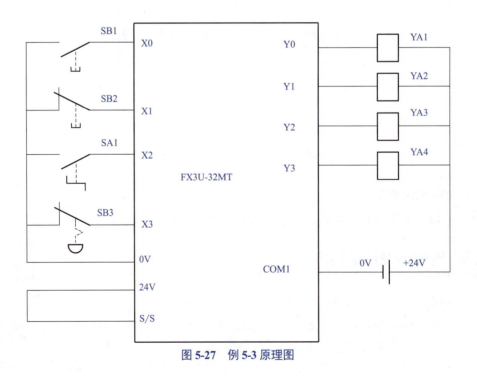

图 5-27 例 5-3 原理图

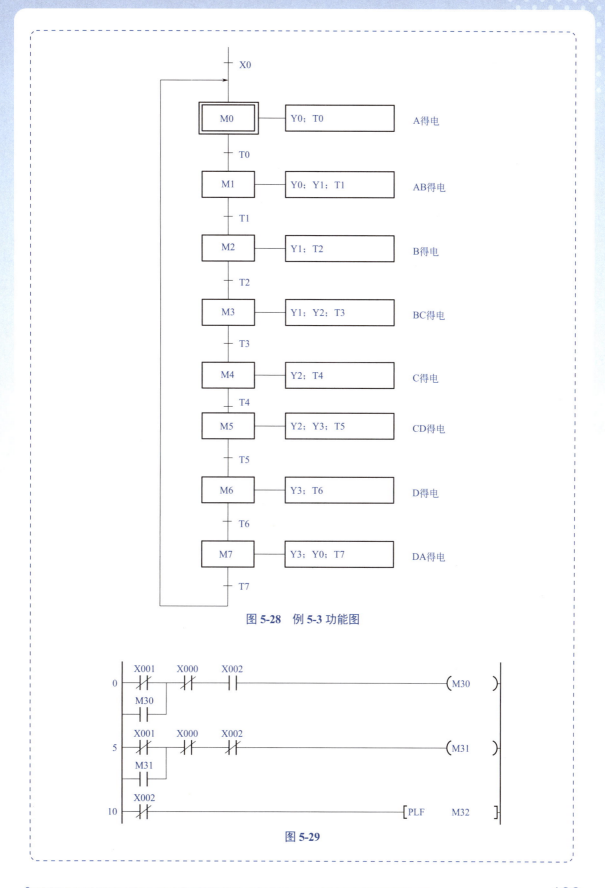

图 5-28 例 5-3 功能图

图 5-29

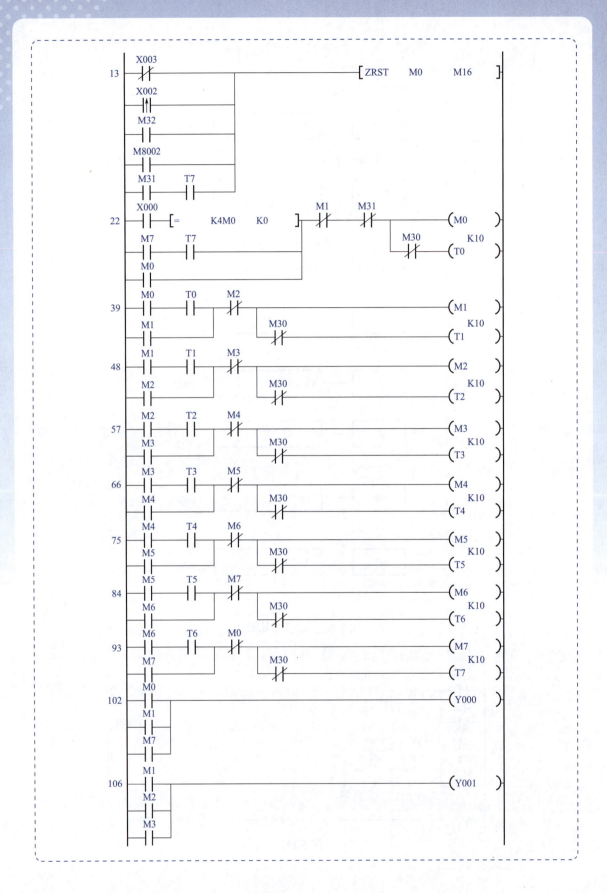

图 5-29　例 5-3 梯形图

（2）利用功能指令编写逻辑控制程序

西门子的功能指令有许多特殊功能，其中移位指令和循环指令非常适合用于顺序控制，用这些指令编写程序简洁且可读性强。以下用一个例子讲解利用功能指令编写逻辑控制程序。

【例 5-4】　用功能指令编写例 5-3 的程序。

【解】　原理图如图 5-27 所示，根据题意很容易画出功能图，如图 5-28 所示。根据功能图编写梯形图程序如图 5-30 所示。

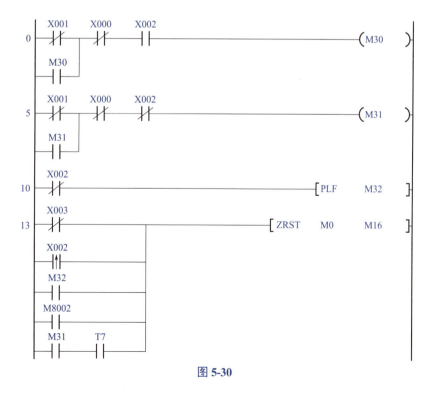

图 5-30

```
           X000                              M31
    23      ──┤├──[= K4M0  K0 ]──────┤/├──────────[SET   M0 ]
           M7    T7
           ──┤├──┤├──┘

           M0    T0
    34      ──┤├──┤↑├──────────────────────[ROL   K4M0   K1]
           M1    T1
           ──┤├──┤↑├
           M2    T2
           ──┤├──┤↑├
           M3    T3
           ──┤├──┤↑├
           M4    T4
           ──┤├──┤↑├
           M5    T5
           ──┤├──┤↑├
           M6    T6
           ──┤├──┤↑├

           M0    M30                                 K10
    70      ──┤├──┤/├──────────────────────────────(T0 )
           M1    M30                                 K10
    75      ──┤├──┤/├──────────────────────────────(T1 )
           M2    M30                                 K10
    80      ──┤├──┤/├──────────────────────────────(T2 )
           M3    M30                                 K10
    85      ──┤├──┤/├──────────────────────────────(T3 )
           M4    M30                                 K10
    90      ──┤├──┤/├──────────────────────────────(T4 )
           M5    M30                                 K10
    95      ──┤├──┤/├──────────────────────────────(T5 )
           M6    M30                                 K10
   100      ──┤├──┤/├──────────────────────────────(T6 )
           M7    M30                                 K10
   105      ──┤├──┤/├──────────────────────────────(T7 )
           M0
   110      ──┤├──────────────────────────────────(Y000)
           M1
           ──┤├──
           M7
           ──┤├──
```

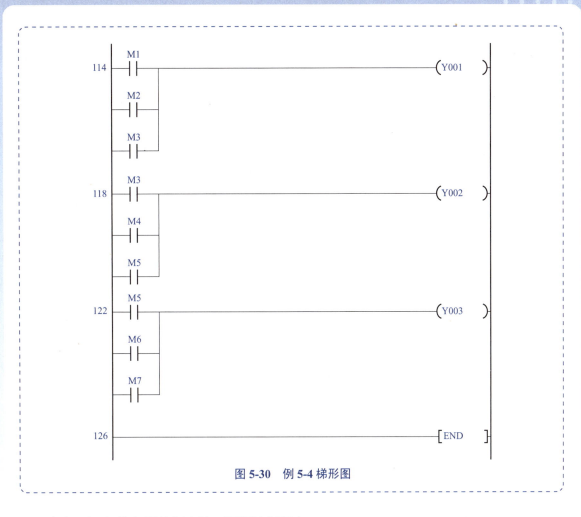

图 5-30 例 5-4 梯形图

（3）利用复位和置位指令编写逻辑控制程序

复位和置位指令是常用指令，用复位和置位指令编写程序简洁而且可读性强。以下用一个例子讲解利用复位和置位指令编写逻辑控制程序。

【例 5-5】 用复位和置位指令编写例 5-3 的程序。

【解】 原理图如图 5-27 所示，根据题意很容易画出功能图，如图 5-28 所示。根据功能图编写梯形图程序如图 5-31 所示。

图 5-31

```
          X002
      ┤/├─────────────────────────────────[PLF    M32 ]
10
          X003
      ┤/├─────────────────────[ZRST   M0    M16 ]
13
          X002
      ─┤↑├─
          M32
      ─┤ ├─
          M8002
      ─┤ ├─
          M31    T7
      ─┤ ├────┤ ├─
          X000                          M31
      ─┤ ├──[= K4M0 K0 ]─┤/├────[SET    M0  ]
23
          M7     T7
      ─┤ ├────┤ ├────────────────[RST    M7  ]
          M0     T0
      ─┤ ├────┤ ├────────────────[SET    M1  ]
35
                               ───────[RST    M0  ]
          M1     T1
      ─┤ ├────┤ ├────────────────[SET    M2  ]
39
                               ───────[RST    M1  ]
          M2     T2
      ─┤ ├────┤ ├────────────────[SET    M3  ]
43
                               ───────[RST    M2  ]
          M3     T3
      ─┤ ├────┤ ├────────────────[SET    M4  ]
47
                               ───────[RST    M3  ]
          M4     T4
      ─┤ ├────┤ ├────────────────[SET    M5  ]
51
                               ───────[RST    M4  ]
          M5     T5
      ─┤ ├────┤ ├────────────────[SET    M6  ]
55
                               ───────[RST    M5  ]
          M6     T6
      ─┤ ├────┤ ├────────────────[SET    M7  ]
59
                               ───────[RST    M6  ]
          M0     M30                              K10
      ─┤ ├────┤/├───────────────────────( T0 )
63
```

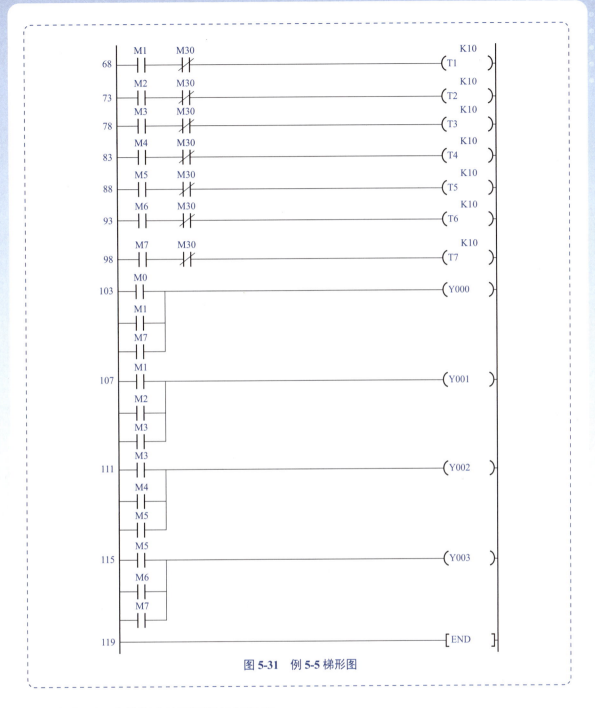

图 5-31 例 5-5 梯形图

(4) 利用步进指令编写逻辑控制程序

【例 5-6】 步进指令编写例 5-3 的程序。

【解】 原理图如图 5-27 所示,根据题意很容易画出功能图,如图 5-32 所示。根据功能图编写梯形图程序如图 5-33 所示。

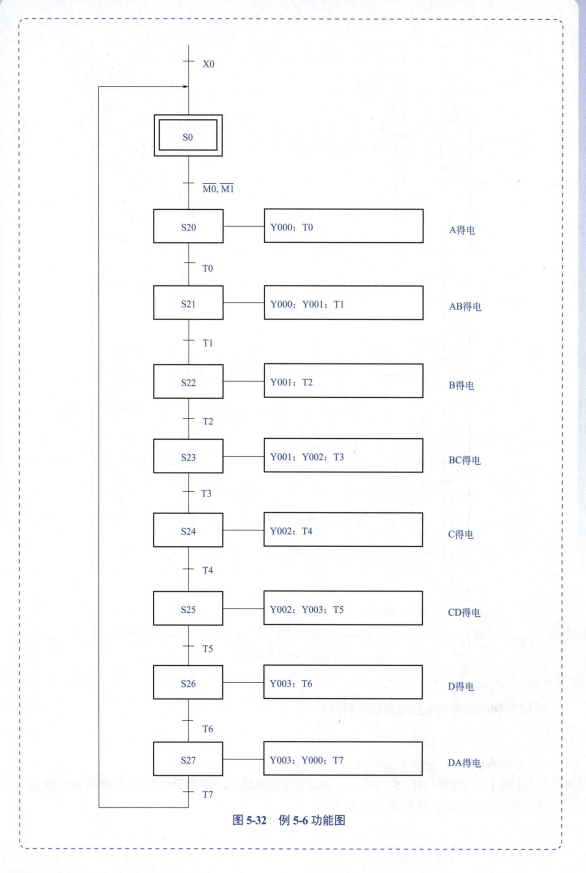

图 5-32 例 5-6 功能图

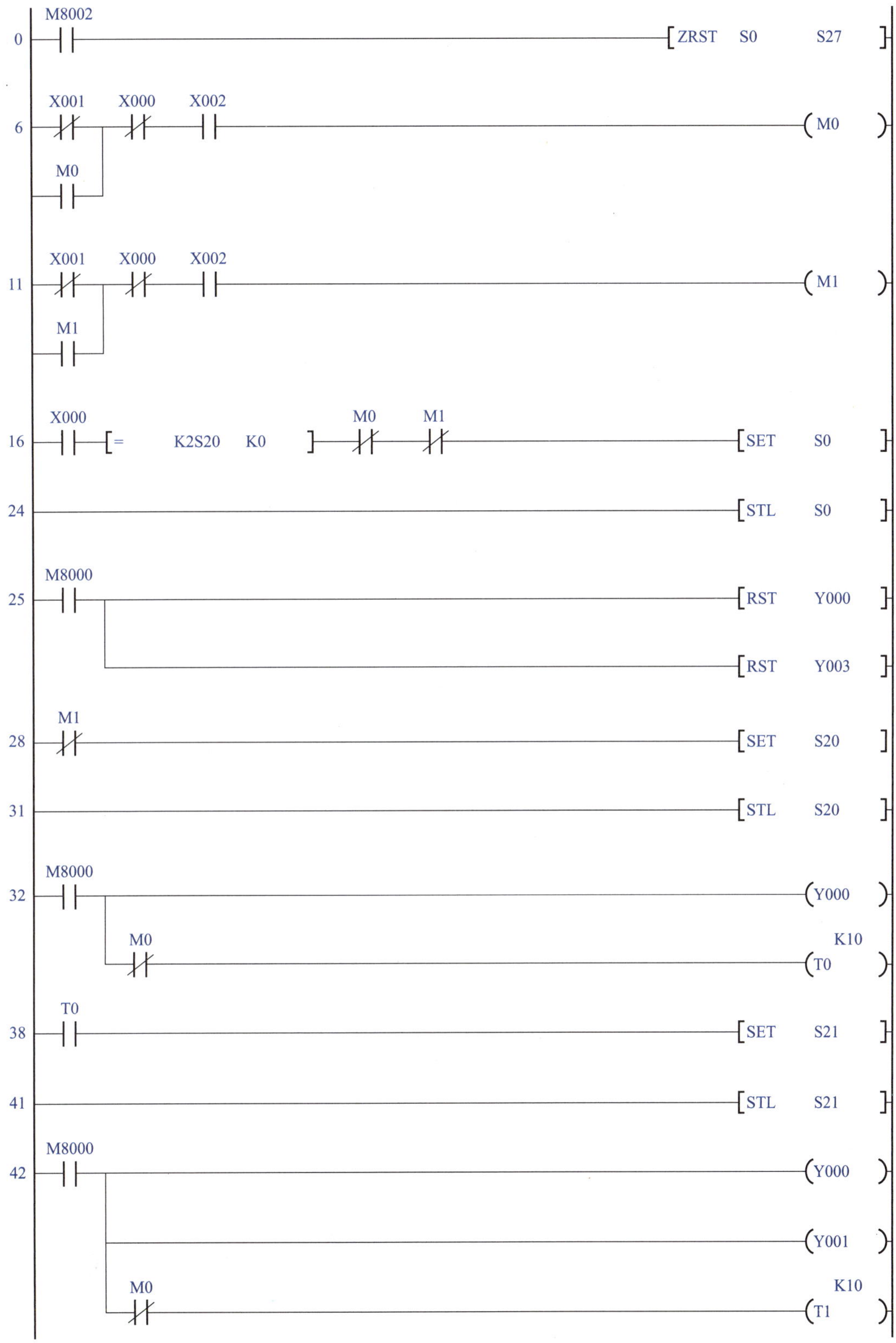

```
 0  ──┤M8002├─────────────────────────────────────[ZRST  S0    S27]

 6  ──┤X001├──┤/X000├──┤X002├────────────────────────────────(M0)
      ├─┤M0├─┘

11  ──┤/X001├──┤X000├──┤X002├───────────────────────────────(M1)
      ├─┤M1├─┘

16  ──┤X000├──[= K2S20 K0]──┤/M0├──┤/M1├────────────[SET   S0]

24  ─────────────────────────────────────────────────[STL   S0]

25  ──┤M8000├──────────────────────────────────────[RST   Y000]
                      └───────────────────────────[RST   Y003]

28  ──┤/M1├──────────────────────────────────────────[SET   S20]

31  ─────────────────────────────────────────────────[STL   S20]

32  ──┤M8000├─────────────────────────────────────────(Y000)
          └──┤/M0├───────────────────────────────(T0  K10)

38  ──┤T0├───────────────────────────────────────────[SET   S21]

41  ─────────────────────────────────────────────────[STL   S21]

42  ──┤M8000├─────────────────────────────────────────(Y000)
                                                      (Y001)
          └──┤/M0├───────────────────────────────(T1  K10)
```

图 5-33

```
49   ──┤ T1 ├──────────────────────────────────[SET  S22]

52   ─────────────────────────────────────────[STL  S22]

       M8000
53   ──┤ ├──────────────────────────────────────(Y001)
       M0                                        K10
       ─┤/├──────────────────────────────────────(T2)

       T2
59   ──┤ ├─────────────────────────────────────[SET  S23]

62   ─────────────────────────────────────────[STL  S23]

       M8000
63   ──┤ ├──────────────────────────────────────(Y001)
                                                 
       ───────────────────────────────────────────(Y002)
       M0                                        K10
       ─┤/├──────────────────────────────────────(T3)

       T3
70   ──┤ ├─────────────────────────────────────[SET  S24]

73   ─────────────────────────────────────────[STL  S24]

       M8000
74   ──┤ ├──────────────────────────────────────(Y002)
       M0                                        K10
       ─┤/├──────────────────────────────────────(T4)

       T4
80   ──┤ ├─────────────────────────────────────[SET  S25]

83   ─────────────────────────────────────────[STL  S25]

       M8000
84   ──┤ ├──────────────────────────────────────(Y002)

       ───────────────────────────────────────────(Y003)
       M0                                        K10
       ─┤/├──────────────────────────────────────(T5)
```

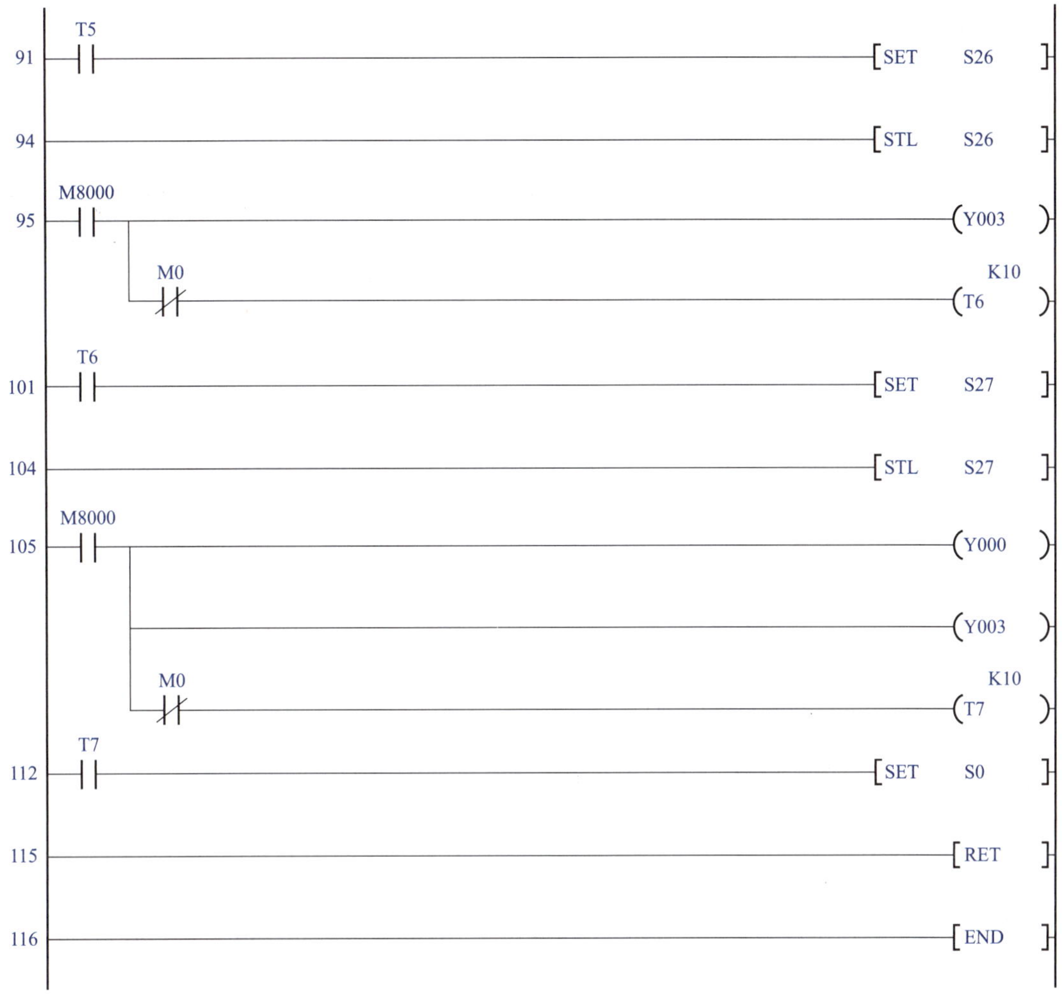

```
 91  ─┤T5├──────────────────────[SET   S26]

 94  ──────────────────────────[STL   S26]

 95  ─┤M8000├─────────────────────(Y003)
      │
      ├─┤/M0├────────────────────(T6  K10)

101  ─┤T6├──────────────────────[SET   S27]

104  ──────────────────────────[STL   S27]

105  ─┤M8000├─────────────────────(Y000)
      │
      ├───────────────────────────(Y003)
      │
      ├─┤/M0├────────────────────(T7  K10)

112  ─┤T7├──────────────────────[SET   S0]

115  ──────────────────────────[RET]

116  ──────────────────────────[END]
```

图 5-33 例 5-6 梯形图

至此，同一个顺序控制的问题使用了基本指令、功能指令复位和置位指令、步进指令 4 种解决方案编写程序。4 种解决方案的编程都有各自几乎固定的步骤，但有一步是相同的，那就是首先都要设计功能图。4 种解决方案没有优劣之分，读者可以根据自己的编程习惯选用。

第 6 章

三菱 FX3 系列 PLC 的通信及其应用

本章介绍 FX 系列 PLC 的通信基础知识，并用实例介绍 FX 系列 PLC 之间的 N：N 通信；FX 系列 PLC 与 S7-200 SMART PLC 的无协议通信；FX 系列 PLC 之间的 CC-LINK 通信。

6.1 通信基础知识

PLC 的通信包括 PLC 与 PLC 之间的通信、PLC 与上位计算机之间的通信，以及 PLC 和其他智能设备之间的通信。PLC 与 PLC 之间通信的实质就是计算机的通信，使得众多独立的控制任务构成一个控制工程整体，形成模块控制体系。PLC 与计算机连接组成网络，将 PLC 用于控制工业现场，计算机用于编程、显示和管理等任务，构成"集中管理、分散控制"的分布式控制系统（DCS）。

6.1.1 通信的基本概念

（1）串行通信与并行通信

串行通信和并行通信是两种不同的数据传输方式。

串行通信就是通过一对导线将发送方与接收方进行连接，传输数据的每个二进制位，按照规定顺序在同一导线上依次发送与接收，如图 6-1 所示。例如，常用的优盘 USB 接口就是串行通信接口。串行通信的特点是通信控制复杂，通信电缆少，因此与并行通信相比，成本低。

图 6-1 串行通信

并行通信就是将一个 8 位（或 16 位、32 位）数据的每一个二进制位采用单独的导线进行传输，并将传送方和接收方进行并行连接，一个数据的各二进制位可以在同一时间内一次传送，如图 6-2 所示。例如，老式打印机的打印口和计算机的通信就是并行通信。并行通信的特点是一个周期里可以一次传输多位数据，其连线的电缆多，因此长距离传送时成本高。

图 6-2 并行通信

（2）异步通信与同步通信

异步通信与同步通信也称为异步传送与同步传送，这是串行通信的两种基本信息传送方式。从用户的角度上说，两者最主要的区别在于通信方式的"帧"不同。

异步通信方式又称起止方式。它在发送字符时，要先发送起始位，然后是字符本身，最后是停止位，字符之后还可以加入奇偶校验位。异步通信方式具有硬件简单、成本低的特点，主要用于传输速率低于 19.2Kbit/s 的数据通信。

同步通信方式在传递数据的同时，也传输时钟同步信号，并始终按照给定的时刻采集数据。其传输数据的效率高，硬件复杂，成本高，一般用于传输速率高于 20Kbit/s 的数据通信。

（3）单工、全双工与半双工

单工、全双工与半双工是通信中描述数据传送方向的专用术语。

① 单工（simplex）：指数据只能实现单向传送的通信方式，一般用于数据的输出，不可以进行数据交换，如图 6-3 所示。

图 6-3 单工通信

② 全双工（full simplex）：也称双工，指数据可以进行双向数据传送，同一时刻既能发送数据，也能接收数据，如图 6-4 所示。通常需要两对双绞线连接，通信线路成本高。例如，RS-422 就是全双工通信方式。

图 6-4 双工通信

③ 半双工（half simplex）：指数据可以进行双向数据传送，同一时刻，只能发送数据或

者接收数据,如图 6-5 所示。通常需要一对双绞线连接,与全双工相比,通信线路成本低。例如,RS-485 只用一对双绞线时就是半双工通信方式。

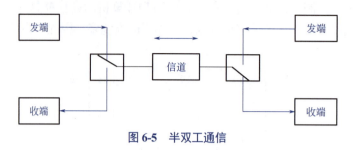

图 6-5　半双工通信

6.1.2　PLC 网络的术语

PLC 网络中的名词、术语很多,现将常用的予以介绍。

① 站(station):在 PLC 网络系统中,将可以进行数据通信、连接外部输入/输出的物理设备称为"站"。例如,由 PLC 组成的网络系统中,每台 PLC 可以是一个"站"。

② 主站(master station):PLC 网络系统中进行数据连接的系统控制站,主站上设置了控制整个网络的参数,每个网络系统只有一个主站,站号实际就是 PLC 在网络中的地址。

③ 从站(slave station):PLC 网络系统中,除主站外,其他的站称为"从站"。

④ 远程设备站(remote device station):PLC 网络系统中,能同时处理二进制位、字的从站。

⑤ 本地站(local station):PLC 网络系统中,带有 CPU 模块并可以与主站以及其他本地站进行循环传输的站。

⑥ 站数(number of station):PLC 网络系统中,所有物理设备(站)所占用的"内存站数"的总和。

⑦ 网关(gateway):又称网间连接器、协议转换器。网关在传输层上以实现网络互联,是最复杂的网络互联设备,仅用于两个高层协议不同的网络互联。如图 6-6 所示,CPU 1511-1 PN 通过工业以太网,把信息传送到 IE/PB LINK 模块,再传送到 PROFIBUS 网络上的 IM 155-5 DPST 模块,IE/PB LINK 通信模块用于不同协议的互联,它实际上就是网关。

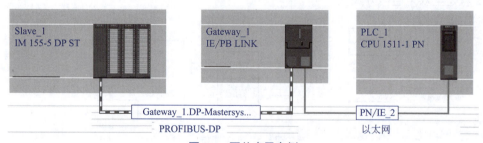

图 6-6　网关应用实例

⑧ 中继器(repeater):用于网络信号放大、调整的网络互联设备,能有效延长网络的连

接长度。例如，PPI 的正常传送距离是不大于 50m，经过中继器放大后，可传输超过 1km，应用实例如图 6-7 所示，PLC 通过 MPI 或者 PPI 通信时，传送距离可达 1100m。

图 6-7　中继器应用实例

⑨ 路由器（router，转发者）：所谓路由就是指通过相互连接的网络把信息从源地点移动到目标地点的活动。一般来说，在路由过程中，信息至少会经过一个或多个中间节点。路由器是互联网的主要节点设备。如图 6-8 所示，如果要把 PG/PC 的程序从 CPU 1211C 下载到 CPU 313C-2 DP 中，必然要经过 CPU 1516-3 PN/DP 这个节点，这实际就用到了 CPU 1516-3 PN/DP 的路由功能。

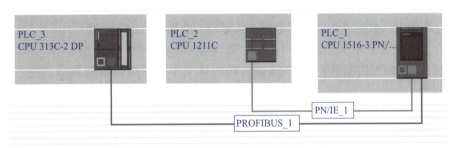

图 6-8　路由功能应用实例

⑩ 交换机（switch）：交换机是为了解决通信阻塞而设计的，它是一种基于 MAC 地址识别，能完成封装转发数据包功能的网络设备。交换机可以"学习"MAC 地址，并把其存放在内部地址表中，通过在数据帧的始发者和目标接收者之间建立临时的交换路径，使数据帧直接由源地址到达目的地址。如图 6-9 所示，交换机（ESM）将 HMI（触摸屏）、PLC 和 PC（个人计算机）连接在工业以太网的一个网段中。

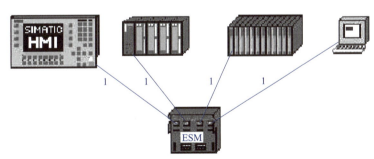

图 6-9　交换机应用实例

⑪ 网桥（bridge）：也叫桥接器，是连接两个局域网的一种存储/转发设备，它能将一个大的 LAN 分割为多个网段，或将两个以上的 LAN 互联为一个逻辑 LAN，使 LAN 上的所有用户都可访问服务器。网桥将网络的多个网段在数据链路层连接起来，网桥的应用如图 6-10 所示。西门子的 DP/PA Coupler 模块就是一种网桥。

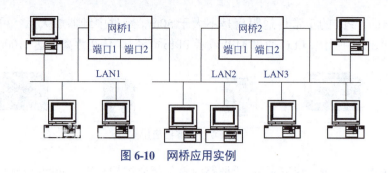

图 6-10 网桥应用实例

6.1.3 OSI 参考模型

通信网络的核心是 OSI（Open System Interconnection，开放式系统互联）参考模型。1984 年，国际标准化组织（ISO）提出了开放式系统互联的 7 层模型，即 OSI 模型。该模型自下而上分为：物理层、数据链路层、网络层、传输层、会话层、表示层和应用层。

OSI 的上 3 层通常用来处理用户接口、数据格式和应用程序的访问。下 4 层负责定义数据的物理传输介质和网络设备。OSI 参考模型定义了大多数协议栈共有的基本框架，如图 6-11 所示。

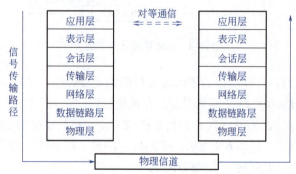

图 6-11 信息在 OSI 模型中的流动形式

① 物理层（physical layer）：定义了传输介质、连接器和信号发生器的类型，规定了物理连接的电气、机械功能特性，如电压、传输速率、传输距离等特性。建立、维护、断开物理连接。典型的物理层设备有集线器（HUB）和中继器等。

② 数据链路层（data link layer）：确定传输站点物理地址以及将消息传送到协议栈，提供顺序控制和数据流向控制。建立逻辑连接、进行硬件地址寻址、差错校验等功能（由底层网络定义协议）。典型的数据链路层的设备有交换机和网桥等。

③ 网络层（network layer）：进行逻辑地址寻址，实现不同网络之间的路径选择。协议有 ICMP、IGMP、IP（IPv4，IPv6）、ARP、RARP。典型的网络层设备是路由器。

④ 传输层（transport layer）：定义传输数据的协议端口号，以及流控和差错校验。协议有 TCP、UDP。网关是互联网设备中最复杂的，它是传输层及以上层的设备。

⑤ 会话层（session layer）：建立、管理、终止会话。

⑥ 表示层（presentation layer）：数据的表示、安全、压缩。

⑦ 应用层（application）：网络服务与最终用户的一个接口。协议有 HTTP、FTP、TFTP、SMTP、SNMP 和 DNS 等。

数据经过封装后通过物理介质传输到网络上，接收设备除去附加信息后，将数据上传到上层堆栈层。

【例 6-1】 学校有一台计算机，QQ 可以正常登录。可是网页打不开（HTTP），问故障在物理层还是其他层？插拔网线是否可以解决问题？

【解】 如果是物理层断开则 QQ 也不能正常登录，所以问题出在非物理层，物理层是通畅的。网线属于物理层，而物理层没有故障，所以插拔网线不能解决问题。

6.2 现场总线概述

6.2.1 现场总线的概念

现场总线介绍

（1）现场总线的诞生

现场总线是 20 世纪 80 年代中后期在工业控制中逐步发展起来的。计算机技术的发展为现场总线的诞生奠定了技术基础。

另一方面，智能仪表也出现在工业控制中。智能仪表的出现为现场总线的诞生奠定了应用基础。

（2）现场总线的概念

国际电工委员会（IEC）对现场总线（Field bus）的定义为：一种应用于生产现场，在现场设备之间、现场设备和控制装置之间实行双向、串行、多节点的数字通信网络。

现场总线的概念有广义与狭义之分。狭义的现场总线就是指基于 EIA485 的串行通信网络。广义的现场总线泛指用于工业现场的所有控制网络。广义的现场总线包括狭义现场总线和工业以太网。

6.2.2 主流现场总线的简介

1984 年国际电工委员会 / 国际标准协会（IEC/ISA）就开始制定现场总线的标准，然而统一的标准至今仍未完成。很多公司推出其各自的现场总线技术，但彼此的开放性和互操作性难以统一。

在 1999 年通过了 IEC61158 现场总线标准，这个标准容纳了 8 种互不兼容的总线协议。后来又经过不断讨论和协商，在 2003 年 4 月，IEC61158 Ed.3 现场总线标准第 3 版正式成为国际标准，确定了 10 种不同类型的现场总线为 IEC61158 现场总线。2007 年 7 月，第 4 版现场总线增加到 20 种，见表 6-1。

表 6-1　IEC61158 的现场总线

类型编号	名　称	发起的公司或机构
Type 1	TS61158 现场总线	原来的技术报告
Type 2	ControlNet 和 Ethernet/IP 现场总线	美国罗克韦尔（Rockwell）
Type 3	PROFIBUS 现场总线	德国西门子（Siemens）
Type 4	P-NET 现场总线	丹麦 Process Data
Type 5	FF HSE 现场总线	美国罗斯蒙特（Rosemount）
Type 6	SwiftNet 现场总线	美国波音（Boeing）
Type 7	World FIP 现场总线	法国阿尔斯通（Alstom）
Type 8	INTERBUS 现场总线	德国菲尼克斯（Phoenix Contact）
Type 9	FF H1 现场总线	现场总线基金会（FF）
Type 10	PROFINET 现场总线	德国西门子（Siemens）
Type 11	TC net 实时以太网	
Type 12	Ether CAT 实时以太网	德国倍福（Beckhoff）
Type 13	Ethernet Powerlink 实时以太网	ABB
Type 14	EPA 实时以太网	中国浙江大学等
Type 15	Modbus RTPS 实时以太网	法国施耐德（Schneider）
Type 16	SERCOS Ⅰ、Ⅱ 现场总线	德国力士乐（Rexroth）
Type 17	VNET/IP 实时以太网	法国阿尔斯通（Alstom）
Type 18	CC-Link 现场总线	日本三菱电机（Mitsubishi）
Type 19	SERCOS Ⅲ 现场总线	德国力士乐（Rexroth）
Type 20	HART 现场总线	美国罗斯蒙特（Rosemount）

6.2.3　现场总线的特点

现场总线系统具有以下特点。
① 系统具有开放性和互用性。
② 系统功能自治性。
③ 系统具有分散性。
④ 系统具有对环境的适应性。

6.2.4　现场总线的现状

现场总线的现状有如下几点。
① 多种现场总线并存。

② 各种总线都有其应用的领域。
③ 每种现场总线都有其国际组织和支持背景。
④ 多种总线已成为国家和地区标准。
⑤ 一个设备制造商通常参与多个总线组织。
⑥ 各个总线彼此协调共存。

6.2.5 现场总线的发展

现场总线技术是控制、计算机和通信技术的交叉与集成,几乎涵盖了连续和离散工业领域,如过程自动化、制造加工自动化、楼宇自动化、家庭自动化等。它的出现和快速发展体现了控制领域对降低成本、提高可靠性、增强可维护性和提高数据采集智能化的要求。现场总线技术的发展趋势体现在以下四个方面。
① 统一的技术规范与组态技术是现场总线技术发展的一个长远目标。
② 现场总线系统的技术水平将不断提高。
③ 现场总线的应用将越来越广泛。
④ 工业以太网技术将逐步成为现场总线技术的主流。

6.3 FX3U 的 N∶N 网络通信及其应用

N∶N 网络通信也叫简易 PLC 间链接,使用此通信网络通信,PLC 能链接成一个小规模的系统数据,FX 系列的 PLC 可以同时最多 8 台 PLC 联网。

N∶N 网络通信的程序编写比较简单,以下以 FX3U 可编程控制器为例讲解。

6.3.1 相关的标志和数据寄存器的说明

FX 系列 PLC 的
N∶N 网络通信

(1) M8038

M8038 主要用于设置 N∶N 网络参数,主站和从站都可响应。

(2) 数据存储器

数据存储器的相应类型见表 6-2。

表 6-2 数据存储器的相应类型

数据存储器	站点号	描述	相应类型
D8176	站点号设置	设置自己的站点号	主站、从站
D8177	总从站点数设置	设置从站总数	主站
D8178	刷新范围设置	设置刷新范围	主站
D8179	重试次数设置	设置重试次数	主站
D8180	通信超时设置	设置通信超时	主站

6.3.2 参数设置

(1) 设置站点（D8176）

主站的设置数值为 0；从站设置数值为 1～7，1 表示 1 号从站，2 表示 2 号从站。

(2) 设置从站的总数（D8177）

设定数值为 1～7，有几个从站则设定为几，如有 1 个从站则将主站中的 D8177 设定为 1。从站不需要设置。

(3) 设置刷新范围（D8178）

设定数值为 0～2，共三种模式，若设定值为 2，则表示为模式 2。对于 FX 系列可编程控制器，当设定为模式 2 时，位软元件为 64 点，字软元件为 8 点。从站不需要设置刷新范围。模式 2 的软元件分配见表 6-3。

表 6-3 FX2N、FX2NC、FX3U 系列 PLC 模式 2 的软元件分配

站点号	软元件	
	位软元件（M） 64 点	字软元件（D） 8 点
第 0 号	M1000～M1063	D0～D7
第 1 号	M1064～M1127	D10～D17
第 2 号	M1128～M1191	D20～D27
第 3 号	M1192～M1255	D30～D37
第 4 号	M1256～M1319	D40～D47
第 5 号	M1320～M1383	D50～D57
第 6 号	M1384～M1447	D60～D67
第 7 号	M1448～M1511	D70～D77

(4) 设定重复次数（D8178）

设定数值范围是 0～10，设置到主站的 D8178 数据寄存器中，默认值为 3。从站不需要设置。

(5) 设定通信超时（D8179）

设定数值的范围是 5～255，设置到主站的 D8179 数据寄存器中，默认值为 5，此值乘以 10ms 就是超时时间。例如设定值为 5，那么超时时间就是 50ms。

6.3.3 实例讲解

【例 6-2】 有 2 台 FX3U-32MR 可编程控制器（带 FX3U-485BD 模块），电气原理图如图 6-12 所示，其中一台作为主站，另一台作为从站，当主站的 SB1 按钮接通后，从站的 Y0 控制的灯，以 1s 为周期闪烁，从站的灯闪烁 10s 后，反馈信号到主站，压下 SB2 按钮停机，要求设计梯形图。

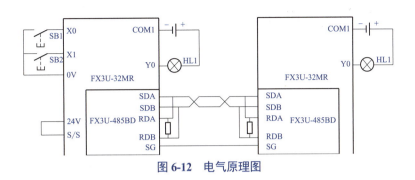

图 6-12　电气原理图

【解】　如图 6-13 所示，当 X0 接通，M1000 线圈上电，启动信号送到从站，当 X1 接通，M1001 线圈上电，停止信号送到从站。如图 6-14 所示，从站的 M1000 闭合，Y0 控制的灯作周期为 1s 的闪烁。定时 10s 后 M1064 线圈上电，信号送到主站，主站的 M1064 接通，Y0 控制的灯亮。

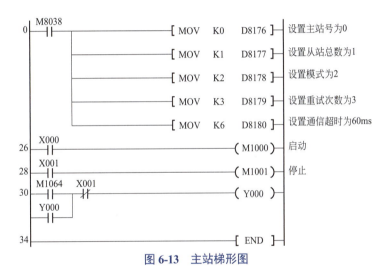

图 6-13　主站梯形图

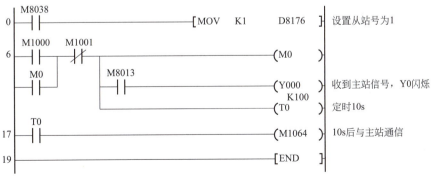

图 6-14　从站梯形图

注意：① N∶N 网络只能用一对双绞线。

② 程序开始部分的初始化不需要执行，只要把程序编入开始位置，它将自动有效。

6.4 无协议通信及其应用

6.4.1 无协议通信基础

（1）无协议通信的概念

无协议通信顾名思义，就是没有标准的通信协议，用户可以自己规定协议，并非没有协议，有的 PLC 称之为"自由口"通信协议。

（2）无协议通信的功能

无协议通信的功能主要是与打印机、条形码阅读器、变频器或者其他品牌的 PLC 等第三方设备进行无协议通信。在 FX 系列 PLC 中使用 RS 或者 RS2 指令执行该功能，其中 RS2 是 FX3U、FX3UC 可编程序控制器的专用指令，通过指定通道，可以同时执行 2 个通道的通信。

① 无协议通信数据的点数允许最多发送 4096 点，最多接收 4096 点数据，但发送和接收的总数据量不能超过 8000 点；

② 采用无协议方式，连接支持串行设备，可实现数据的交换通信；

③ 使用 RS-232C 接口时，通信距离一般不大于 15m；使用 RS-485 接口时，通信距离一般不大于 500m，但若使用 485BD 模块时，最大通信距离是 50m。

（3）无协议通信简介

① RS 指令格式　RS 指令格式如图 6-15 所示。

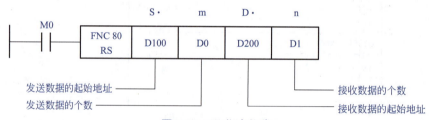

图 6-15　RS 指令格式

② 无协议通信中用到的软元件　无协议通信中用到的软元件见表 6-4。

表 6-4　无协议通信中用到的软元件

元件编号	名称	内容	属性
M8122	发送请求	置位后，开始发送	读/写
M8123	接收结束标志	接收结束后置位，此时不能再接收数据，需人工复位	读/写
M8161	8 位处理模式	在 16 位和 8 位数据之间切换接收和发送数据，为 ON 时为 8 位模式，为 OFF 时为 16 位模式	写

③ D8120 字的通信格式　D8120 的通信格式见表 6-5。

表 6-5 D8120 的通信格式

位编号	名称	内容	
		0（位 OFF）	1（位 ON）
b0	数据长度	7 位	8 位
b1b2	奇偶校验	b2, b1 (0, 0)：无 (0, 1)：奇校验（ODD） (1, 1)：偶校验（EVEN）	
b3	停止位	1 位	2 位
b4b5b6b7	波特率 /（bit/s）	b7, b6, b5, b4 (0, 0, 1, 1)：300 (0, 1, 0, 0)：600 (0, 1, 0, 1)：1, 200 (0, 1, 1, 0)：2, 400	b7, b6, b5, b4 (0, 1, 1, 1)：4, 800 (1, 0, 0, 0)：9, 600 (1, 0, 0, 1)：19, 200
b8	报头	无	有
b9	报尾	无	有
b10b11	控制线	无协议：b11, b10 (0, 0)：无 <RS-232C 接口> (0, 1)：普通模式 <RS-232C 接口> (1, 0)：相互链接模式 <RS-232C 接口> (1, 1)：调制解调器模式 <RS232C/RS-485/RS-422 接口> 计算机链接： (1, 1)：调制解调器模式 <RS-232C 接口> (0, 0)：RS-485 通信 <RS-485/RS-422 接口>	
b12	不可用		
b13	和校验	不附加	附加
b14	协议	无协议	专用协议
b15	控制顺序（CR、LF）	不使用 CR, LF（格式 1）	使用 CR, LF（格式 4）

6.4.2 西门子 S7-200 SMART PLC 与三菱 FX3U 之间的无协议通信

除了 S7-200 SMART PLC 之间可以进行自由口通信，S7-200 SMART PLC 还可以与其他品牌的 PLC、变频器、仪表和打印机等进行通信，要完成通信，这些设备应有 RS-232C 或者 RS-485 等形式的串口。西门子 S7-200 SMART PLC 与三菱的 FX3U 通信时，采用自由口通信，但三菱公司称这种通信为"无协议通信"，实际上内涵是一样的。

下面以 CPU ST40 与三菱 FX3U-32MR 自由口通信为例，讲解 S7-200 SMART PLC 与其他品牌 PLC 或者之间的自由口通信。

S7-200 SMART PLC 与三菱 FX 系列 PLC 之间的无协议通信

【例 6-3】 有两台设备，设备 1 的控制器是 CPU ST40，设备 2 的控制器是 FX3U-32MR，两者之间为自由口通信，实现设备 1 的 SB1 启动设备 2 的电动机，设备 1 的 SB2 停止设备 2 的电动机的转动，请设计解决方案。

【解】 （1）主要软硬件配置

① 1 套 STEP 7-Micro/WIN SMART V2.5 和 GX Works2。

② 1 台 CPU ST40 和 1 台 FX3U-32MR。

③ 1 根屏蔽双绞电缆（含 1 个网络总线连接器）。

④ 1 台 FX3U-485-BD。

⑤ 1 根网线电缆。

两台 CPU 的接线如图 6-16 所示。

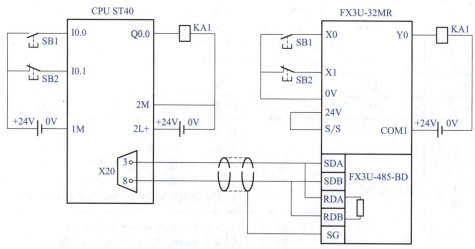

图 6-16 两台 CPU 的接线

关键点 网络的正确接线至关重要，具体有以下几方面。

① CPU ST40 的 X20 口可以进行自由口通信，其 9 针的接头中，1 号端子接地，3 号端子为 RXD+/TXD+（发送 +/ 接收 +）公用，8 号端子为 RXD-/TXD-（发送 -/ 接收 -）公用。

② FX3U-32MR 的编程口不能进行自由口通信，因此本例配置了一块 FX3U-485-BD 模块，此模块可以进行双向 RS-485 通信（可以与两对双绞线相连），但由于 CPU ST40 只能与一对双绞线相连，因此 FX3U-485-BD 模块的 RDA（接收 +）和 SDA（发送 +）短接，SDB（接收 -）和 RDB（发送 -）短接。

③ 由于本例采用的是 RS-485 通信，所以两端需要接终端电阻，均为 110W，CPU ST40 端未画出（由于和 X20 相连的网络连接器自带终端电阻），若传输距离较近时，终端电阻可不接入。

（2）编写 CPU ST40 的程序

CPU ST40 中的主程序如图 6-17 所示，子程序如图 6-18 所示，中断程序如图 6-19 所示。

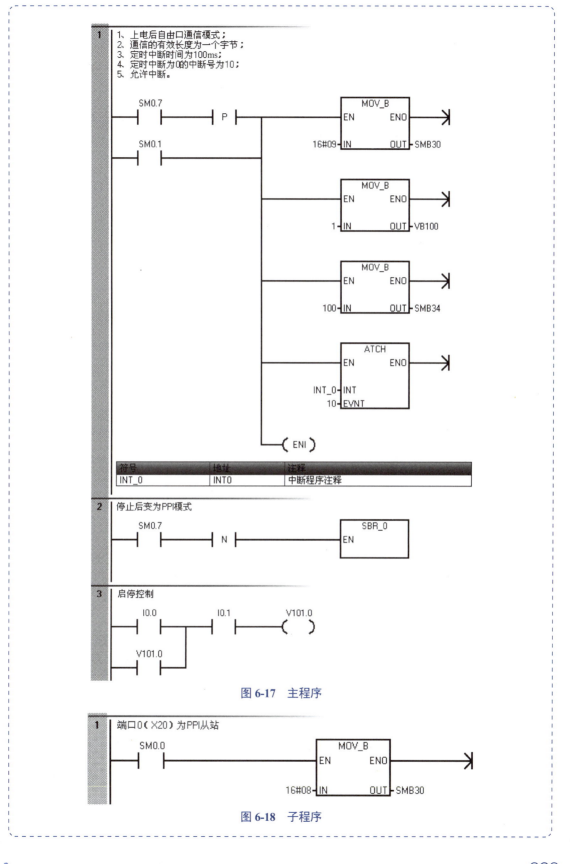

图 6-17 主程序

图 6-18 子程序

1
发送数据
SM0.0
XMT
EN
ENO
VB100
TBL
0
PORT

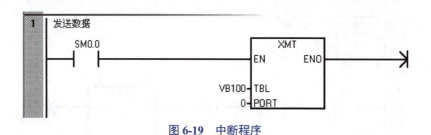

图 6-19　中断程序

关键点 **自由口通信每次发送的信息最少是一个字节，本例中将启停信息存储在 VB101 的 V101.0 位发送出去。VB100 存放的是发送有效数据的字节数。**

（3）编写 FX3U-32MR 的程序

FX3U-32MR 中的程序如图 6-20 所示。

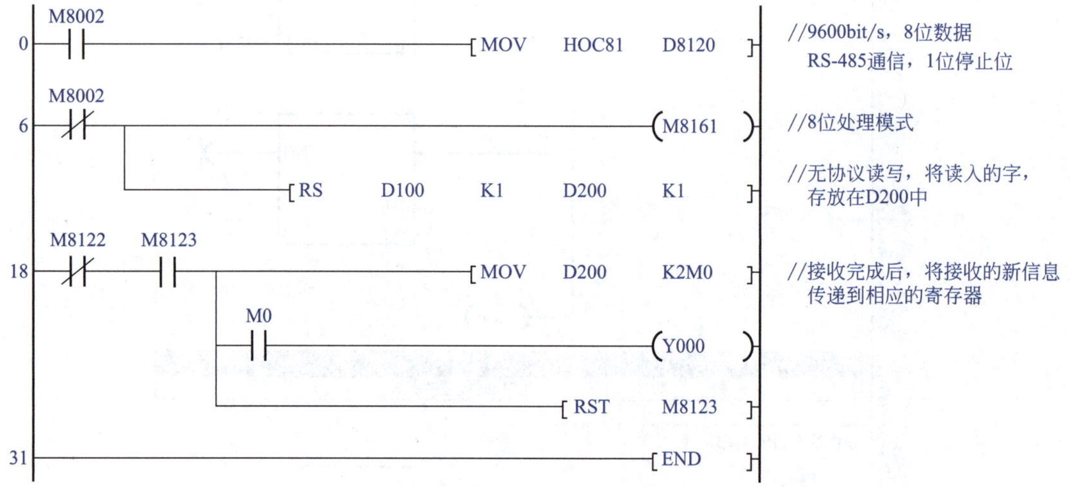

M8002
0
MOV HOC81 D8120
//9600bit/s，8位数据
RS-485通信，1位停止位
M8002
6
M8161
//8位处理模式
RS D100 K1 D200 K1
//无协议读写，将读入的字，
存放在D200中
M8122 M8123
18
MOV D200 K2M0
//接收完成后，将接收的新信息
传递到相应的寄存器
M0
Y000
RST M8123
31
END

图 6-20　FX3U-32MR 中的程序

实现不同品牌的 PLC 的通信，确实比较麻烦，要求读者对两种品牌的 PLC 的通信都比较熟悉。其中有两个关键点，一是读者一定要把通信线接对，二是与自由口（无协议）通信的相关指令必须要弄清楚，否则通信是很难成功的。

关键点 **以上的程序是单向传递数据，即数据只从 CPU ST40 传向 FX3U-32MR，因此程序相对而言比较简单，若要数据双向传递，则必须注意 RS-485 通信是半双工的，编写程序时要保证在同一时刻同一个站点只能接收或者发送数据。**

6.5 CC-Link 通信及其应用

CC-Link 是 Control & Communication Link（控制与通信链路系统）的缩写，1996 年 11 月，由三菱电机为主导的多家公司推出，其增长势头迅猛，在亚洲占有较大份额，目前在欧洲和

北美发展迅速。在此系统中，可以将控制和信息数据同时以 10Mbit/s 高速传送至现场网络，具有性能卓越、使用简单、应用广泛、节省成本等优点。其不仅解决了工业现场配线复杂的问题，同时具有优异的抗噪性能和兼容性。CC-Link 是一个以设备层为主的网络，同时也可覆盖较高层次的控制层和较低层次的传感层。2005 年 7 月，CC-Link 被中国国家标准委员会批准为中国国家标准指导性技术文件。

6.5.1　CC-Link 家族

（1）CC-Link

CC-Link 是一种可以同时高速处理控制和信息数据的现场网络系统，可以提供高效、一体化的工厂和过程自动化控制。在 10Mbit/s 的通信速率下传输距离达到 100m，并能够连接 64 个站。其卓越的性能使之通过 ISO 认证成为国际标准，并且获得批准成为中国国家推荐标准 GB/T 19760—2008，同时也已经取得 SEMI 标准。

（2）CC-Link/LT

CC-Link/LT 是针对控制点分散、省配线、小设备和节省成本的要求和高响应、高可靠设计和研发的开放式协议，其远程点 I/O 除了有 8、16 点外，还有 1、2、4 点，而且模块的体积小。其通信电缆为 4 芯扁平电缆（2 芯为信号线，2 芯为电源），其通信速度为最快为 2.5Mbit/s，最多为 64 站，最大点数为 1024 点，最小扫描时间为 1ms，其通信协议芯片不同于 CC-Link。

CC-Link/LT 可以用专门的主站模块或者 CC-Link/LT 网桥构造系统，实现 CC-Link 的无缝通信。CC-Link/LT 的定位如图 6-21 所示。

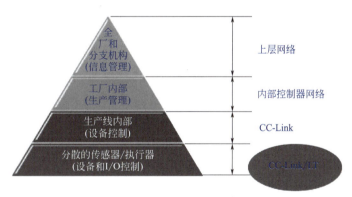

图 6-21　CC-Link/LT 的定位

（3）CC-Link Safety

CC-Link Safety 是 CC-Link 实现安全系统架构的安全现场网络。CC-Link Safety 能够实现与 CC-Link 一样的高速通信并提供实现可靠操作的 RAS 功能。因此，CC-Link Safety 与 CC-Link 具有高度的兼容性，从而可以使用如 CC-Link 电缆或远程站等既有资产和设备。

（4）CC-Link IE

CC-Link 协会不断致力于源于亚洲的现场总线 CC-Link 的开放化推广。现在，除控制功能外，为满足通过设备管理（设定·监视）、设备保全（监视·故障检测）、数据收集

（动作状态）功能实现系统整体的最优化这一工业网络的新的需求，CC-Link 协会提出了基于以太网的整合网络构想，即实现从信息层到生产现场的无缝数据传送的整合网络 CC-Link IE。

为降低从系统建立到维护保养的整体工程成本，CC-Link 协会通过整体的 CC-Link IE 概念，将这一亚洲首创的工业网络向全世界进一步开放扩展。

CC-Link 家族的应用示例如图 6-22 所示。

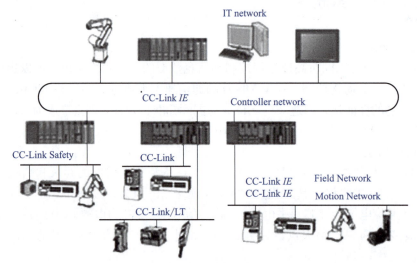

图 6-22　应用示例

6.5.2　CC-Link 通信的应用

尽管 CC-Link 现场总线应用不如 PROFIBUS 那样广泛，但一个系统如果确定选用三菱 PLC，那么 CC-Link 现场总线无疑是较好的选择，以下将用一个例子说明 2 台 FX3U-32MT 的 CC-Link 现场总线通信。

【例 6-4】　有一个控制系统，配有 2 台控制器，均为 FX3U-32MT，要求从主站 PLC 上发出控制信息，远程设备 PLC 接收到信息后，显示控制信息；同理，从远程设备 PLC 上发出控制信息，主站 PLC 接收到信息后，显示控制信息。

【解】　（1）软硬件配置

① 1 套 GX-Works2；

② 1 根编程电缆；

③ 2 台 FX3U-32MT；

④ 1 台电动机；

⑤ 1 台 FX3U -16CCL-M；

⑥ 1 台 FX3U -32CCL。

原理图如图 6-23 所示。

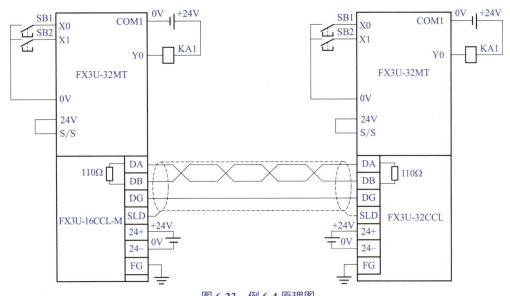

图 6-23 例 6-4 原理图

> **关键点** ① CC-Link 的专用屏蔽线是三芯电缆，分别将主站的 DA、DB、DG 与从站对应的 DA、DB、DG 相连，屏蔽层的两端均与 SLD 连接。三菱公司推荐使用 CC-Link 专用屏蔽线电缆，但要求不高时，使用普通电缆也可以通信。
> ② 由于 CC-Link 通信的物理层是 RS-485，所以通信的第一站和最末一站都要接一个终端电阻（超过 2 站时，中间站并不需要接终端电阻），本例为 110Ω 电阻。

(2) FX 系列 PLC 的 CC-Link 模块的设置

① 传送速度的设置　CC-Link 通信的传送速度与通信距离相关，通信距离越远，传送速度就越低。CC-Link 通信的传送速度与最大通信距离对应关系见表 6-6。

表 6-6　CC-Link 通信的传送速度与最大通信距离对应关系

序号	传送速度	最大通信距离	序号	传送速度	最大通信距离
1	156Kbps	1200m	4	5Mbps	150m
2	625Kbps	600m	5	10Mbps	100m
3	2.5Mbps	200m			

注意： 以上数据是专用 CC-Link 电缆配 110Ω 终端电阻。

CC-Link 模块上有速度选择的旋转开关。当旋转开关指向 0 时，代表传送速度是 156Kbps；当旋转开关指向 1 时，代表传送速度是 625Kbps；当旋转开关指向 2 时，代表传送速度是 2.5Mbps；当旋转开关指向 3 时，代表传送速度是 5Mbps；当旋转开关指向 4 时，代表传送速度是 10Mbps。如图 6-24 所示，旋转开关指向 0，要把传送速度设定为 2.5Mbps 时，只要把旋转开关旋向 2 即可。

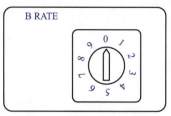

图 6-24 传送速度设定图

② 站地址的设置　站号的设置旋钮有 2 个，如图 6-25 所示，左边一个是"×10"挡，右边的是"×1"挡，例如要把站号设置成 12，则把"×10"挡的旋钮旋到 1，把"×1"挡的旋钮旋到 2，1×10+2=12，12 即是站号。图 6-25 中的站号为 2。

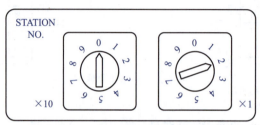

图 6-25 站地址设定图

(3) 程序编写

主站模块和 PLC 之间通过主站中的临时空间"RX/RY"进行数据交换，在 PLC 中，使用 FROM/TO 指令来进行读写，当电源断开的时候，缓冲存储的内容会恢复到默认值，主站和远程设备站（从站）之间的数据传送过程如图 6-26 所示。

图 6-26 主站和远程设备站（从站）之间的数据传送图

通信的过程是：远程 PLC 通过 TO 指令将 PLC 的要传输的信息写入远程设备站中的 RY 中，实际就是存储在 FX3U-32CCL 的 BFM 中，每次链接扫描远程设备站又将 RY 的信息传送到主站的对应的 RX 中，实际就是存储在 FX3U-16CCL-M 的 BFM 中，主站的 PLC 通过 FROM 指令将信息读入到 PLC 的内部继电器中。主站 PLC 通过 TO 指令将 PLC 的要传输的信息写入主站中的 RX 中，实际就是存储在 FX3U-16CCL-M 的 BFM 中，每次链接扫描远程设备站又将 RX 的信息传送到远程设备站的对应的 RY 中，实际就是存储在 FX3U-32CCL 的 BFM 中，远程设备站的 PLC 通过 FROM 指令将信息读入到 PLC 的内部继电器中。

从 CC-Link 的通信过程可以看到，BFM 在通信过程中起到了重要的作用，以下介绍几个常用的 BFM 地址，见表 6-7。

表 6-7　常用的 BFM 地址与说明

BFM 编号	内容	描述	备注
#01H	连接模块数量	设定所连接的远程模块的数量	默认 8
#02H	重复次数	设定对于一个故障站的重试次数	默认 3
#03H	自动返回模块的数量	每次扫描返回系统中的远程站模块的数量	默认 1
#AH ~ #BH	I/O 信号	控制主站模块的 I/O 信号	
#E0H ~ #FDH	远程输入（RX）	存储一个来自远程站的输入状态	
#160H ~ #17DH	参数信息区	将输出状态存储到远程站中	
#600H ~ #7FFH	链接特殊寄存器（SW）	存储数据连接状态	

#AH 控制主站模块的 I/O 信号，在 PLC 向主站模块读入和写出时各位含义还不同，理解其含义是非常重要的，详见表 6-8 和表 6-9。

表 6-8　BFM 中 #AH 的各位含义（PLC 读取主站模块时）

BFM 的读取位	说明
b0	模块错误，为 0 表示正常
b1	数据连接状态，1 表示正常
b8	1 表示通过 EEPROM 的参数启动数据链接正常完成
b15	模块准备就绪

表 6-9　BFM 中 #AH 的各位含义（PLC 写入主站模块时）

BFM 的读取位	说明
b0	写入刷新，1 表示写入刷新
b4	要求模块复位
b8	1 表示通过 EEPROM 的参数启动数据链接正常完成

站号、缓冲存储器号和输入对应关系见表 6-10，站号、缓冲存储器号和输出对应关系见表 6-11。

表 6-10　站号、缓冲存储器号和输入对应关系

站号	BFM 地址	b0 ~ b15
1	E0H	RX0 ~ RXF
	E1H	RX10 ~ RX1F

续表

站号	BFM 地址	b0 ～ b15
2	E2H	RX20 ～ RX2F
	E3H	RX30 ～ RX3F
…	…	…
15	FCH	RX1C0 ～ RX1CF
	FDH	RX1D0 ～ RX1DF

表 6-11　站号、缓冲存储器号和输出对应关系

站号	BFM 地址	b0 ～ b15
1	160H	RY0 ～ RYF
	161H	RY10 ～ RY1F
2	162H	RY20 ～ RY2F
	163H	RY30 ～ RY3F
…	…	…
15	17CH	RY1C0 ～ RY1CF
	17DH	RY1D0 ～ RY1DF

主站程序如图 6-27 所示，设备站程序如图 6-28 所示。

```
       M8000
    0  ─┤├───────────────────[FROM  K0   H0A   K4M20  K1]  将BFM#AH读入到M20～M35
       M20  M35
   10  ─┤/├──┤├─────────────────────────────[PLS   M0]
       M0
   14  ─┤├───────────────────────────────────[RST   M1]
       M1
   16  ─┤├───────────────────────────[MOV   K1    D0]   连接模块个数
          ├──────────────────────────[MOV   K5    D1]   重试次数
          ├──────────────────────────[MOV   K1    D2]   自动恢复模块数
          ├──────────────────────────[MOV   K0    D3]
          └────────────────────[TO   K0   H6   D3   K1]  发送到主站模块
       M1
   55  ─┤├───────────────────────[MOV   H1301   D12]
          ├───────────────────[TO   K0   H20   D12   K1]
          └──────────────────────────────────[RST   M1]
```

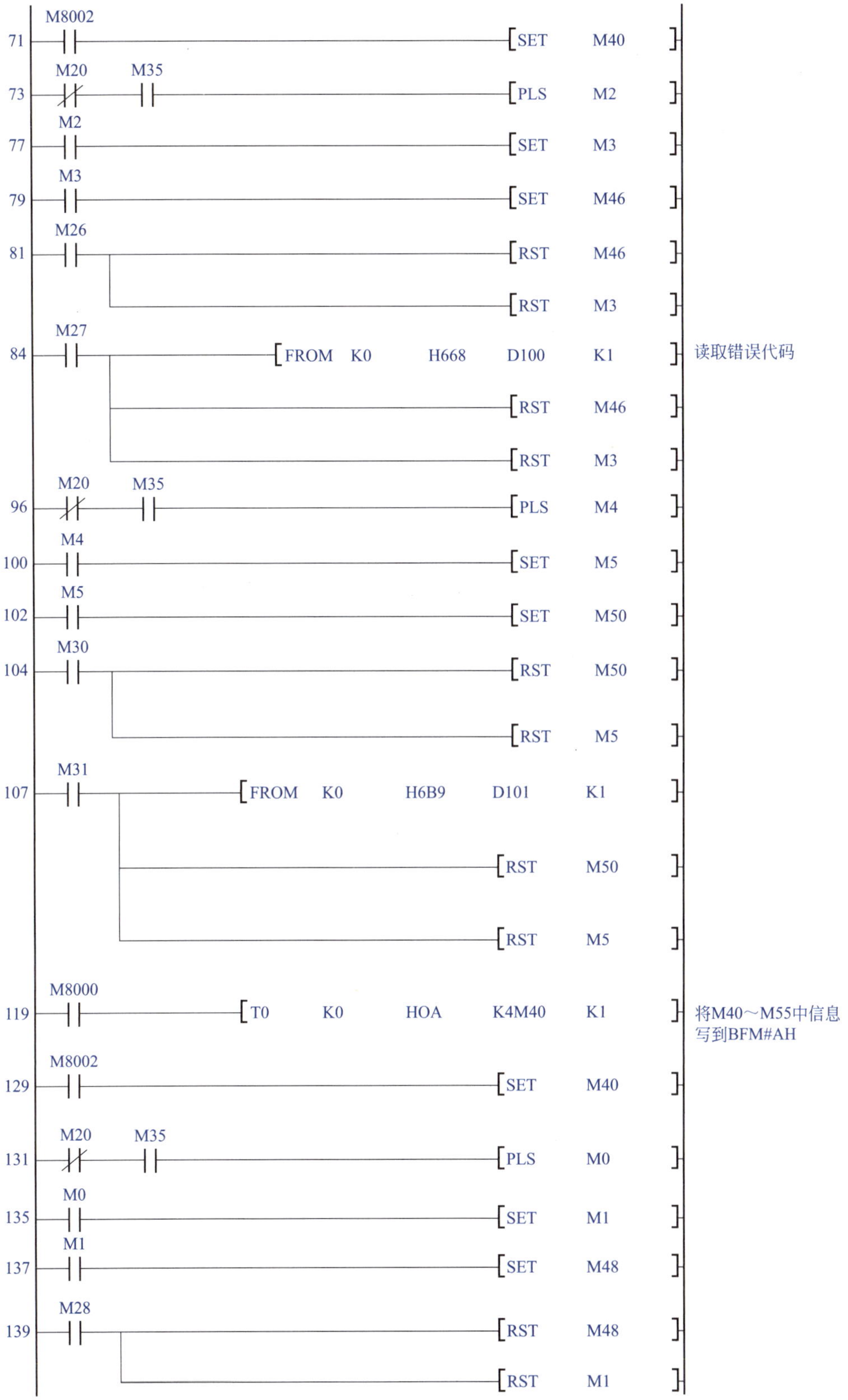

```
 71  ──M8002──────────────────────────[SET   M40 ]
        
        M20   M35
 73  ────┤/├──┤├────────────────────────[PLS   M2  ]
        
        M2
 77  ────┤├──────────────────────────────[SET   M3  ]
        
        M3
 79  ────┤├──────────────────────────────[SET   M46 ]
        
        M26
 81  ────┤├──────────────────────────────[RST   M46 ]
                │
                └─────────────────────────[RST   M3  ]
        
        M27
 84  ────┤├────────[FROM  K0   H668  D100  K1]   读取错误代码
                │
                ├─────────────────────────[RST   M46 ]
                │
                └─────────────────────────[RST   M3  ]
        
        M20   M35
 96  ────┤/├──┤├────────────────────────[PLS   M4  ]
        
        M4
100  ────┤├──────────────────────────────[SET   M5  ]
        
        M5
102  ────┤├──────────────────────────────[SET   M50 ]
        
        M30
104  ────┤├──────────────────────────────[RST   M50 ]
                │
                └─────────────────────────[RST   M5  ]
        
        M31
107  ────┤├────────[FROM  K0   H6B9  D101  K1]
                │
                ├─────────────────────────[RST   M50 ]
                │
                └─────────────────────────[RST   M5  ]
        
        M8000
119  ────┤├──────────[TO   K0   H0A   K4M40  K1]   将M40~M55中信息
                                                   写到BFM#AH
        
        M8002
129  ────┤├──────────────────────────────[SET   M40 ]
        
        M20   M35
131  ────┤/├──┤├────────────────────────[PLS   M0  ]
        
        M0
135  ────┤├──────────────────────────────[SET   M1  ]
        
        M1
137  ────┤├──────────────────────────────[SET   M48 ]
        
        M28
139  ────┤├──────────────────────────────[RST   M48 ]
                │
                └─────────────────────────[RST   M1  ]
```

图 6-27

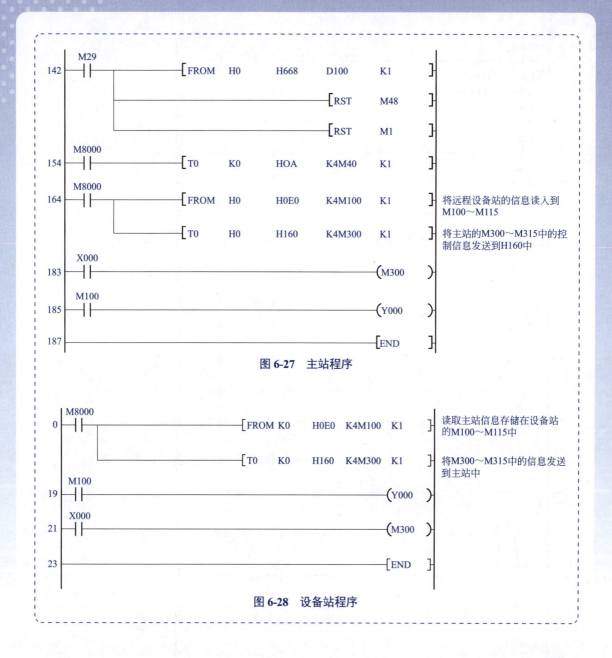

图 6-27 主站程序

图 6-28 设备站程序

第 7 章 三菱 FX3 系列 PLC 在变频调速系统中的应用

本章介绍 FR-E740 变频器的基本使用方法、PLC 控制变频器多段速度给定、PLC 控制变频器模拟量速度给定、PLC 控制变频器 PU 通信速度给定。

7.1 三菱 FR-E740 变频器使用简介

三菱 FR-700 变频器分为四个系列，分别是：FR-D700，这个系列是紧凑型多功能变频器；相对比较便宜；FR-E700 是经济型高性能变频器；FR-A700 是高性能矢量变频器，功能强大；而 FR-F700 是多功能型，一般负载适用。由于三菱的其他系列变频器的使用和 FR-E740 变频器使用类似，所以以下将详细介绍三菱 FR-E740 变频器。

FR-E700 变频器的接线

① 功率范围：0.4～500kW。
② 闭环时可进行高精度的转矩/速度/位置控制。
③ 无传感器矢量控制可实现转矩/速度控制。
④ 内置 PLC 功能（特殊型号）。
⑤ 使用长寿命元器件，内置 EMC 滤波器。
⑥ 强大的网络通信功能，支持 DeviceNet、Profibus-DP、Modbus 等协议。

三菱 FR-E740 变频器的框图如图 7-1 所示，端子定义见表 7-1。

无论使用什么品牌的变频器，一般先要看结构框图和端子表，这是非常关键的，刚着手时不一定要把每个端子的含义搞清楚，但必须把最基本几个先搞清楚。

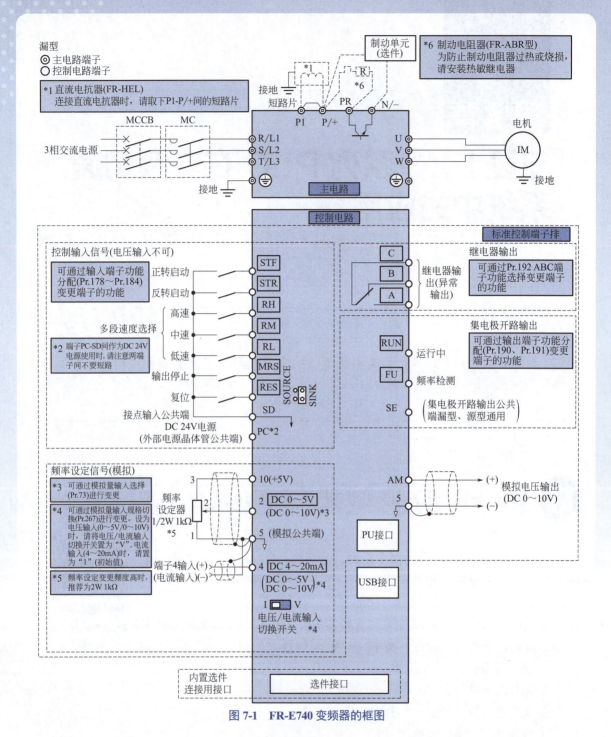

图 7-1 FR-E740 变频器的框图

表 7-1 FR-E740 端子表

类型	端子记号	端子名称	功能
主回路端子	R/L1, S/L2, T/L3	交流电源输入	连接工频电源。当使用高功率因数变流器（FR-HC, M T-HC）及共直流母线变流器（FR-CV）时不要连接任何东西
	U, V, W	变频器输出	接三相笼型电机

续表

类型	端子记号	端子名称	功能
主回路端子	R1/L11，S1/L21	控制回路用电源	控制回路用电源与交流电源端子 R/L1，S/L 2 相连。在保持异常显示或异常输出时，以及使用高功率因数变流器（FR-HC，MT-HC）、电源再生共通变流器（FR -CV）等时，请拆下端子 R/L1-R/L11，S/L2-S1/L21 间的短路片，从外部对该端子输入电源。在主回路电源（R/L1，S/L2，T/L3）设为 ON 的状态下请勿将控制回路用电源（R1/L11，S1/L21）设为 OFF，否则可能造成变频器损坏。控制回路用电源（R1/L11，S1/L21）为 OFF 的情况下，应在回路设计上保证主回路电源（R/L1，S/L2，T/L3）同时也为 OFF。15kW 以下：60V·A。18.5kW 以上：80V·A
	P/+，PR	制动电阻器连接（22kΩ 以下）	拆下端子 PR-PX 间的短路片（7.5kW 以下），连接在端子 P/+-PR 间作为任选件的制动电阻器（FR-ABR）。22kW 以下的产品通过连接制动电阻，可以得到更大的再生制动力
	P/+，N/-	连接制动单元	连接制动单元（FR-BU，BU，MT-BU5），共直流母线变流器（FR-CV）电源再生转换器（MT-RC）及高功率因数变流器（FR-HC，MT-HC）
	P/+，P1	连接改善功率因数直流电抗器	对于 55kW 以下的产品请拆下端子 P/+-P1 间的短路片，连接上 DC 电抗器。75kW 以上的产品已标准配备有 DC 电抗器，必须连接。FR-E740-55kW 通过 LD 或 SLD 设定并使用时，必须设置 DC 电抗器（选件）
	PR，PX	内置制动器回路连接	端子 PX-PR 间连接有短路片（初始状态）的状态下，内置的制动器回路为有效
	⏚	接地变频器外壳接地用	必须接大地
接点输出	STF	正转启动	STF 信号处于 ON 便正转，处于 OFF 便停止
	STR	反转启动	STR 信号 ON 为逆转，OFF 为停止。STF，STR 信号同时 ON 时变成停止指令
	STOP	启动自保持选择	STOP 信号处于 ON，可以选择启动信号自保持
	RH，RM，RL	多段速度选择	用 RH，RM 和 RL 信号的组合可以选择多段速度
	JOG	点动模式选择	JOG 信号 ON 时选择点动运行（初期设定），用启动信号（STF 和 STR）可以点动运行
	RT	第 2 功能选择	RT 信号 ON 时，第 2 功能被选择。设定了 [第 2 转矩提升][第 2V/F（基准频率）] 时也可以用 RT 信号处于 ON 时选择这些功能
	MRS	输出停止	MRS 信号为 ON（20ms 以上）时，变频器输出停止。用电磁制动停止电机时用于断开变频器的输出
	RES	复位	复位用于解除保护回路动作的保持状态。使端子 RES 信号处于 ON 在 0.1s 以上，然后断开。工厂出厂时，通常设置为复位。根据 Pr.75 的设定，仅在变频器报警发生时可能复位。复位解除后约 1s 恢复
	AU	端子 4 输入选择	只有把 AU 信号置为 ON 时端子 4 才能用。（频率设定信号在 DC 4～20mA 之间可以操作）AU 信号置为 ON 时端子 2（电压输入）的功能将无效

续表

类型	端子记号	端子名称	功能
接点输出	AU	PTC	输入 AU 端子也可以作为 PTC 输入端子使用（保护电机的温度）。用作 PTC 输入端子时要把 AU/PTC 切换开关切换到 PTC 侧
	SD	公共输入端子（漏型）	接点输入端子（漏型）的公共端子。DC 24V, 0.1A 电源（PC 端子）的公共输出端子。与端子 5 及端子 SE 绝缘
	PC	外部晶体管输出公共端, DC 24V 电源接点输入公共端（源型）	漏型时当连接晶体管输出（即电极开路输出），例如可编程控制器，将晶体管输出用的外部电源公共端接到该端子时，可以防止因漏电引起的误动作，该端子可以使用直流 24V, 0.1 A 电源。当选择源型时，该端子作为接点输入端子的公共端
频率设定	10	频率设定用电源	按出厂状态连接频率设定电位器时，与端子 10 连接
	1	辅助频率设定	输入 DC 0～±5V 或 DC 0～±10V 时，端子 2 或 4 的频率设定信号与这个信号相加，用参数单元 Pr.73 进行输入 0～±5V DC 或 0～±10V DC（出厂设定）的切换。通过 Pr.868 进行端子功能的切换
	2	频率设定（电压）	如果输入 DC 0～5V（或 0～10V, 0～20mA），当输入 5V（10V, 20mA）时成最大输出频率，输出频率与输入成正比。DC 0～5V（出厂值）与 DC 0～10V, 0～20mA 的输入切换用 Pr73 进行控制。电流输入为（0～20mA）时，电流/电压输入切换开关设为 ON
	4	频率设定（电流）	如果输入 DC 4～20mA（或 0～5V, 0～10V），当 20mA 时成最大输出频率，输出频率与输入成正比。只有 AU 信号置为 ON 时此输入信号才会有效（端子 2 的输入将无效）。4～20mA（出厂值），DC0～5V, DC0～10V 的输入切换用 Pr.267 进行控制。电压输入为（0～5V/0～10V）时，电流/电压输入切换开关设为 OFF。端子功能的切换通过 Pr.858 进行设定
	5	频率设定公共端	频率设定信号（端子 2, 1 或 4）和模拟输出端子 CA、AM 的公共端子，请不要接大地
输出信号	A, B, C	继电器输出 1（异常输出）	指示变频器因保护功能动作时输出停止的转换接点。故障时：B-C 间不导通（A-C 间导通），正常时：B-C 间导通（A-C 间不导通）
	RUN	变频器正在运行	变频器输出频率为启动频率（初始值 0.5Hz）以上时为低电平，正在停止或正在直流制动时为高电平
	FU	频率检测	输出频率为任意设定的检测频率以上时为低电平，未达到时为高电平
	SE	集电极开路输出公共端	端子 RUN, SU, OL, IPF, FU 的公共端子
RS-485	—	PU 接口	通过 PU 接口，进行 RS-485 通信 • 遵守标准：EIA-485（RS-485） • 通信方式：多站点通信 • 通信速率：4800～38400bps • 最长距离：500m
	TXD+	变频器输出信号端子	
	TXD−		
	RXD+	变频器接收信号端子	
	RXD−		
	SG	接地	

续表

类型	端子记号	端子名称	功能
USB	—	USB 接口	与个人电脑通过 USB 连接后，可以实现 FR-Configurator 的操作 • 接口：支持 USB1.1 • 传输速度：12Mbps • 连接器：USB，B 连接器（B 插口）

掌握控制面板也是很关键的。基本操作面板的外形如图 7-2 所示，利用基本操作面板可以设置变频器的参数、调试和运行变频器。具有 7 段显示的 4 位数字，可以显示参数的序号和数值，报警和故障信息，以及设定值和实际值。基本操作面板上的按钮的功能见表 7-2。

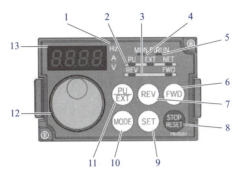

图 7-2　控制面板基本操作面板的外形

表 7-2　控制面板基本操作面板上的按钮的功能

序号	功能	功能的说明
1	单位显示	• Hz：显示频率时灯亮 • V：显示电压时灯亮 • A：显示电流时灯亮
2	运行模式显示	• PU：PU 运行模式时灯亮 • EXT：外部运行模式时灯亮 • NET：网络运行模式时灯亮
3	显示转动方向	• FWD：正转时灯亮 • REV：反转时灯亮 • 亮灯：正转或者反转 • 闪烁：有正转或者反转信号，但无频率信号；有 MRS 信号输入时
4	监视显示	监视显示时灯亮
5	无功能	—
6	启动指令正转	启动指令正转
7	启动指令反转	启动指令反转
8	停止运行	停止运行，也可复位报警
9	确定各类设置	设置各类参数后，要按此键，确定此设置有效
10	模式切换	切换各设定模式

续表

序号	功能	功能的说明
11	运行模式切换	PU 运行模式和外部运行模式的切换 ● PU：PU 运行模式 ● EXT：外部运行模式
12	M 旋钮	改变设定值的大小，如频率设定时，改变频率设置值
13	监视器	显示频率、电流等参数

注：表 7-2 中的序号与图 7-2 中的序号是对应的。

7.2 变频器的正反转控制

变频器的正反转控制有二线式和三线式两种。所谓的二线、三线实质是指用开关还是用按钮来进行正反转控制。

（1）二线控制

二线控制是用开关触点的闭合／断开，进行启停的方式。二线控制原理图如图 7-3 所示。当 Pr.250 为出厂值"9999"时，二线式用开关，SB1 接通，则电动机正转运行，断开，电动机停止运行；SB2 接通，电动机反转运行，断开，电动机停止运行。

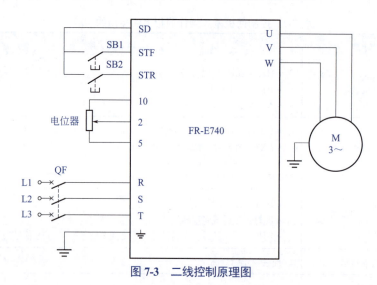

图 7-3 二线控制原理图

（2）三线控制

三线控制是一种脉冲上升沿，触发的启停方式。其中，STOP 信号是由输入端子定义的，由 Pr.178 ~ Pr.182 设定为 25，进行功能分配。Pr.250 设置为"9999"。

三线控制原理图如图 7-4 所示。当 SB1 闭合，产生一个脉冲，变频器控制电动机正转。当 SB2 闭合，产生一个脉冲，变频器控制电动机反转。当压下 SB3 按钮，STOP 断开，变频器控制电动机停转。

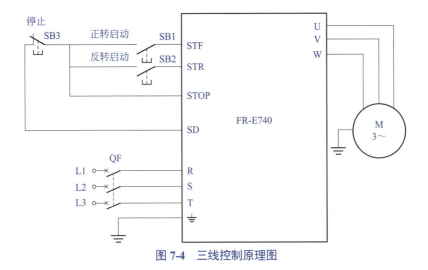

图 7-4 三线控制原理图

(3) 应用举例

以下用一个例子介绍 FX3U 对 FR-E740 变频器驱动电动机的正反转控制。

【例 7-1】 有一台 FR-E740 变频器,接线如图 7-5 所示,当接通按钮 SB1 时,三相异步电动机以 10Hz 正转,当接通按钮 SB2 时,三相异步电动机以 10Hz 反转,已知电动机的功率为 0.75kW,额定转速为 1440r/min,额定电压为 380V,额定电流为 2.05A,额定频率为 50Hz,设计方案。

FX3U 对 FR-E740 正反转控制

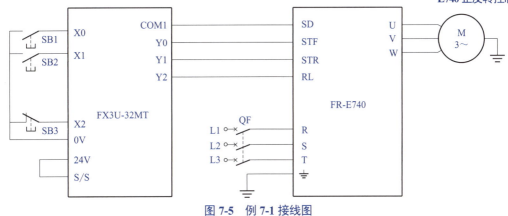

图 7-5 例 7-1 接线图

【解】 ①设置变频器的参数,见表 7-3。

表 7-3 变频器的参数

序 号	变频器参数	设定值	单位	功 能 说 明
1	Pr.160	9999	—	可以显示简单模式和扩展参数
2	Pr.79	2	—	外部运行模式
3	Pr.9	2.05	A	设定电动机的额定电流

续表

序 号	变频器参数	设定值	单位	功 能 说 明
4	Pr.71	3	—	普通电动机
5	Pr.80	0.75	kW	电动机额定功率
6	Pr.83	380	V	电动机额定电压
7	Pr.84	50	Hz	电动机额定频率
8	Pr.178	60	—	STF（正转指令）
9	Pr.179	61	—	STR（反转指令）
10	Pr.180	0	—	端子 RL 设置为低速信号
11	Pr.250	9999	—	减速停止
12	Pr.6	10	Hz	多段速设定（低速）

② 编写控制程序，如图 7-6 所示。

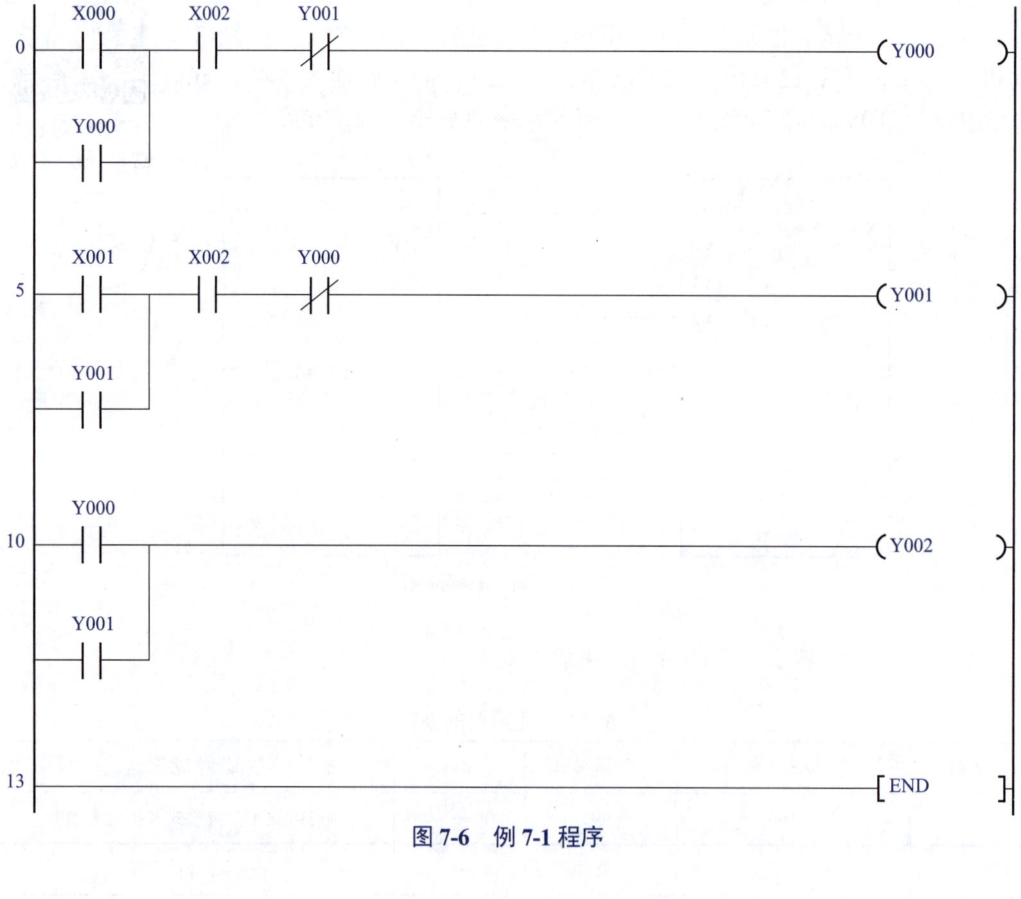

```
       X000   X002   Y001
  0     ┤├────┤├────┤/├──────────────────────(Y000)
       Y000
        ┤├

       X001   X002   Y000
  5     ┤├────┤├────┤/├──────────────────────(Y001)
       Y001
        ┤├

       Y000
  10    ┤├──────────────────────────────────(Y002)
       Y001
        ┤├

  13   ────────────────────────────────────[END]
```

图 7-6　例 7-1 程序

7.3 变频器的速度给定方式

使用变频调速时,有如下几种速度给定方法:手动键盘速度给定(控制面板)、模拟量速度给定、多段速度给定、升降速速度给定和通信速度给定等。以下将用几个例子分别介绍其中三种速度给定方法。

7.3.1 FX3U 控制变频器的模拟量速度给定

FX3U 对 FR-E740 的模拟量速度给定

虽然控制面板模式的速度给定简单易行,但每次改变频率需要手动设置,不易实现自动控制,而模拟量速度给定可以比较方便地实现自动控制和无级调速,因而在工程中比较常用,但模拟量速度给定一般要用到模拟量模块,相对而言,控制成本稍高。关于模拟量模块在前面的章节已经介绍,在此不做赘述。

模拟量可以是变频器内部输出的模拟量,也可以是外部给定的模拟量。以下分别用两个例子介绍模拟量速度给定。

【例 7-2】 一台 FR-E740 变频器配一台三相异步电动机,已知电动机的技术参数,功率为 0.75kW,额定转速为 1380r/min,额定电压为 380V,额定电流为 2.05A,额定频率为 50Hz,试用模拟量设定电动机的运行频率,外部端子控制启停。

【解】 ① 先按照如图 7-7 所示的原理图接线。这个例子的模拟量由变频器自身输出,一般的变频器都有这个功能。

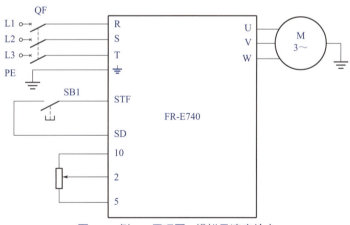

图 7-7 例 7-2 原理图 - 模拟量速度给定

② 设定变频器的参数。先查询 FR-E740 变频器的说明书,再依次在变频器中设定表 7-4 中的参数。

表 7-4 变频器参数表

变频器参数	设定值	功能说明
Pr.83	380	电动机的额定电压（380V）
Pr.9	2.05	电动机的额定电流（2.05A）
Pr.84	50	设定额定频率（50Hz）
Pr.79	2	外部运行模式

此时，当压下按钮 SB1 后，滑动电位器，电动机的速度会随之改变。

【例 7-3】 有一台 FR-E740 变频器，当接通按钮 SB1 时，三相异步电动机以 10Hz 正转，当接通按钮 SB2 时，三相异步电动机以 10Hz 反转，已知电动机的功率为 0.75kW，额定转速为 1440r/min，额定电压为 380V，额定电流为 2.05A，额定频率为 50Hz，设计方案。

【解】 （1）软硬件配置

① 1 套 GX Works2；

② 1 台 FR-E740 变频器；

③ 1 台 FX3U-32MT；

④ 1 台电动机；

⑤ 1 根编程电缆；

⑥ 1 台 FX3U-3A-ADP；

⑦ 1 台 HMI。

模拟量速度给定原理图如图 7-8 所示。

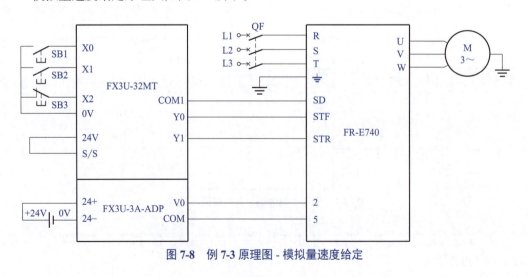

图 7-8 例 7-3 原理图 - 模拟量速度给定

（2）设定变频器的参数

在变频器中设定表 7-4 中的参数。

（3）编写程序，并将梯形图程序下载到 PLC 中

梯形图如图 7-9 程序所示。第 0～2 步表示电压输出；第 3～9 步表示模拟量输出，实示就是模拟量速度给定；第 10～16 步，速度为 0 时，模拟量输出为 0；第 17～21 步，正转；第 22～26 步，反转。

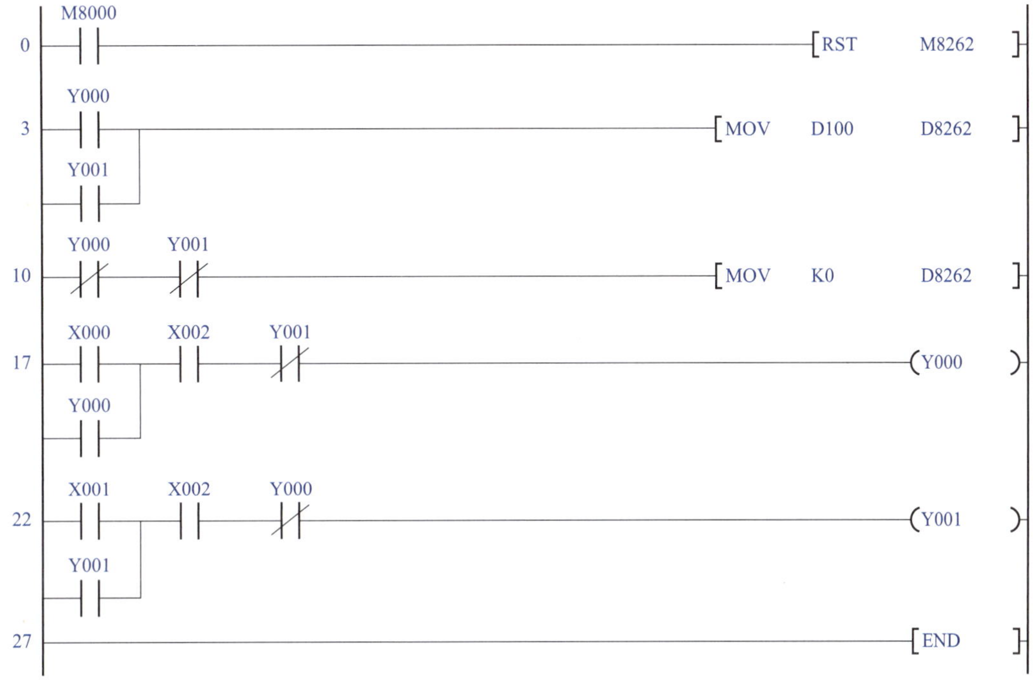

```
  M8000
0 ─┤├────────────────────────────[RST  M8262]

  Y000
3 ─┤├────────────────────────[MOV  D100  D8262]
  Y001
  ─┤├

  Y000  Y001
10 ─┤/├──┤/├─────────────────[MOV  K0  D8262]

  X000  X002  Y001
17 ─┤├──┤├──┤/├───────────────────────(Y000)
  Y000
  ─┤├

  X001  X002  Y000
22 ─┤├──┤├──┤/├───────────────────────(Y001)
  Y001
  ─┤├

27 ─────────────────────────────────[END]
```

图 7-9　例 7-3 程序

7.3.2　FX3U 控制变频器的多段速度给定

FX3U 对 FR-E740 的多段速度给定

基本操作面板进行手动速度给定方法简单，对资源消耗少，但这种速度给定方法对于操作者来说比较麻烦，而且不容易实现自动控制，而 PLC 控制的多段速度给定和通信速度给定，就容易实现自动控制，以下将介绍 PLC 控制的多段速度给定。

【例 7-4】　有一台 FR-E740 变频器，原理图如图 7-10 所示，当按钮 SA1 接通时，三相异步电动机以 10Hz 正转，当按钮 SA2 接通时，三相异步电动机以 20Hz 正转，当按钮 SA3 接通时，三相异步电动机以 30Hz 正转，已知电动机的技术参数，功率为 0.75kW，额定转速为 1440r/min，额定电压为 380V，额定电流为 2.05A，额定频率为 50Hz，请设计方案。

【解】 多段速度给定时,当按下按钮 SA1 时,RL 端子与变频器的 SD 连接时对应一个低频率,频率值设定在 Pr.6 中;当按下按钮 SA2 时,RM 端子与变频器的 SD 连接时再对应一个中等频率,频率值设定在 Pr.5 中;当按下按钮 SA3 时,RH 端子与变频器的 SD 接通,对应一个高频率,频率值设定在 Pr.4 中。

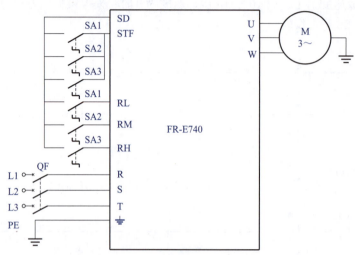

图 7-10 例 7-4 原理图 - 多段速度给定

参数设定见表 7-5。

表 7-5 例 7-4 变频器参数

序号	变频器参数	设定值	功能说明
1	Pr.83	380	电动机的额定电压(380V)
2	Pr.9	2.05	电动机的额定电流(2.05A)
3	Pr.84	50	设定额定频率(50Hz)
4	Pr.79	2	外部运行模式
5	Pr.4	30	高速频率值
6	Pr.5	20	中速频率值
7	Pr.6	10	低速频率值

【例 7-5】 用一台晶体管输出 FX3U-MT 控制一台 FR-E740 变频器,当按下按钮 SB1 时,三相异步电动机以 10Hz 正转,当按下按钮 SB2 时,三相异步电动机以 20Hz 正转,当按下按钮 SB3 时,三相异步电动机以 30Hz 反转,已知电动机的功率为 0.75kW,额定转速为 1440r/min,额定电压为 380V,额定电流为 2.05A,额定频率为 50Hz,设计方案,并编写程序。

【解】 (1) 主要软硬件配置

① 1 套 GX Works2；
② 1 台 FR-E740 变频器；
③ 1 台 FX3U-32MT；
④ 1 台电动机；
⑤ 1 根编程电缆；
⑥ 1 台 HMI。

原理图如图 7-11 所示。

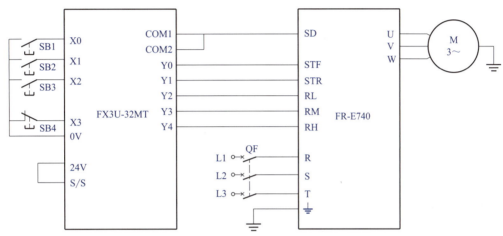

图 7-11　例 7-5 原理图 - 多段速度给定

(2) 参数的设置

多段速度给定时，当 RH 端子与变频器的 SD 连接（或者与之相连 PLC 的输出点为低电平，本例中 Y4 为低电平）时对应一个高转速的频率，RM 端子与变频器的 SD 连接时，再对应一个中等转速的频率（或者与之相连 PLC 的输出点为低电平，本例中 Y3 为低电平），RL 端子与变频器的 SD 连接时，再对应一个低转速的频率（或者与之相连 PLC 的输出点为低电平，本例中 Y2 为低电平）。变频器参数见表 7-5。

(3) 编写程序

这个程序相对比较简单，如图 7-12 所示。

图 7-12

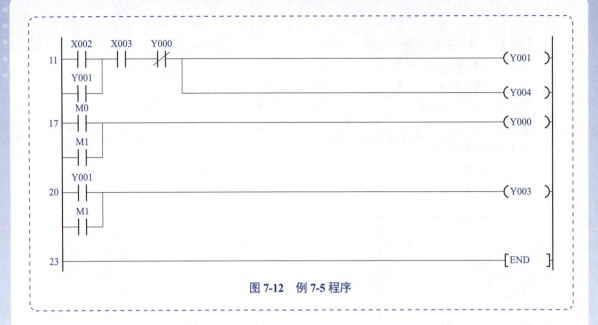

图 7-12　例 7-5 程序

7.3.3　FX3U 控制变频器的通信速度给定

通信速度给定既可实现无级调速，也可实现自动控制，应用灵活方便。FX 系列 PLC 与 FR-E740 变频器可采用 USB、PROFIBUS、Devicenet、Modbus 等通信。以下将简介 FX 系列 PLC 与 FR-E740 变频器的 PU 通信。

FX3U PLC 与 FR-E740 变频器之间的 PU 通信

（1）PU 通信简介

PU 通信是以 RS-485 通信方式连接 FX 可编程控制器与变频器，最多可以对 8 台变频器进行运行监控，如 FX3U 通过 FX3U-485BD 的 RS-485 接口与 E700 变频器的 PU 接口连接，进而监控变频器。

FX 系列 PLC 的 PU 通信支持的变频器有 F800、A800、F700、EJ700、A700、E700、D700、IS70、V500、F500、A500、E500 和 S500（带通信功能）系列。

（2）PU 通信的应用

以下用一个例子介绍 PU 通信的应用。

【例 7-6】　有 1 台 FX3U-32MR 和 FR-E740 变频器，采用 PU 通信，要求实现正反转，正转频率为 25Hz，反转频率为 35Hz，要求编写此控制程序。

【解】　（1）主要软硬件配置

① 1 套 GX Works2；

② 1 台 FX3U-32MT；

③ 1 台 FX3U-485-BD；

④ 1 台 FR-E740 变频器；

⑤ 1 根网线电缆（一端带 RJ45 接头）。

变频器 PU 接口端子定义见表 7-6。

表 7-6 变频器 PU 接口端子定义

PU 接口	插针编号	名称	含义
变频器主机(插座一侧)正视图 组合式插座	1	SG	接地
	2	—	参数单元电源
	3	RDA	变频器接收 +
	4	SDB	变频器发送 −
	5	SDA	变频器发送 +
	6	RDB	变频器接收 −
	7	SG	接地
	8	—	参数单元电源

原理图如图 7-13 所示。

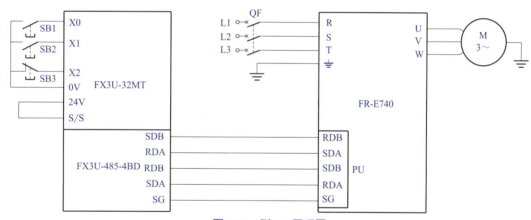

图 7-13 例 7-6 原理图

（2）设置变频器的参数

变频器的参数见 7-7。

表 7-7 例 7-6 变频器的参数

序 号	参数编号	参数项目	设定值	设定内容
1	Pr.117	PU 通信站号	1	最多可以连接 8 台
2	Pr.118	PU 通信速度（波特率）	192	19200bit/s（标准）
3	Pr.119	PU 通信停止位长度	10	数据长度：7 位 / 停止位：1 位

续表

序 号	参数编号	参数项目	设定值	设定内容
4	Pr.120	PU 通信奇偶校验	2	2：偶校验
5	Pr.123	设定 PU 通信的等待时间	9999	在通信数据中设定
6	Pr.124	选择 PU 通信 CR，LF	1	CR：有 LF：无
7	Pr.79	选择运行模式	0	上电时外部运行模式
8	Pr.549	选择协议	0	三菱变频器（计算机链接）协议
9	Pr.340	选择通信启动模式	1 或 10	1：网络运行模式 10：网络运行模式 PU 运行模式和网络运行模式 可以通过操作面板进行更改

（3）相关指令介绍

与变频器控制相关的指令有 IVCK（FNC270）、IVDR（FNC271）、IVRD（FNC272）、IVWR（FNC273）、IVBWR（FNC274）和 IVMC（FNC275）等，指令格式如图 7-14 所示。

图 7-14　指令格式图

图 7-14 所示中的指令说明见表 7-8。

表 7-8　变频器通信指令说明

指令	功能	控制方向
IVCK（FNC270）	变频器的运行监视	PLC ←变频器
IVDR（FNC271）	变频器的运行控制	PLC →变频器
IVRD（FNC272）	读出变频器的参数	PLC ←变频器
IVWR（FNC273）	写入变频器的参数	PLC →变频器
IVBWR（FNC274）	变频器参数的成批写入	PLC →变频器
IVMC（FNC275）	变频器的多个命令	PLC →变频器

变频器指令中的指令监控代码见表 7-9。

表 7-9 变频器指令中的指令监控代码

S2 变频器指令码（十六进制数）	读出内容	对应变频器				
		F800, A800, F700, EJ700, A700, E700,	V500	F500, A500	E500	S500
H7B	运行模式	√	√	√	√	√
H6F	输出频率[旋转数]	√	√	√	√	√
H70	输出电流	√	√	√	√	√
H71	输出电压	√	√	√	√	×
H72	特殊监控	√	√	√	×	×
H73	特殊监控的选择编号	√	√	√	×	×
H74	异常内容	√	√	√	√	√
H75	异常内容	√	√	√	√	√
H76	异常内容	√	√	√	√	×
H77	异常内容	√	√	√	√	×
H79	变频器状态监控（扩展）	√	×	×	×	×
H7A	变频器状态监控	√	√	√	√	√
H6E	读出设定频率（E^{2}PROM）	√	√	√	√	√
H6D	读出设定频率（RAM）	√	√	√	√	√
H7F	链接参数的扩展设定	在本指令中，不能用 S$_2$ 给出指令				
H6C	第2参数的切换	在 IVRD 指令中，通过指定"第2参数指定代码"会自动处理				

变频器指令中的指令运行代码见表 7-10。

表 7-10 变频器指令中的指令运行代码

变频器指令代码（十六进制数）	写入内容	对应变频器							
		F800	A800	F700PJ	F700P	A700	E700	E700EX	D700	V500
HFB	运行模式	√	√	√	√	√	√	√	√	√
HF3	特殊监控的选择 No.	√	√	√	√	√	√	√	√	√
HF9	运行指令（扩展）	√	√	√	√	√	√	√	√	√
HFA	运行指令	√	√	√	√	√	√	√	√	√

续表

变频器指令代码（十六进制数）	写入内容	对应变频器							
		F800	A800	F700PJ	F700P	A700	E700	E700EX	D700	V500
HED	写入设定频率（RAM）	√	√	√	√	√	√	√	√	√
HEE	写入设定频率（EEPROM）	√	√	√	√	√	√	√	√	√
HFD	变频器复位	√	√	√	√	√	√	√	√	√
HF4	异常内容的成批清除	√	√	√	√	√	√	√	√	√
HFC	参数的清除全部清除	√	√	√	√	√	√	√	√	√
HFF	链接参数的扩展设定	√	√	√	√	√	√	√	√	√

（4）编写程序

编写控制程序如图7-15所示。在阅读程序之前，请读者理解表7-8中的指令，理解表7-9和表7-10中指令代码的含义。

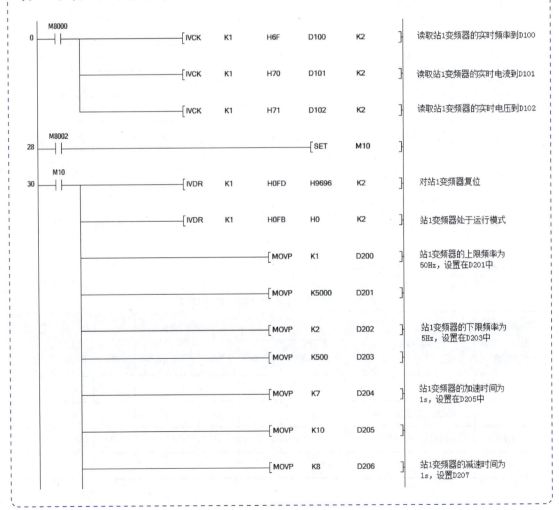

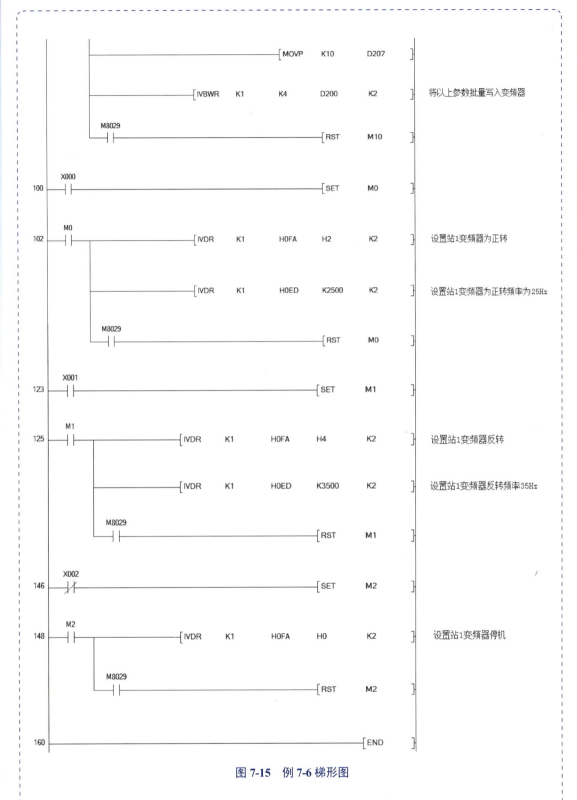

图 7-15　例 7-6 梯形图

注意：程序中的"FX 参数设置"如图 7-16 所示。此设置与变频器的参数设置匹配。

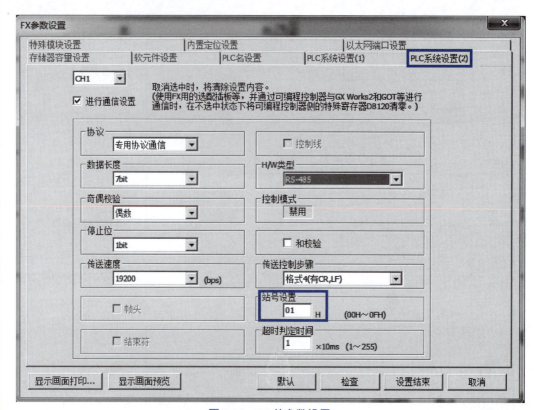

图 7-16　FX 的参数设置

第 8 章

三菱 FX3 系列 PLC 在运动控制中的应用

伺服系统在工程中十分常用，在我国，日系和欧系的伺服系统都得到了广泛的应用。特别是日系的三菱伺服系统，因其性价比高，功能强大，所以深受用户青睐，本章将介绍 FX3U 控制三菱 MR-J4 伺服系统。

8.1 三菱伺服系统

8.1.1 三菱伺服系统简介

三菱公司是较早研究和生产交流伺服电动机的企业之一。三菱公司早在 20 世纪 70 年代就开始研发和生产变频器，积累了较为丰富的经验，是目前少数能生产稳定可靠 15kW 以上伺服系统的厂家。

三菱公司的伺服系统是日系产品的典型代表，它具有可靠性好、转速高、容量大、相对容易使用的优点，而且还是生产 PLC 的著名厂家，因此其伺服系统与 PLC 产品能较好地兼容，在专用加工设备、自动生产线、印刷机械、纺织机械和包装机械等行业得到了广泛的应用。

目前三菱公司常用的通用伺服系统有 21 世纪初开发的 MR-J2S 系列、MR-J3 系列、MR-J4 系列、MR-J5 系列、MR-JE 系列和小功率经济性的 MR-ES 系列等产品。

MR-J3 系列伺服驱动系统是替代 MR-J2S 系列的产品，可以用于三菱的直线电动机的速度、位置和转矩控制。

MR-ES 系列伺服驱动器是用于 2kW 以下的经济型产品系列，其性价比较高，可以替代 MR-E 系列，用于速度、位置和转矩控制。

MR-JE 系列是以 MR-J4 系列的伺服系统为基础，保留 MR-J4 系列的高性能，限制了其部分功能的 AC 伺服系统，用于速度、位置和转矩控制。其性价比高。

8.1.2 三菱 MR-J4-A 伺服系统接线

三菱 MR-J4 伺服系统接线

三菱的 MR-J4 系列伺服驱动器产品系列，功能强大，可用于高精度定位、线控制和张力控制，其主要包括 MR-J4-A（脉冲型）、MR-J4-B（SSCENT III/H 总线型）和 MR-J4-G（CC-LINK IE 总线型），MR-J4-A 较为常见，因此本章以此型号为例进行介绍。

（1）MR-J4-A 伺服系统的硬件功能图

三菱 MR-J4-A 伺服系统的硬件功能图如图 8-1 所示，图中断路器和接触器是通用器件，只要是符合要求的产品即可，电抗器和制动电阻可以根据需要选用。

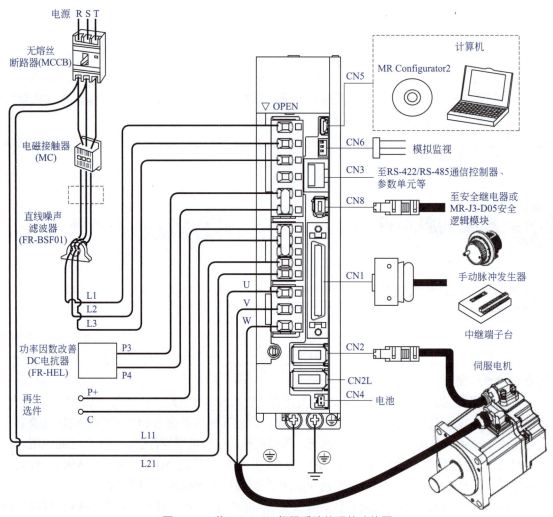

图 8-1　三菱 MR-J4-A 伺服系统的硬件功能图

（2）MR-J4-A 伺服驱动器的接口

MR-J4-A 伺服驱动器的接口如图 8-2 所示。其各部分接口的作用见表 8-1。

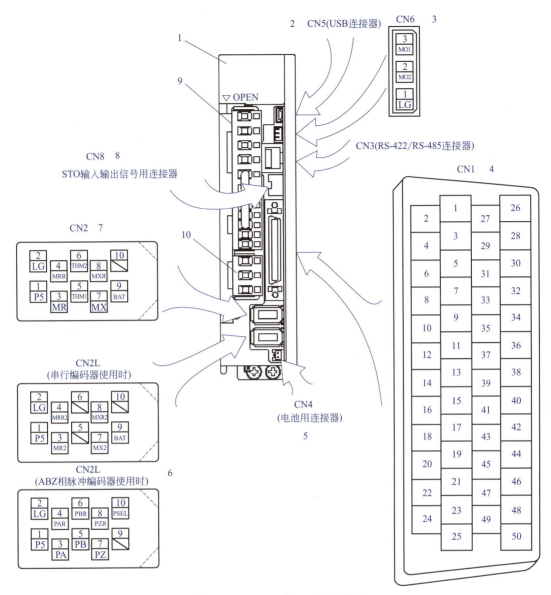

图 8-2 MR-J4-A 伺服驱动器接口

表 8-1 MR-J4-A 伺服驱动器外部各部分接口的作用

序号	名称	功能/作用
1	显示器	5 位 7 段 LED，显示伺服状态和报警代码
	操作部分	用于执行状态显示、诊断、报警和参数设置等操作。 MODE UP DOWN SET ——用于设置数据 ——用于改变每种模式的显示或数据 ——用于改变模式

续表

序号	名称	功能/作用
2	CN5	迷你USB接口，用于修改参数，监控伺服
3	CN6	输出模拟监视数据
4	CN1	用于连接数字I/O信号
5	CN4	电池用连接器
6	CN2L	外部串行编码器或者ABZ脉冲编码器用接头
7	CN2	用于连接伺服电动机编码器的接头
8	CN8	STO输入输出信号连接器
9	CNP1	用于连接输入电源的接头
10	CNP3	用于连接伺服电动机的电源接头

① CN1 接口　MR-J4-A 伺服驱动器的 CN1 连接器的定义了 50 个端子。以下仅对几个重要端子的含义做详细的说明，见表 8-2，其余的读者可以查看三菱的手册。

CN1 连接器端子的详细说明见表 8-2。

表 8-2　CN1 连接器的 CN1 连接器端子的详细说明

端子号	代号	说明
1、2、28	P15R、VC、LG	共同组成模拟量速度给定
1、27、28	P15R、TC、LG	共同组成模拟量转矩给定
10	PP	在位置控制方式下，其代号都是 PP，其作用表示高速脉冲输入信号，是输入信号
12	OPC	在位置以及位置和速度控制方式下，其代号都是 OPC，其作用是外接 +24V 电源的输入端，必须接入，是输入信号
15	SON	在位置、速度以及位置和速度控制方式下，其代号都是 SON，其作用表示开启伺服驱动器信号，是输入信号
16	SP2	速度模式时，转速 2
17	ST1	速度模式时，正转信号
18	ST2	速度模式时，反转信号
19	RES	在位置、速度以及位置和速度控制方式下，代号为 RES，表示复位，是输入信号
20、21	DICOM	在位置、速度以及位置和速度控制方式下，其代号都是 DICOM，数字量输入公共端子
35	NP	在位置控制方式下，其代号都是 NP，其作用表示脉冲方向信号，是输入信号
41	SP1	速度模式时，转速 1

续表

端子号	代号	说明
42	EM2	在位置、速度以及位置和速度控制方式下，其代号都是 EM2，其作用表示开启伺服驱动器急停信号，断开时急停，是输入信号
43	LSP	在位置、速度和转矩控制方式下，其代号都是 LSP，其作用表示正向限位信号，是输入信号
44	LSN	在位置、速度和转矩控制方式下，其代号都是 LSN，其作用表示反向限位信号，是输入信号
46、47	DOCOM	在位置、速度以及位置和速度控制方式下，其代号都是 DOCOM，数字量输出公共端子
48	ALM	在位置、速度以及位置和速度控制方式下，其代号都是 ALM，其作用表示有报警时输出低电平信号，是输出信号
49	RD	在位置、速度以及位置和速度控制方式下，其代号都是 RD，其作用表示伺服驱动器已经准备好，可以接受控制器的控制信号，是输出信号

② CN6 接口　连接器 CN6 的端子的含义见表 8-3。

表 8-3　CN6 连接器的定义和功能

连接端子	代号	输出/输入信号	备注
1	LG	公共端子	—
2	MO2	MO2 与 LG 间的电压输出	模拟量输出
3	MO1	MO1 与 LG 间的电压输出	模拟量输出

（3）伺服驱动器的主电路接线

三菱伺服系统主电路接线原理图，如图 8-3 所示。

① 在主电路侧（三相 220V，L1、L2、L3）需要使用接触器，并能在报警发生时从外部断开接触器。

② 控制电路电源（L11、L21）应和主电路电源同时投入使用或比主电路电源先投入使用。如果主电路电源不投入使用，显示器会显示报警信息。当主电路电源接通后，报警即消除，可以正常工作。

③ 伺服放大器在主电路电源接通约 1s 后便可接收伺服开启信号（SON）。所以，如果在三相电源接通的同时将 SON 设定为 ON，那么约 1s 后主电路设为 ON，进而约 20ms 后，准备完毕信号（RD）将置为 ON，伺服驱动器处于可运行状态。

④ 复位信号（RES）为 ON 时主电路断开，伺服电动机处于自由停车状态。

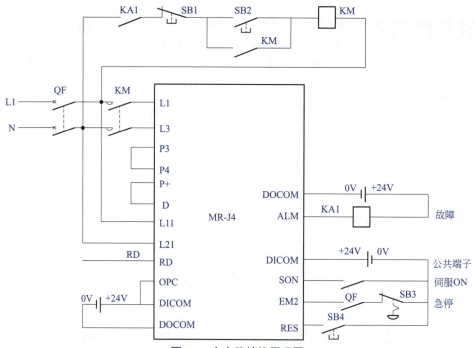

图 8-3 主电路接线原理图

(4) 伺服驱动器和伺服电动机的连接

伺服驱动器和伺服电动机的连接，如图 8-4 所示。

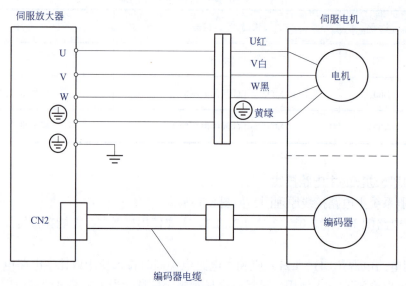

图 8-4 伺服驱动器和伺服电动机的连接

(5) 伺服驱动器控制电路接线

① 数字量输入的接线　MR-J4 伺服系统支持漏型（NPN）和源型（PNP）两种数字量输入方式。漏型数字量输入实例如图 8-5 所示，可以看到有效信号是低电平有效。源型数字量输入实例如图 8-6 所示，可以看到有效信号是高电平有效。

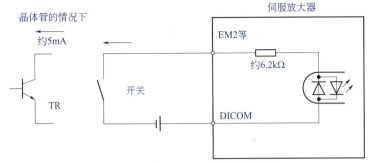

图 8-5 伺服驱动器漏型输入实例

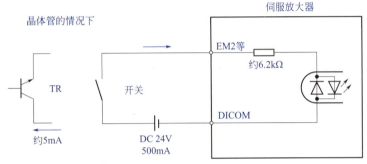

图 8-6 伺服驱动器源型输入实例

② 数字量输出的接线　MR-J4-A 伺服系统支持漏型（NPN）和源型（PNP）两种数字量输出方式。漏型数字量输出实例如图 8-7 所示，可以看到有效信号是低电平有效。源型数字量输入实例如图 8-8 所示，可以看到有效信号是高电平有效。

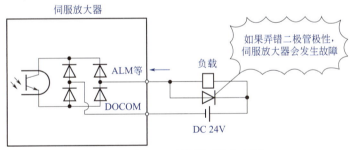

图 8-7 伺服驱动器漏型输出实例

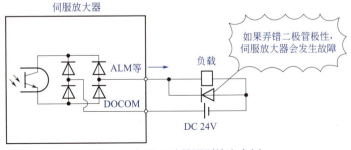

图 8-8 伺服驱动器源型输出实例

③位置控制模式脉冲输入方法

a. 集电极开路输入方式,如图 8-9 所示。集电极开路输入方式输入脉冲最高频率 200kHz。

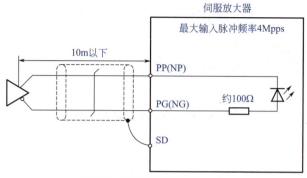

图 8-9　集电极开路输入方式

b. 差动输入方式,如图 8-10 所示。差动输入方式输入脉冲最高频率 500kHz。

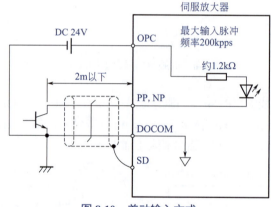

图 8-10　差动输入方式

④外部模拟量输入　模拟量输入的主要功能进行速度调节和转矩调节或速度限制和转矩限制,一般输入阻抗 10 ～ 12kΩ。如图 8-11 所示。

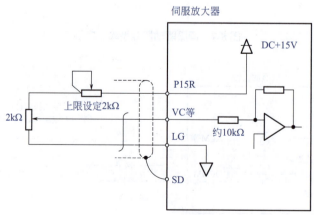

图 8-11　外部模拟量输入

⑤ 模拟量输出　模拟量输出的电压信号可以反映伺服驱动器的运行状态，如电动机的旋转速度、输入脉冲频率、输出转矩等，如图 8-12 所示。输出电压是 ±10V，电流最大 1mA。

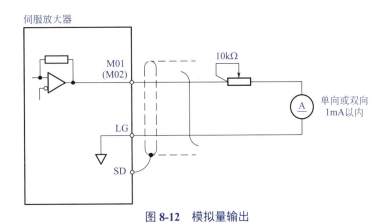

图 8-12　模拟量输出

8.1.3　三菱伺服系统常用参数介绍

要准确高效地使用伺服系统，必须准确设置伺服驱动器的参数。MR-J4 伺服系统包含基本设定参数（Pr.PA＿＿）、增益/滤波器设定参数（Pr.PB＿＿）、扩展设定参数（Pr.PC＿＿）、输入输出设定参数（Pr.PD＿＿）、扩展设定参数 2（Pr.PE＿＿）和扩展设定参数 3（Pr.PF＿＿）等。参数简称前带有 * 号的参数在设定后一定要关闭电源，接通电源后才生效，例如参数 PA01 的简称为 *STY（运行模式），重新设定后需要断电重启生效。以下将对 MR-J4 伺服系统常用参数进行介绍。

（1）常用基本设定参数介绍

基本设定参数以 "PA" 开头，常用基本设定参数说明见表 8-4。

表 8-4　常用基本设定参数说明

编号	符号/名称	设定位	功能	初始值	控制模式
PA01	*STY	＿＿＿x	选择控制模式 0：位置控制模式 1：位置控制模式/速度控制模式 2：速度控制模式 3：速度控制模式/转矩控制模式 4：转矩控制模式 5：转矩控制模式/速度控制模式	1000h	P.S.T
PA06	CMX	—	电子齿轮比的分子	1	P
PA07	CDV	—	电子齿轮比的分母，通常：$\frac{1}{50} \leq \frac{CMX}{CDV} \leq 4000$	1	P

续表

编号	符号/名称	设定位	功能	初始值	控制模式
PA13	*PLSS	– – – x	指令输入脉冲串形式选择 0：正转，反转脉冲串 1：脉冲串 + 符号 2：A 相，B 相脉冲串	0h	P
		– – x –	脉冲串逻辑选择 0：正逻辑 1：负逻辑	0h	P
		– x – –	指令输入脉冲串滤波器选择 通过选择和指令脉冲频率匹配的滤波器，能够提高抗干扰能力 0：指令输入脉冲串在 4Mp/s 以下的情况 1：指令输入脉冲串在 1Mp/s 以下的情况 2：指令输入脉冲串在 500kp/s 以下的情况 "1" 对应到 1Mp/s 位置的指令。输入 1Mp/s～4Mp/s 的指令时，请设定 "0"	1h	P
		x – – –	厂商设定用	0h	P
		举例			
		指令输入脉冲形态选择			
		设置值	脉冲串形态	正转指令时	反转指令时
		0010h	负逻辑 — 正转脉冲串 反转脉冲串		
		0011h	负逻辑 — 脉冲串 + 符号		
		0012h	负逻辑 — A 相脉冲串 B 相脉冲串		
		0000h	正逻辑 — 正转脉冲串 反转脉冲串		
		0001h	正逻辑 — 脉冲串 + 符号		
		0002h	正逻辑 — A 相脉冲串 B 相脉冲串		
PA19	*BLK		参数写入禁止	00AAh	P.S.T

注：表中 P 表示位置模式，S 表示速度模式，T 表示转矩模式。

在进行位置控制模式时,需要设置电子齿轮比,电子齿轮比的设置和系统的机械结构、控制精度有关。电子齿轮比的设定范围为:$\frac{1}{50} \leqslant \frac{CMX}{CDV} \leqslant 4000$。

假设上位机(PLC)向驱动器发出 1000 个脉冲(假设电子齿轮比为 1:1),则偏差计数器就能产生 1000 个脉冲,从而驱动伺服电动机转动。伺服电动机转动后,编码器则会产生脉冲输出,反馈给偏差计数器,编码器产生一个脉冲,偏差计数器则减 1,产生两个脉冲则减 2,因此编码器旋转后一直产生反馈脉冲,偏差计数器一直做减法运算,当编码器反馈 1000 个脉冲后,偏差计数器内脉冲就减为 0,此时,伺服电动机就会停止。因此,实际上,上位机发出脉冲,则伺服电动机就旋转,当编码器反馈的脉冲数等于上位机发出的脉冲数后,伺服电动机停止。

因此得出:上位机所发的脉冲数=编码器反馈的脉冲数。

电子齿轮比实际上是一个脉冲放大倍率。实际上,上位机所发的脉冲经电子齿轮比放大后再送入偏差计数器,因此上位机所发的脉冲,不一定就是偏差计数器所接收到的脉冲。

计算公式:上位机发出的脉冲数 × 电子齿轮比=偏差计数器接收的脉冲。

而,偏差计数器接收的脉冲数=编码器反馈的脉冲数。

计算电子齿轮比有关的概念如下。

① 编码器分辨率 编码器分辨率即为伺服电动机的编码器的分辨率,也就是伺服电机旋转一圈,编码器所能产生的反馈脉冲数。编码器分辨率是一个固定的常数,伺服电动机选好后,编码器分辨率也就固定了。

② 丝杠螺距 丝杠即为螺纹式的螺杆,电动机旋转时,带动丝杠旋转,丝杠旋转后,可带动滑块作前进或后退的动作。如图 8-13 所示。

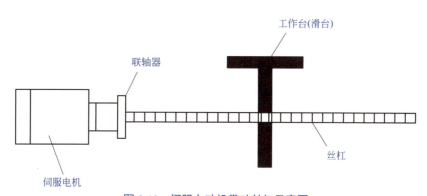

图 8-13 伺服电动机带动丝杠示意图

丝杠的螺距即为相邻的螺纹之间的距离。实际上丝杠的螺距即丝杠旋转一周工作台所能移动的距离。螺距是丝杠的固有的参数,是一个常量。

③ 脉冲当量 脉冲当量即为上位机(PLC)发出一个脉冲,实际工作台所能移动的距离。因此脉冲当量也就是伺服系统的精度。

比如说脉冲当量规定为 1μm,则表示上位机(PLC)发出一个脉冲,实际工作台可以移动 1μm。因为 PLC 最少只能发一个脉冲,因此伺服系统的精度就是脉冲当量的精度,也就是 1μm。

计算齿轮比

【例 8-1】 如图 8-13 所示,伺服编码器分辨率为 131072,丝杠螺距是 10mm,脉冲当量为 10μm,计算电子齿轮比。

【解】 脉冲当量为 10μm,表示 PLC 发一个脉冲工作台可以移动 10μm,那么要让工作台移动一个螺距(10mm),则 PLC 需要发出 1000 个脉冲,相当于 PLC 发出 1000 个脉冲,工作台可以移动一个螺距。那工作台移动一个螺距,丝杠需要转一圈,伺服电动机也是需要转一圈,伺服电动机转一圈,编码器能产生 131072 个脉冲。

由 PLC 发的脉冲数 × 电子齿轮比 = 编码器反馈的脉冲数

1000× 电子齿轮比 =131072

电子齿轮比 = 131072/1000。

(2)常用扩展设定参数介绍

扩展设定参数以"PC"开头,常用扩展设定参数说明见表 8-5。

表 8-5 常用扩展设定参数说明

编号	符号/名称	设定位	功能	初始值	控制模式
PC01	STA	—	加速时间	0ms	S.T
PC02	STB	—	减速时间	0ms	S.T
PC05	SC1	—	内部速度 1	100r/min	S.T
PC06	SC2	—	内部速度 2	500r/min	S.T
PC07	SC3	—	内部速度 3	1000r/min	S.T

注:表中 S 表示速度模式,T 表示转矩模式。

(3)常用输入输出设定参数介绍

输入输出设定参数以"PD"开头,常用输入输出设定参数说明见表 8-6。

表 8-6 常用输入输出设定参数说明

编号	符号/名称	设定位	功能	初始值	控制模式
PD01	*DIA1	___x （HEX）	输入信号自动选择	0h	
			___x（BIN）：厂商设定用		—
			__x_（BIN）：厂商设定用		
			_x__（BIN）：SON（伺服开启） 0：无效（用于外部输入信号） 1：有效（自动 ON）		P.S.T
			x___（BIN）：厂商设定用		—
		__x_ （HEX）	___x（BIN）：PC（比例控制） 0：无效（用于外部输入信号） 1：有效（自动 ON）	0h	P.S
			__x_（BIN）：TL（外部转矩限制控制） 0：无效（用于外部输入信号） 1：有效（自动 ON）		P.S
			_x__（BIN）：厂商设定用		—
			x___（BIN）：厂商设定用		
		_x__ （HEX）	___x（BIN）：厂商设定用	0h	
			__x_（BIN）：厂商设定用		
			_x__（BIN）：LSP（正转行程末端） 0：无效（用于外部输入信号） 1：有效（自动 ON）		P.S
			x___（BIN）：LSN（反转行程末端） 0：无效（用于外部输入信号） 1：有效（自动 ON）		P.S
		x___ （HEX）	厂商设定用	0h	—

注：表中 P 表示位置模式，S 表示速度模式，T 表示转矩模式。

输入信号自动选择 PD01 是比较有用的参数，如果不设置此参数，要运行伺服系统，必须将 SON、LSP、LSN 与输入公共端 DICOM 上电源进行接线短接（如 NPN 输入，则与 0V 短接）。如果合理设置此参数（如将 PD01 设置为 0C04）可以不需要将 SON、LSP、LSN 与输入公共端 DICOM 上电源进行接线短接。

8.1.4 用操作单元设置三菱伺服系统参数

① 操作单元简介　通用伺服驱动器是一种可以独立使用的控制装置，为了对驱动器进行

设置、调试和监控，伺服驱动器一般都配有简单的操作单元，如图 8-14 所示。在现场调试和维护，当没有计算机时，就必须使用操作单元。

利用伺服放大器正面的显示部分（5 位 7 段 LED），可以进行状态显示和参数设置等。可在运行前设定参数、诊断异常时的故障、确认外部程序、确认运行期间状态。操作单元上 4 个按键，其作用如下。

MODE：每次按下此按键，在操作 / 显示之间转换。
UP：数字增加 / 显示转换键。
DOWN：数字减少 / 显示转换键。
SET：数据设置键。

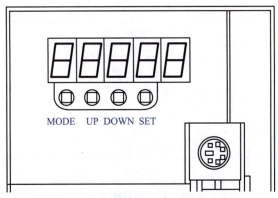

图 8-14　MR-J4 操作显示单元

② 状态显示　MR-J4 的驱动器可选择状态显示、诊断显示、报警显示和参数显示，共 4 种显示模式，显示模式由"MODE"按键切换。MR-J4 的驱动器的状态显示举例，见表 8-7。

表 8-7　MR-J4 的驱动器的状态显示举例

显示类别	显示状态	显示内容	其他说明
状态显示	C	反馈累积脉冲	
诊断显示	rd-oF	准备未完成	
	rd-on	准备完成	
报警显示	AL---	没有报警	
	AL33.1	发生 AL33.1 号报警	主电路电压异常
参数显示	P A01	基本参数	
	P b01	增益·滤波器设定参数	

续表

显示类别	显示状态	显示内容	其他说明
参数显示	P C01	扩展设定参数	
	P d01	输入输出设定参数	
	P E01	扩展设定参数 2	

③ 参数的设定　参数的设定流程如图 8-15 所示。

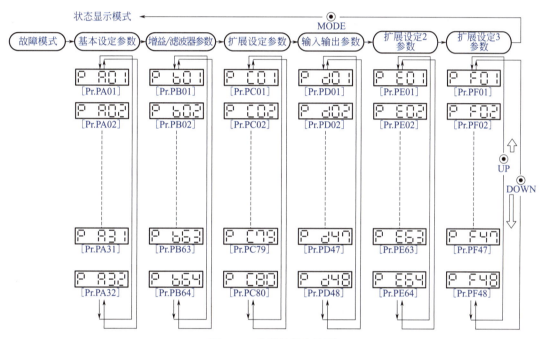

图 8-15　参数的设定流程

【例 8-2】　请设置电子齿轮比的分子为 2。

【解】　电子齿轮比的分子是 PA06，也就是要令 PA06=2。方法如下。

① 首先给伺服驱动器通电，再按模式选择键"MODE"，到数码管上显示"0"，按"MODE"按键第 1 次，显示"AUto"，按"MODE"按键第 2 次，显示"rd-on"，按"MODE"按键第 3 次，显示"AL---"，按"MODE"按键第 4 次，显示"P A01"。

② 按向上加按键"UP"6 次，到数码管上显示"PA06"为止。

③ 按设置按键"SET"，数码管显示的数字为"01"，因为电子齿轮比的分子是 PA06，默认数值是 1。

④ 按向上加按键"UP"1次，到数码管上显示"02"为止，此时数码管上显示"02"，是闪烁的，表明数值没有设定完成。

⑤ 按设置按键"SET"，设置完成，这一步的作用实际就是起到"确定"（回车）的作用。

⑥ 断电后，重新上电，参数设置起作用。

> **关键点** 带"*"的参数断电后，重新上电，参数设置起作用。这一点容易被初学者忽略。

8.1.5 用 MR Configurator2 软件设置三菱伺服系统参数

用 MR Configurator2 软件设置三菱伺服系统参数

MR Configurator2 是三菱公司为伺服驱动系统开发的专用软件，可以设置参数和调试伺服驱动系统。以下简要介绍设置参数的过程。

① 首先打开 MR Configurator2 软件，单击工具栏中的"新建"按钮，弹出如图 8-16 所示的界面，选择伺服驱动器机种，本例为"MR-J4-A"，单击"确定"按钮。

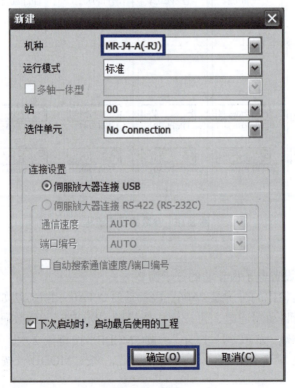

图 8-16 新建

② 单击工具栏中的"连接"按钮，将 MR Configurator2 软件与伺服驱动器连接在一起。

如图 8-17 所示，选中"参数"→"参数设置"→"列表显示"，在表格中（标记④处）输入需要修改的参数，单击"轴写入"按钮。如果参数前面带"*"的，需要断电重启伺服驱动器。例如修改 PA01（*STY）后必须断电重启，修改参数才生效，而修改 PA06（CMX）后，无需断电重启伺服驱动器。

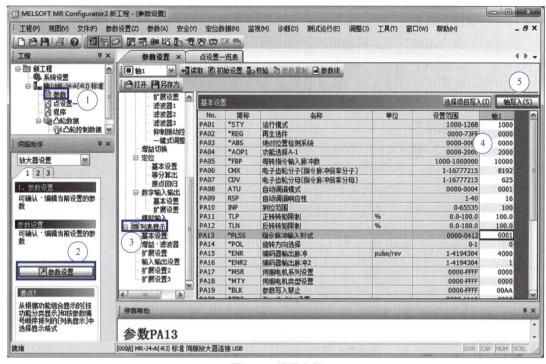

图 8-17　设置参数

8.2　三菱 MR-J4 伺服系统工程应用

8.2.1　伺服系统的工作模式

伺服系统的工作模式分为位置控制模式、速度控制模式、转矩控制模式。这三种控制模式中，根据控制要求选择其中的一种或者两种模式。当选择两种控制模式时，需要通过外部开关进行选择。

（1）位置控制模式

位置控制模式是利用上位机产生的脉冲来控制伺服电动机转动，脉冲的个数决定伺服电动机转动的角度（或者是工作台移动的距离），脉冲频率决定电动机的转速。如数控机床的工作台控制，属于位置控制模式。控制原理与步进电动机类似。上位机若采用 PLC，则 PLC 将脉冲送入伺服放大器，伺服放大器再来控制伺服电动机旋转。即 PLC 输出脉冲，伺服放大器接收脉冲。PLC 发送脉冲时，需选择晶体管输出型。

对伺服驱动器来说，最高可以接收 500kHz 的脉冲（差动输入），集电极输入是 200kHz。电动机输出的力矩由负载决定，负载越大，电动机输出的力矩越大，当然不能超出电动机的额定负载。

急剧的加减速或者过载而造成主电路过流会影响功率器件，因此伺服放大器嵌位电路以限制输出转矩，转矩的限制可以通过模拟量或者参数设置来进行调整。

（2）速度控制模式

速度控制模式是维持电动机的转速保持不变。当负载增大时，电动机输出的力矩增大。负载减小时，电动机输出的力矩减小。

速度控制模式速度的设定可以通过模拟量（0～±10V DC）或通过参数来进行调整。控制的方式和变频器相似，但是速度控制可以通过内部编码器反馈脉冲作反馈，构成闭环。

（3）转矩控制模式

转矩控制模式是维持电动机输出的转矩进行控制，如恒张力控制、收卷系统的控制，需要采用转矩控制模式。转矩控制模式中，由于电动机输出的转矩是一定的，所以当负载变化时，电动机的转速发生变化。转矩控制模式中的转矩调整可以通过模拟量（0～±8V DC）或者参数设置内部转矩指令控制伺服输出的转矩。

8.2.2　FX3U 运动控制相关指令应用

理解 FX3U 运动控制相关特殊继电器和寄存器是非常重要的，例如要使轴 Y002 对应的正转极限起作用，必须激活 M8372，FX3U 运动控制相关特殊继电器见表 8-8。

表 8-8　FX3U 运动控制相关特殊继电器

软元件编号				名称	属性
Y000	Y001	Y002	Y003		
M8029				指令执行结束标志位	读出专用
M8329				指令执行异常结束标志位	读出专用
M8340	M8350	M8360	M8370	脉冲输出中监控（BUSY/READY）	读出专用
M8341	M8351	M8361	M8371	清零信号输出功能有效	可驱动
M8342	M8352	M8362	M8372	原点回归方向指定	可驱动
M8343	M8353	M8363	M8373	正转极限	可驱动
M8344	M8354	M8364	M8374	反转极限	可驱动
M8345	M8355	M8365	M8375	近点信号逻辑反转	可驱动
M8346	M8356	M8366	M8376	零点信号逻辑反转	可驱动
M8348	M8358	M8368	M8378	定位指令驱动中	读出专用
M8349	M8359	M8369	M8379	脉冲停止指令	可驱动
M8464	M8465	M8466	M8467	清零信号软元件指定功能有效	可驱动

FX3U 运动控制相关特殊寄存器见表 8-9。

表 8-9 FX3U 运动控制相关特殊寄存器

软元件编号						名称	数据长	初始值
Y000		Y001		Y002	Y003			
D8340	低位	D8350	低位	D8360 低位	D8370 低位	当前值寄存器 [PLS]	32 位	0
D8341	高位	D8351	高位	D8361 高位	D8371 高位			
D8342		D8352		D8362	D8372	基底速度 [Hz]	16 位	0
D8343	低位	D8353	低位	D8363 低位	D8373 低位	最高速度 [Hz]	32 位	100,000
D8344	高位	D8354	高位	D8364 高位	D8374 高位			
D8345		D8355		D8365	D8375	爬行速度 [Hz]	16 位	1000
D8346	低位	D8356	低位	D8366 低位	D8376 低位	原点回归速度 [Hz]	32 位	50,000
D8347	高位	D8357	高位	D8367 高位	D8377 高位			
D8348		D8358		D8368	D8378	加速时间 [ms]	16 位	100
D8349		D8359		D8369	D8379	减速时间 [ms]	16 位	100
D8464		D8465		D8466	D8467	清零信号软元件指定	16 位	—

(1) DRVI/DDRVI 增量方式位置控制指令及应用

① DRVI/DDRVI 指令介绍 增量方式以当前停止的位置作为起点，指定移动方向和移动量（相对地址）进行定位。使用此方式，其运行示意图如图 8-18 所示，其移动量与原点的位置无关，因此伺服系统增量方式运行时，不必回原点。

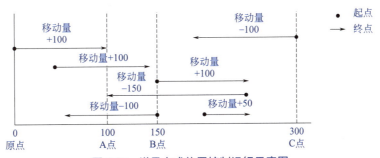

图 8-18 增量方式位置控制运行示意图

DRVI 增量方式位置控制指令的格式和示例如图 8-19 所示。当触点 X006 闭合时，系统以 D6 中的脉冲频率转换成的速度，以 D4 中的脉冲个数转换成的位移运行（D4 的符号代表运行方向，负号代表反向），位移与原点无关。

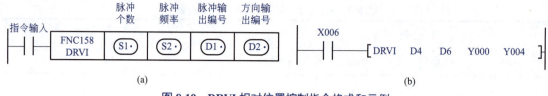

图 8-19 DRVI 相对位置控制指令格式和示例

② DRVI/DDRVI 指令应用实例　相对定位指令比较常用，最常用的是在伺服系统的点动控制中，以下用一个例子介绍其使用。

【例 8-3】　FX3U 对 MR-J4 伺服系统进行位置控制，要求设计此系统，并编写点动控制程序。

【解】　设计原理图如图 8-20 所示。注意后续几个例子都要用此图，所以输入端的端子比本例需要的要多。

编写程序如图 8-21 所示，部分程序解释如下。

步 0~3：任何时候按下 SB1 按钮，X003 导通，停止发出脉冲，伺服系统停止运行。

步 4~6：当碰到正限位开关 SQ2，X001 导通，激活正限位，如不是执行搜索回原点，则停机。步 23~56：给伺服系统初始化参数。步 57~94：当压下正向点动按钮 SB4 时，X006 导通，M107 线圈得电，DDRVI 指令开始执行正向相对位移操作，其运行速度是 +10000p/s，当 SB4 断开时 M108 线圈得电，切断 M107 的线圈，实现点动。

任何时候按下 SB1 按钮，伺服系统停止运行。

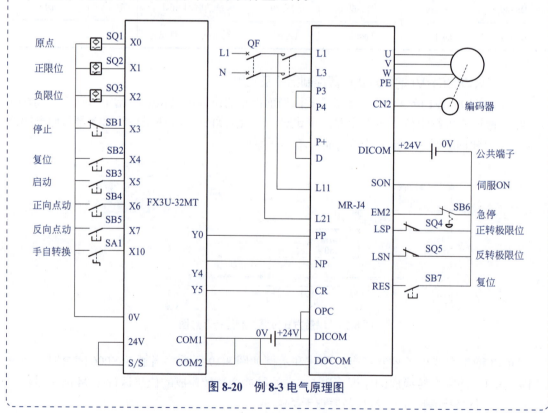

图 8-20　例 8-3 电气原理图

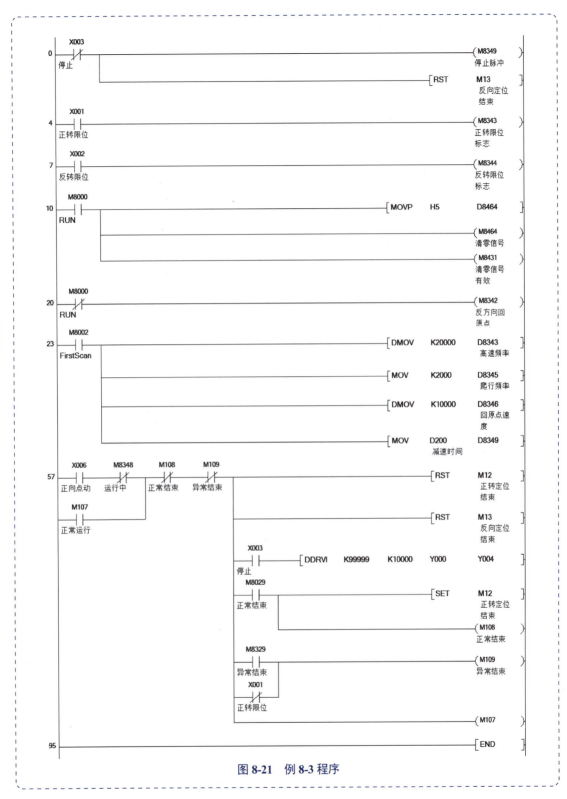

图 8-21 例 8-3 程序

(2) ZRN 原点回归指令及应用

ZRN 原点回归指令的格式和示例如图 8-22 所示。回原点的目的是使得机械原点和电气原点重合，一般使用绝对定位指令前，系统应该已经回原点了。

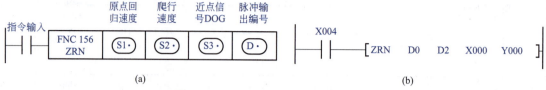

图 8-22 ZRN 原点回归指令格式和示例

如图 8-22 所示，指令输入（如 X004）接通，则开始执行原点回归，回归示意图如图 8-23 所示。在原点回归过程中，还未感应到近点信号 DOG 前端（S3 中指定，如 X000，假设接近开关安装在小车上，而 DOG 是挡块，DOG 的前端就是接近开关开始感应到 DOG 挡块）时，滑块以原点回归速度（S1 中指定，如 D0）高速回归。当滑块感应到近点信号 DOG 前端（如 X000）后，滑块减速到爬行速度（S2 中指定，如 D2），开始低速运行。当滑块脱离近点信号 DOG 后端（如 X000，DOG 的后端就是接近开关开始感应不到 DOG 挡块）后，滑块运行 1ms 后停止运行，搜索到原点。发出一个 20ms 脉冲宽度的清零信号，之后 M8029 为 ON，原点回归结束。

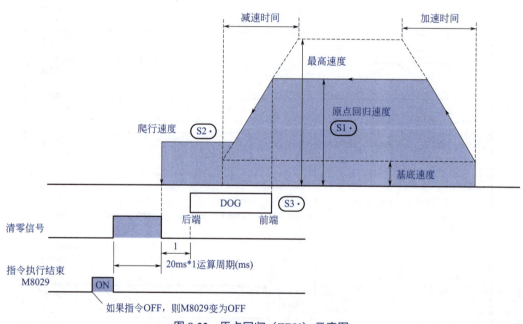

图 8-23 原点回归（ZRN）示意图

【例 8-4】 FX3U 对 MR-J4 伺服系统进行位置控制，要求设计此系统，并编写回原点程序。

【解】 设计原理图如图 8-20 所示。

编写程序如图 8-24 所示。当压下复位按钮 SB2 时，DZRN 指令开始执行回原点操作，其回原点速度是 10000p/s，靠近 SQ1 后其爬行速度是 2000 p/s，回原点完成后 M10 置位，这是回原点成功的标志，可用于编程中。任何时候按下 SB1 按钮，伺服系统停止运行。

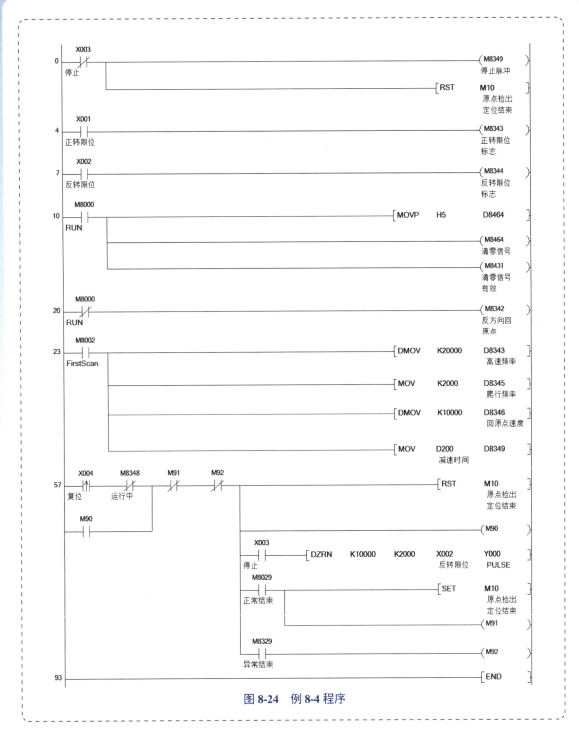

图 8-24 例 8-4 程序

(3) DRVA/DDRVA 绝对方式控制指令

所谓绝对方式，是指由原点开始计量距离的方式。绝对方式运行示意图如图 8-25 所示。其移动量与原点的位置有关，与起始位置无关，因此伺服系统以绝对方式运行，必须回原点。

DRVA 绝对方式指令格式和示例如图 8-26 所示。当 X005 接通，DRVA 指令开始通过

Y000 输出脉冲。D8 为脉冲输出数量（PLS），D10 为脉冲输出频率（Hz），Y000 为脉冲输出地址，Y004 为脉冲方向信号。如果 D8 为正数，则 Y4 变为 ON，如果 D8 为负数，则 Y4 变为 OFF。若在指令执行过程中，指令驱动的接点 X005 变为 OFF，将减速停止。此时执行完成标志 M8029 不动作。

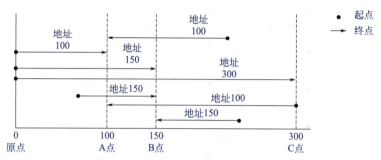

图 8-25　DRVA 绝对方式运行示意图

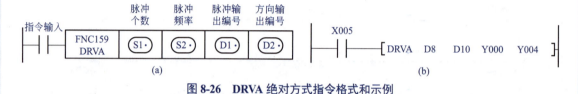

图 8-26　DRVA 绝对方式指令格式和示例

【例 8-5】　FX3U 对 MR-J4 伺服系统进行位置控制，要求设计此系统，并编写控制程序，实现无论小车停在哪里，压下启动按钮后回到 K20000 脉冲处。

【解】　设计原理图如图 8-20 所示。

编写程序如图 8-27 所示。当压下复位按钮 SB2 时，DZRN 指令开始执行，搜索原点操作，找到原点后，M10 置位。压下 SB3 按钮，DDRVA 指令开始执行绝对位移操作，其运行速度是 +10000p/s，到达 20000p 位置后，自动停止运行。

任何时候按下 SB1 按钮，伺服系统停止运行。

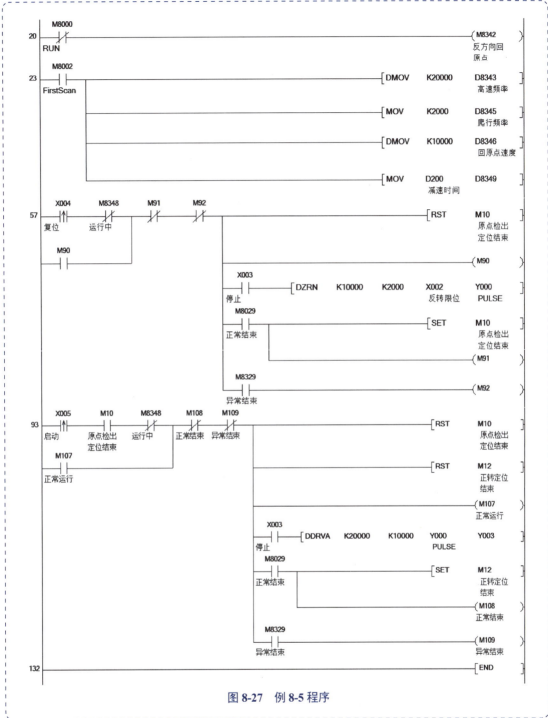

图 8-27 例 8-5 程序

8.2.3 FX3U 对 MR-J4 伺服系统的位置控制

伺服系统的位置控制在工程实践中最为常见，以下用一个实例介绍 FX3U 对 MR-J4 伺服系统的位置控制。

FX3U PLC对MR-J4
伺服系统的位置控制

【例 8-6】 已知伺服系统的编码器的分辨率为 4194304，脉冲当量定义为 0.001mm，工作台螺距是 10mm。要求压下启动按钮，正向行走 50mm，停 2s，再正向行走 50mm，停 2s，返回原点，停 2s，如此往复运行，停机后，压下启动按钮可以继续按逻辑运行，设计此方案，并编写控制程序。

【解】 （1）设计原理图

设计原理图，如图 8-28 所示。

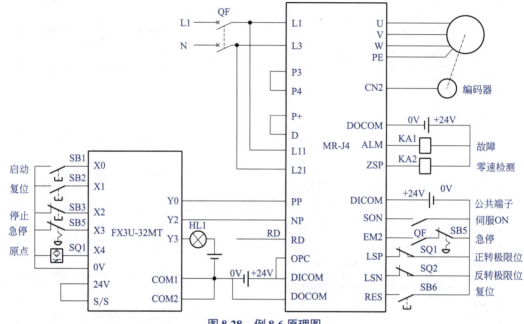

图 8-28 例 8-6 原理图

（2）计算电子齿轮比

因为脉冲当量为 0.001mm，则 PLC 发出 1000 个脉冲，工作杆可以移动 1mm。丝杠螺距为 10mm，则要使工作台移动一个螺距，PLC 需要发出 10000 个脉冲。

10000×CMX/CDV = 4194304，则电子齿轮比为：

CMX/CDV = 4194304 / 10000 = 262144/ 625。

（3）计算脉冲距离

① 从原点到第 1 位置 50mm，而一个脉冲能移动 0.001mm，则 50mm 需要发出 50000 个脉冲。

② 从原点到第 2 位置 100mm，而一个脉冲能移动 0.001mm，则 100mm 需要发出 100000 个脉冲。

（4）计算脉冲频率（转速）

脉冲频率即伺服电动机转速计算。

① 原点回归高速：定义为 0.75r/s，低速（爬行速度）为 0.25r/s，则原点回归高速频率为 7500Hz，低速为 2500Hz。

② 自动运行速度：按照要求，可定义转速为 4r/s，自动运行频率为 40000Hz，即每秒 4 转，也就是每秒能走 40mm。

(5) 伺服驱动器的参数设置

设置伺服驱动器的参数见表 8-10。

表 8-10 伺服驱动器的参数

参数	名称	出厂值	设定值	说明
PA01	控制模式选择	1000	1000	设置成位置控制模式
PA06	电子齿轮比分子	1	262144	设置成上位机发出 10000 个脉冲电动机转一周
PA07	电子齿轮比分母	1	625	
PA13	指令脉冲选择	0000	0011	选择脉冲串输入信号波形，负逻辑，设定脉冲加方向控制
PD01	用于设定 SON、LSP、LSN 的自动置 ON	0000	0C04	SON、LSP、LSN 内部自动置 ON

(6) 编写程序

编写程序如图 8-29 所示。

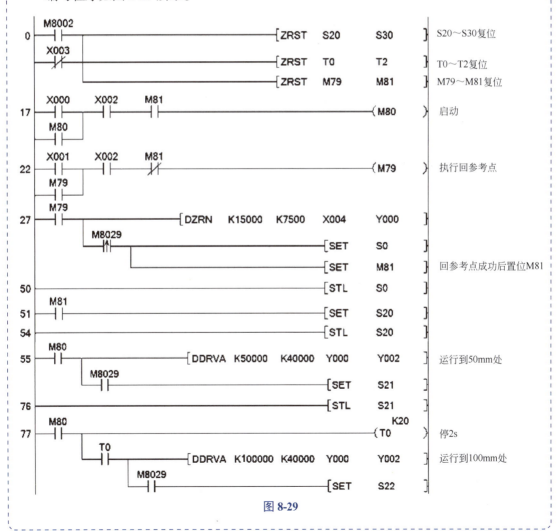

图 8-29

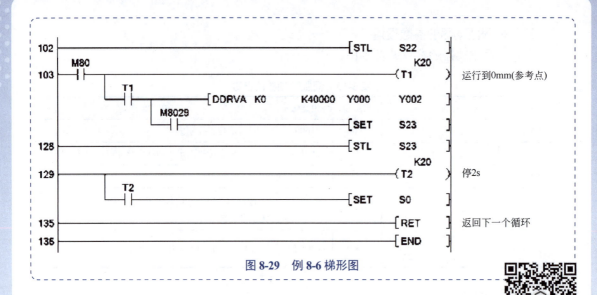

图 8-29 例 8-6 梯形图

8.2.4 FX3U 对 MR-J4 伺服系统的速度控制

伺服系统的速度控制类似与变频器的速度控制,以下用一个实例介绍 FX3U 对 MR-J4 伺服系统的速度控制。

【例 8-7】 已知伺服系统为 MR-J4,要求压下启动按钮,正向转速为 50r/min,行走 10s;再正向转速为 100r/min,行走 10s,停 2s;再反向转速为 200r/min,行走 10s,设计此方案,并编写程序。

【解】 (1) 设计原理图

设计原理图如图 8-30 所示。

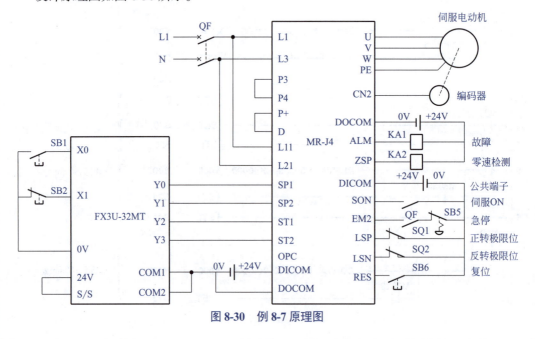

图 8-30 例 8-7 原理图

(2) 外部输入信号

外部输入信号与速度的对应关系见表 8-11。

表 8-11 外部输入信号与速度的对应关系

外部输入信号					速度指令
ST1（Y2）	ST2（Y3）	SP1（Y0）	SP2（Y1）	SP3（Y4）	
0	0	0	0	0	电动机停止
1	0	1	0	0	速度1（PC05=50）
1	0	0	1	0	速度2（PC06=100）
0	1	1	1	0	速度3（PC07=200）

(3) 伺服驱动器的参数设置

设置伺服驱动器的参数见表 8-12。

表 8-12 伺服驱动器的参数

参数	名称	出厂值	设定值	说明
PA01	控制模式选择	0000	1002	设置成速度控制模式
PC01	加速时间常数	0	1000	100ms
PC02	减速时间常数	0	1000	100ms
PC05	内部速度1	100	50	50r/min
PC06	内部速度2	500	100	100r/min
PC07	内部速度3	1000	200	200r/min
PD01	用于设定 SON、LSP、LSN 的自动置 ON	0000	0C04	SON、LSP、LSN 内部自动置 ON

(4) 编写程序

编写程序如图 8-31 所示。

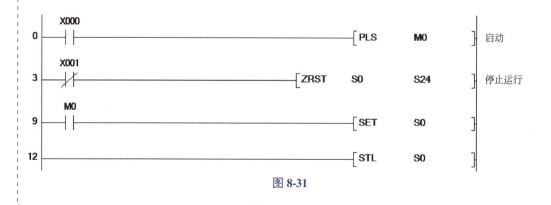

图 8-31

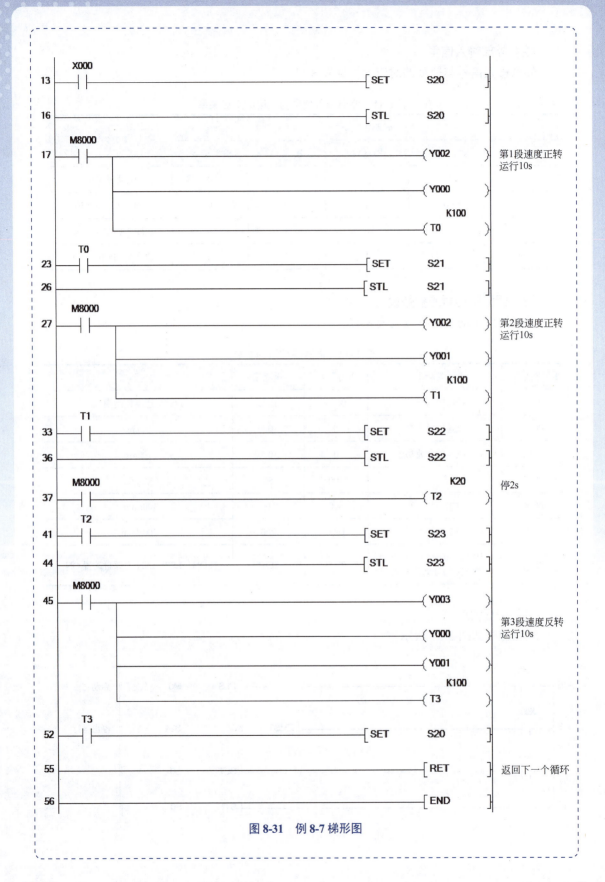

图 8-31 例 8-7 梯形图

8.2.5　FX3U 对 MR-J4 伺服系统的转矩控制

伺服系统的转矩控制在工程中也是很常用的，常用于张力控制。以下用一个实例介绍 FX3U 对 MR-J4 伺服系统的转矩控制。

【例 8-8】　有一收卷系统，要求在收卷时纸张所受到的张力保持不变，当收卷到 100m 时，电动机停止，切刀工作，把纸切断，示意图如图 8-32 所示。设计此方案，并编写程序。

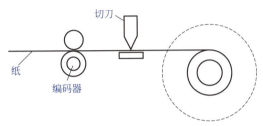

图 8-32　例 8-8 示意图

【解】　（1）分析与计算

① 收卷系统要求在收卷的过程中受到的张力不变，开始收卷时半径小，要求电动机转得快，当收卷半径变大时，电动机转速变慢。因此采用转矩控制模式。

② 因要测量纸张的长度，故需编码器，假设编码器的分辨率是 1000 脉冲 / 转，安装编码器的辊子周长是 50mm。故纸张的长度和编码器输出脉冲的关系式是：

$$编码器输出的脉冲数 = \frac{纸张的长度（m）}{50} \times 1000 \times 1000$$

（2）设计原理图

设计原理图如图 8-33 所示。

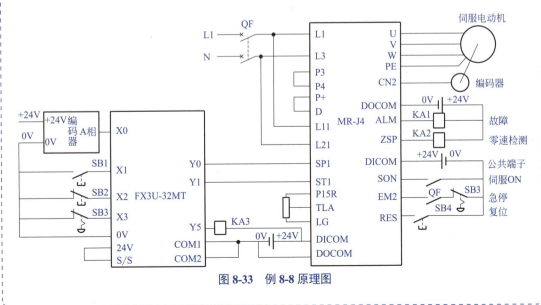

图 8-33　例 8-8 原理图

（3）伺服驱动器的参数设置

设置伺服驱动器的参数见表 8-13。

表 8-13　伺服驱动器的参数

参数	名称	出厂值	设定值	说明
PA01	控制模式选择	1000	1004	设置成转矩控制模式
PA019	读写模式		000C	读写全开放
PC01	加速时间常数	0	500	500ms
PC02	减速时间常数	0	500	500ms
PC05	内部速度 1	100	1000	1000r/min
PD01	用于设定 SON、LSP、LSN 是否内部自动设置 ON	0000	0C04	SON 内部置 ON，LSP、LSN 外部置 ON
PD03	输入信号选择	0002	2202	速度 1 模式

（4）编写程序

编写程序如图 8-34 所示。

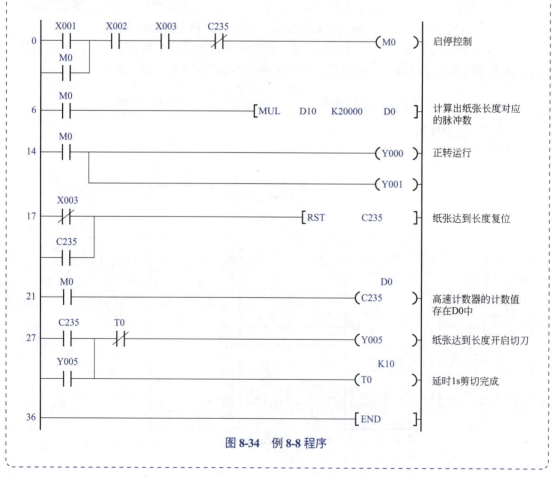

图 8-34　例 8-8 程序

第 9 章 三菱 FX3 系列 PLC 高速计数器功能及其应用

本章介绍 FX3 系列 PLC 的高速计数功能，FX3 系列 PLC 高速计数器的应用。高速计数器最常用的应用是测量距离和转速。本章的内容难度较大，学习时应多投入时间。

9.1 三菱 FX3 系列 PLC 高速计数器的简介

（1）高速计数器指令（HSCS、HSCR、HSZ）

高速计数器指令（HSCS、HSCR、HSZ）有 3 条。HSCS 是满足条件时，目标元件置 ON。HSCR 是满足条件时，目标元件置 OFF。HSZ 是高速计数器区间比较。高速计数器指令参数见表 9-1。

表 9-1　高速计数器指令参数表

指令名称	FNC No.	[S1·]	[S2·]	[S3·]	[D·]
高速计数器比较置位	FNC53	K、H、KnX、KnY、KnM、KnS、T、C、D、Z、U□\G□	C C=C235～C255	无	Y、S、M、D□.b
高速计数器比较复位	FNC54	K、H、KnX、KnY、KnM、KnS、T、C、D、Z、U□\G□	C C=C235～C255	无	Y、S、M、C、D□.b
高速计数器区间比较	FNC55	K、H、KnX、KnY、KnM、KnS、T、C、D、Z、U□\G□	K、H、KnX、KnY、KnM、KnS、T、C、D、Z、U□\G□	C C=C235～C255	Y、S、M、D□.b

1）高速计数器比较置位指令 用一个例子解释高速计数器比较置位指令的使用方法，如图 9-1 所示，当 X0 闭合时，如果 C240 从 9 变成 10 或者从 11 变成 10，Y000 立即置位。

图 9-1 高速计数器比较置位指令的应用示例

2）高速计数器比较复位指令 用一个例子解释高速计数器比较复位指令的使用方法，如图 9-2 所示，当 X0 闭合时，如果 C240 从 9 变成 10 或者从 11 变成 10，Y000 立即复位。

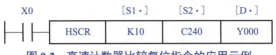

图 9-2 高速计数器比较复位指令的应用示例

3）高速计数器区间比较指令 用一个例子解释高速计数器区间比较指令的使用方法，如图 9-3 所示，当 X0 闭合时，如果 C240 的数据小于 10，Y000 立即置位；C240 的数据介于 10 和 20 之间 Y001 置位；如果 C240 的数据大于 20，Y002 立即置位。

图 9-3 高速计数器区间比较指令的应用示例

4）脉冲速度检测指令（SPD） 脉冲速度检测指令（SPD）就是在指定时间内，检测编码器的脉冲输入个数，并计算速度。[S1·] 中指定输入脉冲的端子，[S2·] 指定时间，单位是 ms，结果存入 [D·]。脉冲速度检测指令参数见表 9-2。

表 9-2 脉冲速度检测指令（SPD）参数表

指令名称	FNC No.	[S1·]	[S2·]	[D·]
脉冲速度检测	FNC56	X0～X5	K、H、KnX、KnY、KnM、KnS、T、C、D、V、Z、R、U□\G□	T、C、D、V、Z、R

用一个例子解释脉冲速度检测指令（SPD）的使用方法，如图 9-4 所示，当 X10 闭合时，D1 开始对 X0 由 OFF 向 ON 动作的次数计数，100ms 后，将其结果存入 D0 中。随后 D1 复位，再次对 X0 由 OFF 向 ON 动作的次数计数。D2 用于检测剩余时间。

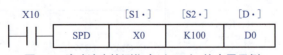

图 9-4 脉冲速度检测指令（SPD）的应用示例

关键点 D0 中的结果不是速度值，是 100ms 内的脉冲个数，与速度成正比；X0 用于测量速度后，不能在作为输入点使用；当指定一个目标元件后，连续三个存储器被占用，如本例的 D0、D1、D2 被占用。

(2) 高速计数器的输入分配

高速计数器的输入分配见表 9-3。

表 9-3　高速计数器的输入分配

分类	计数器编号	功能	X0	X1	X2	X3	X4	X5	X6	X7
单相单计数的输入	C235	H/W	U/D							
	C236	H/W		U/D						
	C237	H/W			U/D					
	C238	H/W				U/D				
	C239	H/W					U/D			
	C240	H/W						U/D		
	C241	S/W	U/D	R						
	C242	S/W			U/D	R				
	C243	S/W					U/D	R		
	C244	S/W	U/D	R					S	
	C245	S/W			U/D	R				S
单相双计数的输入	C246	H/W	U	D						
	C247	S/W	U	D	R					
	C248	S/W				U	D	R		
	C249	S/W	U	D	R				S	
	C250	S/W				U	D	R		S
双相双计数输入	C251	H/W	A	B						
	C252	S/W	A	B	R					
	C253	H/W				A	B	R		
	C254	S/W	A	B	R				S	
	C255	S/W				A	B	R		S

注：表中的缩写的含义，H/W—硬件计数器；S/W—软件计数器；U—增计数输入；D—减计数输入；A—A 相输入；B—B 相输入；R—外部复位输入；S—外部启动输入。

9.2 三菱 FX3 系列 PLC 高速计数器的应用

高速计数器最常用的应用是测量距离和转速，以下分别用实例介绍其用法。

（1）测量距离的实例

【例 9-1】 用光电编码器测量长度（位移），光电编码器为 500 线，电动机与编码器同轴相连，电动机每转一圈，滑台移动 10mm，要求在 HMI 上实时显示位移数值（含正负）。原理图如图 9-5 所示。

用 FX3 PLC 和光电编码器测量位移

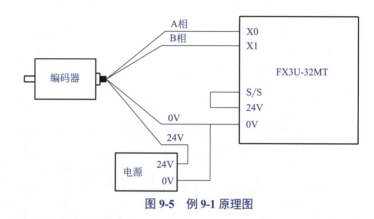

图 9-5 例 9-1 原理图

【解】 ① 软硬件配置

a. 1 套 GX Works2；

b. 1 台 FX3U-32MT；

c. 1 台光电编码器（500 线）。

② 编写程序 由于光电编码器与电动机同轴安装，所以光电编码器的旋转圈数就是电动机的圈数。采用 A、B 相计数方式，既可以计数，也包含位移的方向，所以每个脉冲对应的距离为：

$$\frac{10 \times D0}{500} = \frac{D0}{50} (\text{mm})$$

程序如图 9-6 所示。

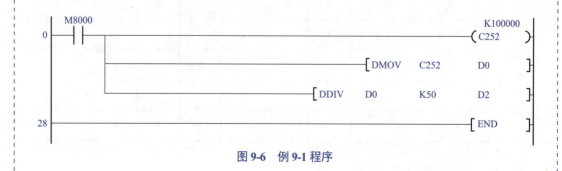

图 9-6 例 9-1 程序

（2）测量转速的实例

【例 9-2】 一台电动机上配有一台光电编码器（光电编码器与电动机同轴安装），试用 FX3U PLC 测量电动机的转速（正向旋转），要求编写此梯形图程序。

【解】 由于光电编码器与电动机同轴安装，所以光电编码器的转速就是电动机的转速。使用 SPD 指令，D0 中存储的是 100ms 的脉冲数，而光电编码器为 500 线，故其转速为：

$$n = \frac{D0 \times 10 \times 60}{500} = \frac{D0 \times 6}{5} (r/\min)$$

① 软硬件配置
a. 1 套 GX Works2；
b. 1 台 FX3U-32MT；
c. 1 台光电编码器（500 线）。
原理图如图 9-7 所示。

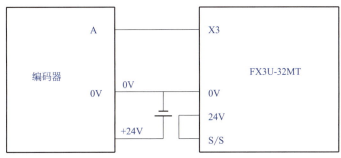

图 9-7 例 9-2 原理图

② 编写程序 梯形图程序如图 9-8 所示。由于 D0、D3 和 D4 是 16 位整数，所以有超出范围的风险，使用时要注意。

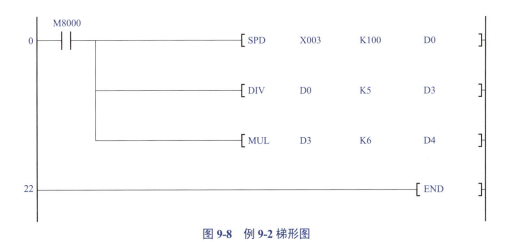

图 9-8 例 9-2 梯形图

【例 9-3】 一台电动机上配有一台光电编码器（光电编码器与电动机同轴安装），试用 FX3U PLC 测量电动机的转速（正反向旋转），要求编写此梯形图程序。原理图如图 9-9 所示。

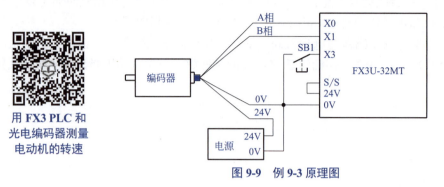

用 FX3 PLC 和光电编码器测量电动机的转速

图 9-9　例 9-3 原理图

【解】　① 软硬件配置

a. 1 套 GX Works2；

b. 1 台 FX3U-32MT；

c. 1 台光电编码器（500 线）。

② 编写程序　由于光电编码器与电动机同轴安装，所以光电编码器的转速就是电动机的转速。不使用 SPD 指令，使用定时中断，中断时间为 50ms 的脉冲数为计数值，而光电编码器为 500 线，故其转速为：

$$\frac{1000 \times 60 \times C252}{50 \times 500} = \frac{12 \times C252}{5} (\text{r/min})$$

梯形图程序如图 9-10 所示。

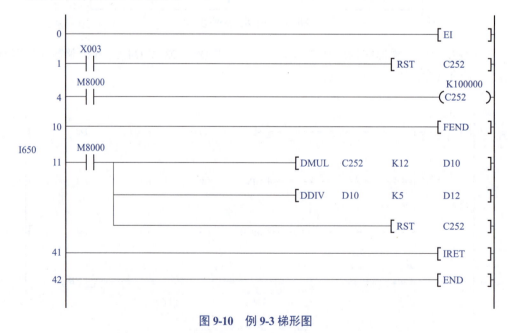

图 9-10　例 9-3 梯形图

第10章 三菱 FX3 系列 PLC 工程应用

本章是前面章节内容的综合应用，将介绍三个典型的 FX 系列 PLC 工程应用案例，知识点涉及逻辑控制、变频器和运动控制，供读者模仿学习。

10.1 送料小车自动往复运动的 PLC 控制

【例 10-1】 现有一套送料小车系统，分别在工位一、工位二、工位三这三个地方来回自动送料，小车的运动由一台交流电动机进行控制。在三个工位处，分别装置了三个传感器 SQ1、SQ2、SQ3 用于检测小车的位置。在小车运行的左端和右端分别安装了两个行程开关 SQ4、SQ5，用于定位小车的原点和右极限位点。

其结构示意图如图 10-1 所示。控制要求如下：

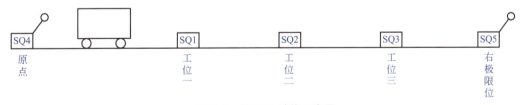

图 10-1 例 10-1 结构示意图

① 当系统上电时，无论小车处于何种状态，首先回到原点准备装料，等待系统的启动。

② 当系统的手/自动转换开关打开自动运行挡时，按下启动按钮 SB1，小车首先正向运行到工位一的位置，等待 10s 卸料完成后正向运行到工位二的位置，等待 10s

卸料完成后正向运行到工位三的位置，停止 10s 后接着反向运行到工位二的位置，停止 10s 后再反向运行到工位一的位置，停止 10s 后再反向运行到原点位置，等待下一轮的启动运行。

③ 当按下停止按钮 SB2 时系统停止运行，如果电动机停止在某一工位，则小车继续停止等待；当小车正运行在去往某一工位的途中，则当小车到达目的地后再停止运行。再次按下启动按钮 SB1 后，设备按剩下的流程继续运行。

④ 当系统按下急停按钮 SB5 时，小车立即要求停止工作，直到急停按钮取消时，系统恢复到当前状态。

⑤ 当系统的手/自动转换开关 SA1 打到手动运行挡时，可以通过手动按钮 SB3、SB4 控制小车的正/反向运行。

【解】 （1）PLC 的 I/O 分配

PLC 的 I/O 分配见表 10-1。

表 10-1　PLC 的 I/O 分配表

名称	符号	输入点	名称	符号	输出点
启动	SB1	X0	电动机正转	KA1	Y0
停止	SB2	X1	电动机反转	KA2	Y1
左点动	SB3	X2			
右点动	SB4	X3			
工位一	SQ1	X4			
工位二	SQ2	X5			
工位三	SQ3	X6			
原位	SQ4	X7			
右限位	SQ5	X10			
手/自	SA1	X11			
急停	SB5	X12			

（2）控制系统的接线

原理图如图 10-2 所示，主回路图未画出。

注意： 在工程实践中，停止和急停按钮应接常闭触点；PLC 一般不直接驱动接触器，而要通过中间继电器驱动接触器；电动机正反转控制时，接触器的常闭触点互锁应接入电路中。

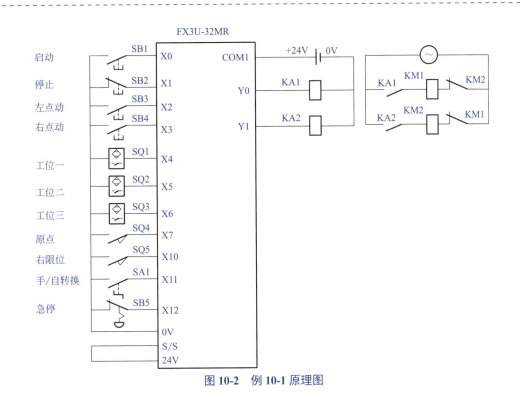

图 10-2 例 10-1 原理图

(3) 编写控制程序

编写梯形图程序如图 10-3 所示。

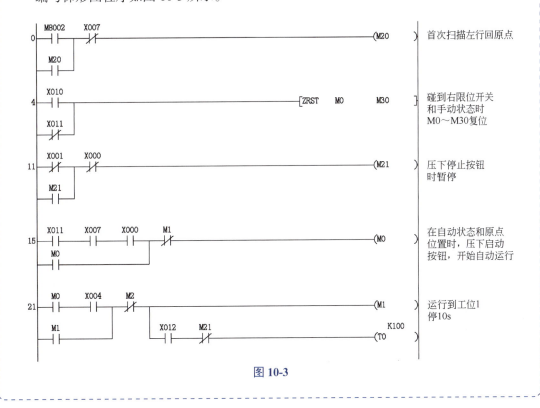

图 10-3

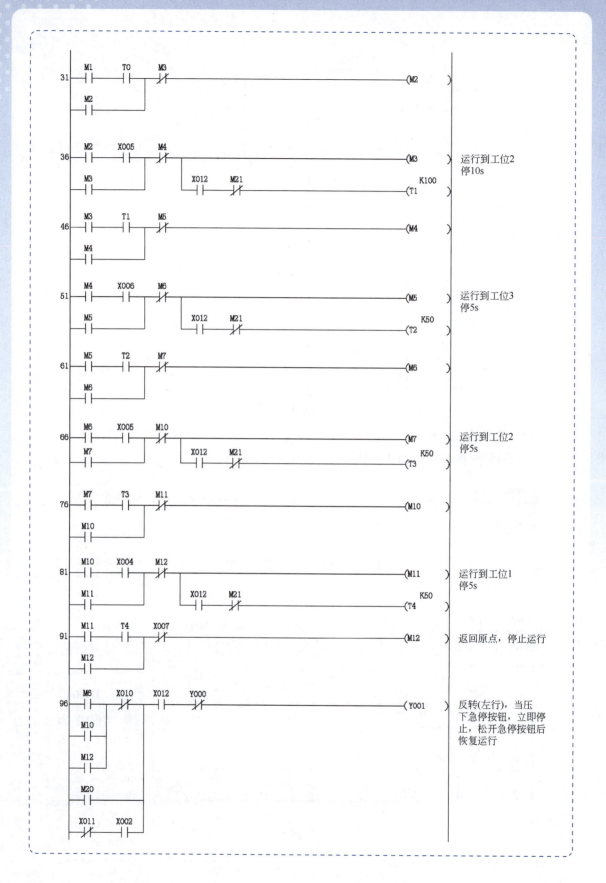

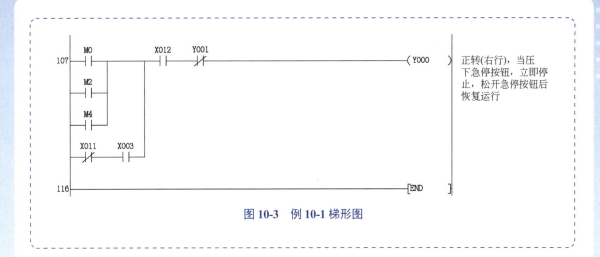

图 10-3 例 10-1 梯形图

10.2 刨床的 PLC 控制

【例 10-2】 已知某刨床的控制系统主要由 PLC 和变频器组成，PLC 对变频器进行通信速度给定，变频器的运动曲线如图 10-4 所示，变频器以 20Hz（600r/min）、30Hz（900r/min）、50Hz（1500r/min，同步转速）、0Hz 和反向 50Hz 运行，减速和加速时间都是 2s，如此工作 2 个周期自动停止。要求如下：

① 试设计此系统的原理图；
② 正确设置变频器的参数；
③ 报警时，指示灯亮；
④ 编写程序。

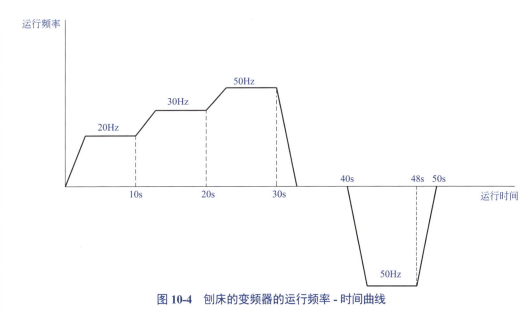

图 10-4 刨床的变频器的运行频率 - 时间曲线

【解】 (1) PLC 的 I/O 分配

PLC 的 I/O 分配见表 10-2。

表 10-2　PLC 的 I/O 分配表

名 称	符 号	输入点	名 称	符 号	输出点
启动按钮	SB1	X0	继电器	KA1	Y0
停止按钮	SB2	X1	继电器	KA2	Y1
左极限位	SQ1	X2	正转		Y2
右极限位	SQ2	X3	反转		Y3
			低速		Y4
			中速		Y5
			高速		Y6

(2) 控制系统的接线

控制系统的原理图如图 10-5 所示。

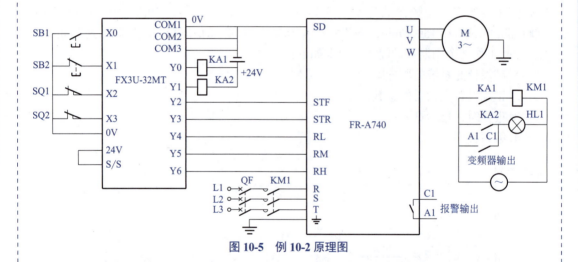

图 10-5　例 10-2 原理图

(3) 变频器参数设定

变频器的参数设定见表 10-3。

表 10-3　变频器的参数

序号	变频器参数	设定值	功能说明
1	Pr.83	380	电动机的额定电压（380V）
2	Pr.9	2.05	电动机的额定电流（2.05A）
3	Pr.84	50	设定额定频率（50Hz）

续表

序号	变频器参数	设定值	功能说明
4	Pr.79	2	外部运行模式
5	Pr.4	50	高速频率值
6	Pr.5	30	中速频率值
7	Pr.6	20	低速频率值
8	Pr.7	20	加速时间
9	Pr.8	20	减速时间
10	Pr.192	99	ALM（异常输出）

（4）编写控制程序

从图 10-4 可见，一个周期的运行时间是 50s，上升和下降时间直接设置在变频器中，也就是 Pr.7= Pr.8=2s，编写程序不用考虑。编写程序时，可以将 2 个周期当作 1 个周期考虑，编写程序更加方便。梯形图程序如图 10-6 所示。

当压下启动按钮 SB1，KM1 主触点闭合，变频器主回路上电，延时 1s 后，变频器以图 10-4 所示的速度运行（多段速）。注意 100s 运行结束后，变频器的供电不切断，只有故障或压下停止按钮，才会切断供电电源。

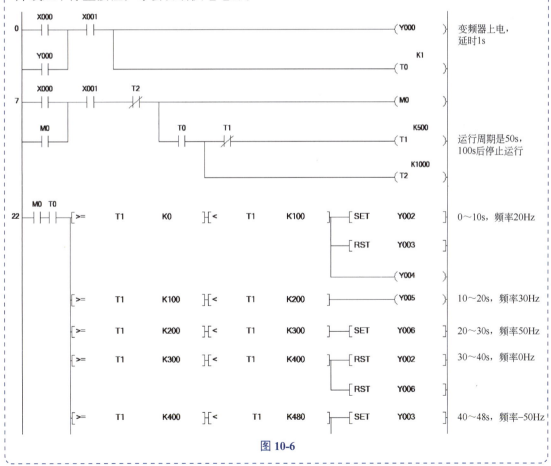

图 10-6

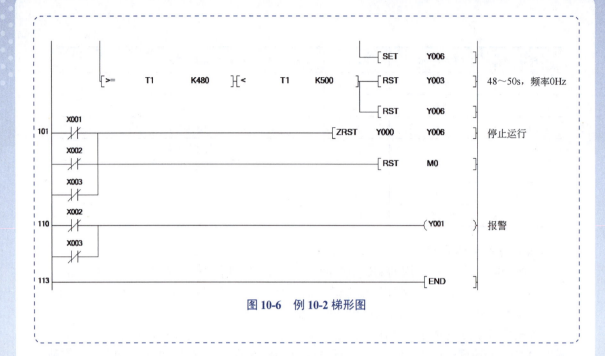

图 10-6 例 10-2 梯形图

10.3 剪切机的 PLC 控制

【例 10-3】 剪切机上有 1 套步进驱动系统，步进驱动器的型号为 SH-2H042Ma，步进电动机的型号为 17HS111，是两相四线直流 24V 步进电动机，用于送料，送料长度是 200mm，当送料完成后，停 1s 开始剪切，剪切完成 1s 后，再自动进行第二个循环。要求：按下按钮 SB1 开始工作，按下按钮 SB2 停止工作。请设计原理图并编写程序，复位完成复位指示灯闪烁，正常运行时，运行指示灯闪烁。

(1) PLC 的 I/O 分配

剪切机的 I/O 分配表见表 10-4。

表 10-4 I/O 分配表

名称	符号	输入点	名称	符号	输出点
启动	SB1	X0	高速输出		Y0
停止	SB2	X1	电动机反转		Y1
回原点	SB3	X2	剪切	KA1	Y2
原点	SQ1	X3	后退	KA2	Y3
下限位	SQ2	X4	复位指示灯	HL1	Y4
上限位	SQ3	X5	运行指示灯	HL2	Y5

(2) 设计电气原理图

根据 I/O 分配表和题意，设计原理图如图 10-7 所示。

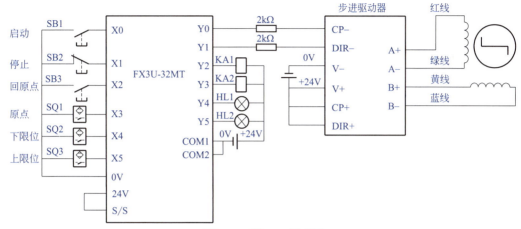

图 10-7　例 10-3 原理图

关键点　图 10-7 的步进驱动器和 PLC 的负载是同一台电源。如果不是同一台电源，那么电源的 0V 要短接在一起。

(3) 编写控制程序

有关脉冲的计算，参考第 8 章。编写梯形图控制程序如图 10-8 所示。

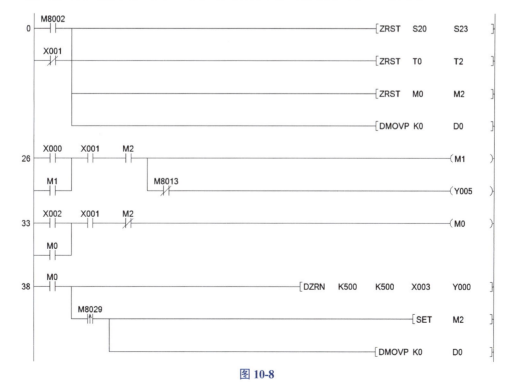

图 10-8

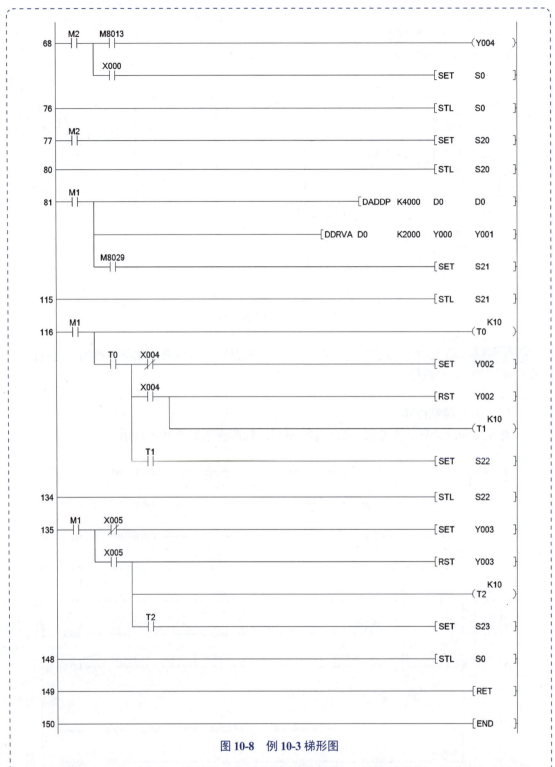

图 10-8 例 10-3 梯形图

当压下 SB3 按钮，M0 线圈得电自锁，开始回原点，回原点成功，标志位 M2 置位，灯 HL1 闪烁。回原点之后，当压下 SB1 按钮 M1 线圈得电自锁，剪切机按照题目中的工艺过程运行。当压下停止按钮 SB2 时，M0 线圈和 M1 线圈都断电，系统停止运行。

参 考 文 献

［1］ 向晓汉，陆彬. 电气控制与 PLC 技术基础. 北京：清华大学出版社，2007.
［2］ 向晓汉，王宝银. 三菱 FX 系列 PLC 完全精通教程. 北京：化学工业出版社，2012.
［3］ 龚仲华. 三菱 FX/Q 系列 PLC 应用技术. 北京：人民邮电出版社，2006.